Entwurf mikroelektronischer Schaltungen

Entwurf mikroelektronischer Schaltungen

Ausgewählte Beiträge · Von einem Autorenkollektiv

Mit 184 Bildern und 2 Tabellen

A K A D E M I E - V E R L A G · B E R L I N
1 9 7 6

Studienmaterial für die Weiterbildung

Herausgegeben von H. G. Schneider im Auftrag der Sektion Physik – Elektronische Bauelemente – der Technischen Hochschule Karl-Marx-Stadt

Erschienen im Akademie-Verlag, 108 Berlin, Leipziger Straße 3–4

Lizenznummer: 202 · 100/442/75

Gesamtherstellung: VEB Druckerei „Thomas Müntzer" 582 Bad Langensalza

Bestellnummer: 761 973 2 (6261) · LSV 3534

Printed in GDR

EVP 32,–

Geleitwort

Mit der Bestimmung der Hauptaufgabe auf dem VIII. Parteitag der Sozialistischen Einheitspartei Deutschlands wurden auch die Arbeiter, Wissenschaftler und Ingenieure der elektronischen Industrie nachdrücklich auf die Notwendigkeit der Intensivierung ihrer Arbeitsprozesse in der Produktion und in den produktionsvorbereitenden Abteilungen hingewiesen.
Die Lösung dieser Aufgabe ist eng verbunden mit dem immer stärkeren Einsatz integrierter Schaltkreise, die sich dadurch auszeichnen, daß sich ihr Funktionsumfang bei gleichzeitiger Verbesserung wichtiger Parameter, wie der Schaltgeschwindigkeit und Zuverlässigkeit, geradezu revolutionierend erweitert. Besonders bemerkenswert sind die Fortschritte, die in der Senkung der Herstellungskosten je Funktionselement des integrierten Schaltkreises durch die intensive wissenschaftlich-technologische Arbeit in der Bauelementeindustrie erreicht wurden. Diese Bemühungen werden dazu führen, daß integrierte Schaltkreise in breitem Umfang auch in der Konsumgüterelektronik eingesetzt werden können.
Solche elektronischen Anlagen und Geräte wie Rechner der dritten Generation (ES 1040), numerisch gesteuerte Werkzeugmaschinen und der elektronische Taschenrechner „minirex 74“ sind bereits Beispiele für die Möglichkeiten, die sich aus der Anwendung integrierter Schaltkreise ergeben, aber auch Ausdruck für die damit verbundene sich ständig vertiefende Zusammenarbeit zwischen der Bauelemente- und Geräteindustrie innerhalb der DDR und in ständig größerem Umfang mit den sozialistischen Bruderländern.
Der verstärkte und verbesserte Einsatz integrierter Schaltkreise führt also gleichzeitig zur Verbesserung der elektronischen Parameter der Geräte und Anlagen, zur entscheidenden Senkung des Materialeinsatzes, aber insbesondere auch zur Senkung des Aufwandes an lebendiger Arbeit in der Fertigung.
Unter Berücksichtigung dieser Erkenntnisse ist es außerordentlich bedeutungsvoll, die richtigen Formen und Methoden der weitergehenden Zusammenarbeit zwischen der Bauelemente- und Geräteindustrie zu entwickeln.
Unter unseren sozialistischen Produktionsverhältnissen können wir dabei davon ausgehen, daß die sozialistische Gemeinschaftsarbeit zwischen den verschiedenen Zweigen der Schlüssel zum Erfolg der wissenschaftlichen Arbeit und der Weg zu hoher Effektivität in der Produktion sind.
Das erfordert aber, daß die an der Zusammenarbeit beteiligten Kollektive, insbesondere in der Phase des Entwurfs integrierter Schaltungen, nicht nur über das Wissen des eigenen Zweiges verfügen, sondern der Geräteentwickler theoretische Grundlagen über die Möglichkeiten und Grenzen der Realisierung integrierter Schaltkreise besitzt und der Halbleiterspezialist andererseits über Kenntnisse und Erfahrungen in der Schaltungstechnik verfügt.

Dieses beiderseitige Wissen um die Probleme des anderen ist auch die Voraussetzung dafür, optimale Lösungen bei der Realisierung integrierter Schaltkreise zu erreichen. Diesen Kollektiven muß bewußt sein, daß sie mit der Qualität ihrer Arbeit, insbesondere beim Entwurf, maßgeblich die Ökonomie der Fertigung der Schaltkreise und damit nachfolgend die Ökonomie der Anlagen und Geräte bestimmen.
Bedeutungsvoll wird auch auf diesem Gebiet in den kommenden Jahren die sich ständig vertiefende wissenschaftlich-technische und ökonomische Zusammenarbeit mit unseren befreundeten sozialistischen Bruderländern sein, die dazu führen muß, die Arbeiten auch auf dem Gebiet des Schaltungsentwurfs nach einheitlichen Prinzipien und unter Anwendung einheitlicher Ausrüstungen durchzuführen.
Ich betrachte es deshalb als sehr wertvoll, daß sich die diesem Buch vorangegangenen beiden wissenschaftlichen Veranstaltungen: Problemseminar und Kolloquium — mit diesen Fragen auseinandergesetzt haben und dazu beitrugen, Erfahrungen weiterzuvermitteln, um das Wissen der in diesem Prozeß arbeitenden Wissenschaftler, Arbeiter und Ingenieure weiter zu erhöhen.
Diese Erkenntnisse noch breiter zu vermitteln, ist Anliegen dieses Buches und gleichzeitig ein Beitrag zur Erhöhung der Effektivität der sozialistischen Gemeinschaftsarbeit in Vorbereitung des IX. Parteitages der Sozialistischen Einheitspartei Deutschlands.
Dem interessierten Leser wünsche ich beim Studium und bei der Anwendung der Erkenntnisse viel Erfolg.

Heinz Fuhrmann

VVB Bauelemente und Vakuumtechnik

Einleitende Bemerkungen

Von *D. Garte, H. G. Schneider* und *H.-G. Treiber*

Auf der Basis der Konzeption des Weiterbildungszentrums Elektronische Bauelemente der Technischen Hochschule Karl-Marx-Stadt wurde im September 1971 in Karl-Marx-Stadt das Problemseminar „Schaltungsentwurf, Funktion und Zuverlässigkeit elektronischer Bauelemente" durchgeführt. Entsprechend den Prinzipien dieser Weiterbildungsarbeit wurde es in Auswertung des oben angeführten Problemseminars für notwendig erachtet, den „Entwurf mikroelektronischer Schaltungen" in konzentrierter Form als Folgekolloquium im Dezember 1972 gesondert zu behandeln.
Damit fand erstmalig in der DDR ein Kolloquium zu diesem Fachgebiet statt. Mit dem vorliegenden Buch ist beabsichtigt, unter Mitwirkung der am Kolloquium beteiligten Wissenschaftler — nun zu einem Autorenkollektiv zusammengefaßt — eine aktuelle Monographie herauszugeben, die die Schwerpunkte an Hand von ausgewählten Beispielen behandelt.
Nachstehend soll versucht werden, eine fachliche Motivierung und Charakterisierung des Inhaltes zu vermitteln.
Der *Entwurf mikroelektronischer Schaltungen* ist die erste Phase bei der Herstellung derartiger Schaltungen. Unter dem Entwurf versteht man die Umsetzung einer gegebenen elektronischen Schaltung in eine der mikroelektronischen Technologien. Einer im allgemeinen vom Anwender zu konzipierenden Schaltung der geforderten Funktion ist eine reale Schaltung mit ihren Bauelementen und deren Toleranzen zuzuordnen. Nach den vorrangig benutzten wissenschaftlichen Disziplinen unterscheidet man zwischen

dem Bauelementeentwurf
dem Schaltungsentwurf
dem Systementwurf.

Die Übergänge sind dabei fließend.
Der *Bauelementeentwurf* stellt die Konzeption der Oberflächen- und der Tiefenstruktur der in der mikroelektronischen Schaltung benutzten Bauelemente vorrangig auf Grund halbleiterphysikalischer Untersuchungen dar.
Der *Schaltungsentwurf* stellt die Konzeption der Oberflächen- und Tiefenstruktur der gesamten mikroelektronischen Schaltungen vorrangig auf Grund elektrischer Untersuchungen dar. Das nebeneinander der Bauelemente, ihre Isolation bzw. gegenseitige Beeinflussung sowie ihre einheitliche Herstellung unter der Priorität des Transistors stehen im Vordergrund der Behandlungen. Hierzu ist also die Kenntnis der realisierbaren Schaltungen, der parasitären Effekte, der Isolationsverfahren, der Hauptprozeßschritte, des Gehäuses und der Grundregeln der Schaltungstopologie erforderlich.

Der *Systementwurf* beginnt bei der Ausarbeitung des geeigneten Netzwerkes, an dem Anwender und Hersteller auf Grund der Komplexität gleichermaßen beteiligt sein müssen. Bei digitalen Systemen handelt es sich primär um ein logisch-sequentielles Netzwerk, aus dem ein elektrisches Netzwerk abzuleiten ist. Der Entwurf analoger Systeme geht primär vorwiegend von reglungstechnischen Blockschaltungen aus.

Die dargestellte Komplexität des Entwurfes bis zur produktionsreifen Vorlage einer mikroelektronischen Schaltung erfordert eine enge Zusammenarbeit von Halbleitermetallurgen, Chemikern, Physikern, Elektrotechnikern, Mathematikern, Ökonomen und dem Anwender. Die endgültigen Entwürfe entstehen durch wechselseitige Verbesserungen von Theorie und Experiment. Der Entwurf beruht also auf einer iterativen Analyse zwecks Annäherung der Istparameter einer Schaltung an die geforderten Sollparameter. Vorweggenommen sei, daß die einzelnen Probleme des Entwurfs von ihrer theoretischen Beschreibung bis zu ihrer praktischen Durchführung einen unterschiedlichen Reifegrad aufweisen. Der *Logikentwurf* und der Layoutentwurf zeigen einen höheren Entwicklungsstand als die Netzwerkberechnung und die Nachbildung des dynamischen Verhaltens von bipolaren Transistoren. Dieses Ergebnis ist durch den Umfang, Schwierigkeitsgrad und Wichtung der Detailprobleme bedingt worden. Bei der Netzwerkberechnung sind international in den letzten Jahren entscheidende Lösungsverfahren für den rationellen und ökonomischen Routineeinsatz gefunden worden, an deren Realisierung gegenwärtig gearbeitet wird. Die entscheidende Eingabe: das dynamische Modell des bipolaren Transistors weist jedoch nicht die nötige Genauigkeit auf. Die Lösung dieses Problems ist somit von höchster Aktualität. Es besteht hier das Paradoxon, daß seit den 50-iger Jahren der bipolare Transistor produziert und angewendet wird, er aber bis heute jedoch noch nicht vollständig verstanden wird. Ein gewisser Pragmatismus hat sich daher hier eingebürgert.

MIS-Schaltkreise werden derzeitig in einem solchen Frequenzbereich betrieben, wo die dynamische Simulation hinreichend genau ist. An der oberen Frequenzgrenze (einige GHz) dürfte es heute auch hier zu den gleichen Schwierigkeiten führen.

Die oben genannte Umsetzung der gegebenen Schaltung in eine der mikroelektronischen Technologien kann auf verschiedene Weise erfolgen:

in Form einer Endentwicklung,

in Form einer Nachentwicklung,

durch Übernahme des know-hows und durch

Übernahme aller Unterlagen (Schablonensatz, Meßvorschrift usw.).

Die *Übernahme aller Unterlagen* umgeht den Entwurf in der übernehmenden Institution. Diese Umsetzungsart ist also hier ohne Belang. Die *Übernahme des know-hows* betrifft die Entwurfsmethodik und die Entwurfshilfsmittel. Sie läßt sich auf die beiden erstgenannten Formen zurückführen. Bei der *End-Entwicklung* sind Logik- und Netzwerksimulation, letztere einschließlich der Bauelemente-(Transistor-)Nachbildung, und der Layoutentwurf von gleicher Bedeutung. Alle Detailprobleme weisen Synthesecharakter auf. Der Input des Layoutentwurfes ist das Ergebnis der Netzwerkberechnung. Die konventionelle Methode des Layoutentwurfs besteht in der manuellen Anfertigung der Layoutzeichnung auf der Basis des Puzzle-Spieles unter Beachtung der Entwurfskriterien. Zwecks Rationalisierung und Produktionssteigerung werden häufig statt Zeichenbrett, Bleistift und

Radiergummi auch das Display mit Vektorgenerator und Lichtstift vorteilhaft eingesetzt.
Zwei Übergangsformen werden in den Beiträgen von *Garte et al.* sowie von *Hinsenkamp* und *Szabó* vorgestellt. Die wesentlichen Aktivitäten gehen weiterhin vom Konstrukteur „Mensch“ aus. Es wird bereits an vollalgorithmischen Lösungen gearbeitet.
Durch den weltweiten Trend zur Standardisierung ist mehr als zuvor auf Kompatibilität zu achten. Nachentwicklungen sind daher teilweise erforderlich. Im Gegensatz zum synthetisierenden Charakter einer Entwicklung ist eine Nachentwicklung vorwiegend von analytischer Art. Logik und Übertragungsverhalten sind am Muster bereits unter Beweis gestellt. Der Layoutentwurf bekommt somit Übergewicht über die Logik und die Netzwerksimulation. Aus diesem Grunde folgen hierzu noch einige Ausführungen:
Für den Entwurf des Layouts und dessen Überführung in einen adäquaten Schablonensatz ist zu fordern:
Steigerung der Produktivität durch Minderung des zeitlichen und physischen Aufwandes, der Qualität, der Quantität und der Zuverlässigkeit sowie Rationalisierung des Routinebetriebes.
Als Nebenbedingungen sind Flexibilität und Ausbaufähigkeit der Methodik und der Durchführung zu beachten. Diesen Forderungen kann durch den Einsatz von Rechnern kombiniert mit rechnergesteuerten Bildgeneratoren entsprochen werden. Der Einsatz zweier alternativer Rechnerkonfigurationen ist möglich:

- der Kompakt- oder Spezialrechner mit begrenzten Möglichkeiten von Seiten des Daten- und Softwareumfanges,
- der Universalrechner mit nahezu unbegrenzten Möglichkeiten.

Der Spezialrechner steht dezentral dem Layoutentwurf zur Verfügung. Der Universalrechner kann aus Gründen seiner Auslastung nur zentral eingesetzt werden. Ein Rechen- oder Kundendienstzentrum und eine entsprechende Organisation sind erforderlich. Die Layoutbearbeitung am Rechner ist eine Aufgabe unter vielen. Auf Grund der genannten Vor- und Nachteile beider Konfigurationen kann keine Entscheidung für die Nutzung dieser oder jener Variante getroffen werden. Eine Institution, die Halbleiterbauelemente entwickelt und produziert, wird neben der gesamten Palette der Entwurfsaufgaben, die Auswertung der Entwicklungs- und Produktionsergebnisse sowie die Lenkung der Entwicklung und Produktion mittels Rechnerunterstützung ausführen. Dadurch fällt der Entscheid zu Gunsten des zentralen Universalrechners. Ist der Universalrechner ausgelastet, kommt zukünftig eine Kombination beider in Betracht: der Spezialrechner wird als Satellitenrechner an den Universalrechner gekoppelt.[1])
Nachfolgend soll eine kurze Einführung in den Inhalt aller Beiträge gegeben werden:

H. Schwerdtner behandelt in Abhängigkeit vom Integrationsgrad die Schaltkreisökonomie und das Verhältnis der Bauelemente zur Geräteindustrie.
A. Möschwitzer geht davon aus, daß Halbleiterspeicher in integrierter Technik an Bedeutung gewonnen haben. Die speziellen Techniken und deren Entwicklungstendenzen werden erläutert. (Siehe auch Beiträge von *Armgarth* und *Rößler*.)
E. Gläser und *H. Schönyan* geben eine Einführung in die programmierbaren logischen Einheiten (PLA).

---

[1]) Prospekt über die Anlage CORA II von CONTRAVES — Zürich

Von *R. Paul* werden im Hinblick auf den notwendigen und vorteilhaften Einsatz in der Rechentechnik die bekannten Modelle für den bipolaren Transistor untersucht.
R. Brumme stellt diese Untersuchungen für den MIS-Feldeffekt-Transistor vor.
A. Reibiger erläuterte die neuen Aspekte, die zu wesentlich effektiveren Programmen der Netzwerkanalyse führen. Hierzu gehören die Technik der schwachbesetzten Matrizen und die impliziten Integrationsverfahren.
Als Gegenpol zur theoretischen Behandlung der Bauelemente stellt *G. Posdziech* hierfür in der Praxis geeignete Teststrukturen vor. *R. Böhme* bringt eine Übersicht über die Anwendung von Operationsverstärkern.
Die Arbeiten von *D. Armgarth* und *F. Rössler* behandeln die wesentlichen Technologien der integrierten Technik sowie die dazu geeigneten Entwurfsmethoden und Schaltungsmöglichkeiten.
Ein wichtiges Detail hieraus, die Entwurfskriterien, werden von *H. Hertzer* gesondert ausführlich erläutert.
Die für den Layoutentwurf notwendige Hard- und Software wird auszugsweise von *D. Garte et al.*, *M. Hinsenkamp* und *P. Szabó* beschrieben. Dabei wird von *D. Garte et al.* eine dem Layoutentwurf integrierter Schaltungen angepaßte topographische Sprache und deren Anwendung erläutert. *M. Hinsenkamp* und *P. Szabo* beschreiben den Einsatz der Anlage CORIGRAPH DC von Contraves-Zürich für diese Zwecke. Abgeschlossen wird der Layoutentwurf mit einer Arbeit von *G. Rothhardt* über den Einsatz des aktiven Display bei der rechnergestützten Konstruktion. Diese Arbeit betrifft umständehalber die Konstruktion im allgemeinen und nicht die Konzentration von integrierten Schaltkreisen im besonderen.

Inhaltsverzeichnis

Einfluß technologischer Bedingungen

Rechnergestützte Layout-Aufbereitung

Simulation der Schaltungslogik

Die Schaltkreisintegration und ihr Einfluß auf die Rechnerorganisation

Von *H. Schwerdtner*

VEB Kombinat Robotron

1. Beispiel Tischrechnerentwicklung

Die Entwicklung elektronischer Tischrechner zeigt in sehr anschaulicher Weise, wie schnell sich die Bauelemente verändert haben und welche Möglichkeiten der Geräteindustrie daraus entstehen.
1962 kam der erste elektronische Tischrechner auf den Markt. Die eingesetzten Bauelemente waren Elektronenröhren. In rascher Folge tauchten dann Tischrechner mit Transistoren, Kernspeichern, Verzögerungslinien u. a. m. auf. 1968 entstand der erste japanische Tischrechner auf der Basis von integrierten Schaltkreisen. Heute, nur 10 Jahre nach dem ersten elektronischen Tischrechner, gibt es mehrere Tischrechner mit nur einem einzigen Schaltkreis, der sowohl die Logik als auch den Speicher enthält. Parallel zur Schaltkreisentwicklung wurden auch die Tastatur und die Anzeige wesentlich vereinfacht und verbessert. So enstand für den Anwender ein kleines, handliches, netzunabhängiges und stark verbilligtes Gerät.
Geräteindustrie und Bauelementindustrie beeinflussen sich gegenseitig. Die Geräteindustrie strebt eine ständige Verbesserung der Geräte bezüglich Gebrauchswert, Leistung und Zuverlässigkeit an. Um das zu erreichen, erhöht sie ständig die Forderungen an die Bauelementeindustrie. Andererseits ist die Bauelementeindustrie durch ihre Forschungsarbeit auf technologischem Gebiet in der Lage, der Geräteindustrie neue Schaltkreistechnologien anzubieten, die dann beim Gerätehersteller auf ihre Nutzbarkeit untersucht werden.

2. Zusammenarbeit zwischen Bauelementeindustrie und Geräteindustrie in Abhängigkeit vom Integrationsgrad

Eine Geräteentwicklung läßt sich grob in mehrere Etappen einteilen. Auf der Basis einer Aufgabenstellung, welche die zu erzielende Leistung des Gerätes beschreibt, wird zunächst ein Systemkonzept erarbeitet. Dieses legt die Struktur des Gerätes fest und stellt Forderungen an die einzusetzenden Bauelemente. In der nachfolgenden Etappe, dem logischen Entwurf, wird die detaillierte Ausarbeitung aller Algorithmen zur Realisierung der Gerätefunktionen vorgenommen. Dies geschieht auf der Basis der zu verwendenden Bausteine. Die weiteren Etappen sind technisch orientiert und betreffen die Aufteilung auf Leiterplatten, Inbetriebnahme usw. und sind hier nicht von Interesse.
Das dargestellte Modell einer Geräteentwicklung wird nun unter den Bedingungen verschiedener Integrationsgrade betrachtet.

2.1. Einsatz diskreter Bauelemente

Die Zusammenhänge zwischen Bauelementeindustrie und Geräteindustrie sind relativ schwach. Die Bauelemente sind universell einsetzbar und eignen sich nicht nur für die Digitaltechnik. Im Rahmen einer Bausteinentwicklung beim Gerätehersteller werden die Bauelemente zu logischen Bausteinen wie Flip-Flops und Konjunktionen verbunden.
Diese Bausteine bilden die Grundlage für den logischen Entwurf. Ein Einfluß der Bauelemente auf die Rechnerorganisation ist insofern vorhanden, daß während des logischen Entwurfs die bezüglich Preis oder Verzögerungszeit günstigsten Bausteine ausgewählt werden und die Logik diesen ökonomischen bzw. technischen Bedingungen angepaßt wird.

2.2. Einsatz mittlerer Integrationsgrade

Von der Bauelementeindustrie werden fertige Bausteine wie Flips-Flops, Register, Zähler usw. geliefert. Diese Bauelemente haben an Universalität verloren, denn sie sind nur noch in der Digitaltechnik einsetzbar. Sie sind jedoch noch so universell, daß hohe Stückzahlen pro Typ gesichert sind. Die Bausteinentwicklung wurde damit von der Geräteindustrie in die Bauelementeindustrie verlagert. Die Vorgaben für die Bausteinentwicklung, d. h., die Festlegung der Schaltkreistypen und deren Funktion entsteht in der Geräteindustrie. Die Ableitung dieser Typen bereitet keine großen Schwierigkeiten, da wegen des niedrigen Integrationsgrades nur kleinere Standardschaltungen ausgewählt werden können, deren Einsatz und Wiederholbarkeit überblickbar sind. Die Zusammenarbeit zwischen Bauelemente- und Gerätehersteller wird intensiver.

2.3. Einsatz großintegrierter Schaltkreise (GIS)

Die Leistungsfähigkeit eines einzelnen Schaltkreises ist so groß, daß ein Schaltkreis die Funktion einer konventionellen Baugruppe oder beim Tischrechner sogar des gesamten Rechners realisiert. Der Schaltkreishersteller übernimmt einen Teil der Arbeiten, die ursprünglich im logischen Entwurf des Geräteherstellers lagen. Unter diesen Bedingungen müssen Bauelemente- und Gerätehersteller sehr eng zusammenarbeiten. Schon in der Phase der Systemkonzeption muß die Aufteilbarkeit des Gerätes in solche Komplexe, die sich leicht integrieren lassen, beachtet werden. Die Aufteilung auf Schaltkreise mit wenig Anschlüssen, hohem Wiederholfaktor und möglichst großem Funktionsumfang ist für den Gerätehersteller eine völlig neue, bisher nicht vorhandene Aufgabenstellung. In ständiger Abstimmung sind die abgegrenzten Komplexe vom Schaltkreishersteller auf Realisierbarkeit zu prüfen und der Gerätehersteller muß die Systemkonzeption ändern, bis eine für beide Partner ökonomische Lösung gefunden ist. Die entstehenden GIS sind oft so spezialisiert, daß sie sich nur noch für ein einziges Gerät eignen und nicht einmal mehr universell für die Digitaltechnik sind.

3. Große Stückzahlen für GIS

Wie im vorhergehenden Abschnitt gezeigt, verlieren die Bauelemente mit wachsendem Integrationsgrad an Universalität, die Stückzahlen pro Typ sinken, die Typenzahl steigt an. Demgegenüber ist für eine ökonomische Produktion beim Schaltkreishersteller gerade eine hohe Stückzahl für wenig Typen günstig. Die

Möglichkeiten zur Erhöhung der Stückzahlen pro Typ liegen sowohl beim Schaltkreishersteller als auch beim Gerätehersteller und sind am besten durch eine enge Zusammenarbeit auszuschöpfen.

3.1. Beispiele für die Möglichkeiten des Schaltkreisherstellers

3.1.1. Einbau zusätzlicher Funktionen

Oft kann ein Schaltkreis so erweitert werden, daß er für mehrere Anwender einsetzbar wird. Beispielsweise läßt sich die Forderung nach einem Dualrechenwerk und einem Dezimalrechenwerk durch einen einzigen Schaltkreis, der sowohl dual als auch dezimal rechnen kann abdecken.

3.1.2. Flexible Herstellungsverfahren

Es gibt verschiedene Technologien, bei denen die Grundstruktur der Schaltkreise einheitlich hergestellt wird und nur durch wenige, abweichende Herstellungsschritte eine große Typenvielfalt erzeugt wird. Beispiele hierfür sind die Produktion von Festwertspeichern, PLA's [1] und Matrixschaltkreisen.

3.1.3. Funktionsfestlegung durch den Anwender

„Beschreibbare" Festwertspeicher werden beim Schaltkreishersteller einheitlich, ohne spezielle Bitbelegung, in großer Stückzahl gefertigt. Jeder Anwender beschreibt den Festwertspeicher mit dem notwendigen Bitmuster selbst. Die Herstellung von Festwertspeichern wird dadurch im Unterschied zu 3.1.2. typenunabhängig. Gleichzeitig entspricht das auch den Wünschen des Anwenders nach einem änderbaren Festwertspeicher.

3.2. Beispiele für die Möglichkeiten des Geräteherstellers

3.2.1. Auswahl von Komplexen mit hoher Stückzahl

Beispiele hierfür sind Tischrechner, Steuereinheiten für Kleinsteuerrechner, Tastaturkodierer u. a. m.

3.2.2. Mikroprogrammsteuerung

Es gibt zwei Möglichkeiten für den Aufbau von Steuerwerken — Mikroprogrammsteuerung und Folgesteuerung. Eine Folgesteuerung besteht aus einer meist recht großen Anzahl von Flip-Flops und logischen Bausteinen. Diese sind in geeigneter Weise zusammengeschaltet, um die notwendigen Steuersignale als Ausgangssignale des Steuerwerkes zu erzeugen. Derartige Schaltungen sind kompliziert, unübersichtlich, nicht standardisierbar und für Integrationszwecke sehr schlecht geeignet.

Die Mikroprogrammsteuerung ist ein wesentliches Mittel, um die Steuervorgänge zu systematisieren. Ein solches Steuerwerk besteht im wesentlichen aus einem Festwertspeicher und einer zugehörigen Adressiereinrichtung. Jedes Speicherwort enthält einen Mikrobefehl. Jeder Mikrobefehl erzeugt, wenn er ausgelesen wird, entweder direkt oder über eine einfache Entschlüsselung die Steuersignale als Ausgangssignale des Steuerwerkes. Durch das Auslesen der Mikrobefehle in einer geordneten Reihenfolge entstehen die Steuersignale in der gewünschten zeitlichen Anordnung. Der Gewinn für die Schaltkreisintegration besteht darin, daß die komplizierte Steuerlogik zum größten Teil durch einen leicht integrierbaren Speicher ersetzt wird. Besonders vorteilhaft sind „beschreibbare" Festwertspeicher. Einmal wird der Schaltkreishersteller nicht mehr mit der Produktion sehr vieler Varianten der Bitbelegung belastet, zum anderen kann der Anwender leichter Mikroprogrammänderungen vornehmen und auch einmalige Mikroprogramme ohne Wiederholfaktor ökonomisch realisieren. Gewöhnlich sind Mikroprogrammsteuerwerke langsamer als solche mit Folgesteuerung. Daher kann man heute schnelle Steuerwerke nicht über Mikroprogrammsteuerung realisieren.

3.2.3. Standardisierung von Kleinsteuerrechnern

Sobald durch die Schaltkreisintegration mikroprogrammierbare Kleinsteuerrechner ökonomisch vergleichbar mit Folgesteuerungen werden, lassen sich die Folgeschaltungen in Peripheriegeräten, Büromaschinen usw. durch einige wenige Typen von Steuerrechnern ersetzen. Die Vielzahl der heute vorhandenen Steuerungen ist dann einer Vielzahl von Programmen für nur wenig Typen von Steuerrechnern äquivalent, die dann aus GIS aufgebaut werden können.

3.2.4. Integrationsfreundliche Rechnerstrukturen

Rechnerstrukturen, die eine Vielzahl gleichartiger logischer Komplexe enthalten, sind besonders integrationsfreundlich. Möglichkeiten hierzu bestehen beispielsweise darin, eine Vielzahl gleicher Verarbeitungseinheiten, in bekannten Projekten bis zu 256, aufzubauen und diese unter einer gemeinsamen Steuerung parallel arbeiten zu lassen. Eine andere Möglichkeit der Vervielfältigung besteht darin, ein System aus einer Vielzahl kleinerer, selbständiger Rechner aufzubauen. Beide Varianten führen zu einer Erhöhung der Stückzahl pro Schaltkreistyp.
Für Aufgaben, die sich in paralleler Form abarbeiten lassen, entstehen sehr hohe Rechenleistungen. Jedoch ist es bisher nicht gelungen, alle zu bearbeitenden Aufgaben einer solchen Verarbeitungsform günstig zugängig zu machen. Daher sind solche Rechnerstrukturen gegenwärtig ausgesprochene Speziallösungen und konnten sich nicht allgemein durchsetzen.

4. Gegenwärtiger Stand beim Einsatz von GIS

Zwischen kleinen Geräten, wie z.B. Tischrechnern, und großen Rechenanlagen, besteht bezüglich des Kostenanteiles der Schaltkreise an den Gesamtkosten des Gerätes ein wesentlicher Unterschied. Bei kleinen Geräten machen die Schaltkreiskosten einen beträchtlichen Teil der Gesamtkosten aus, während bei großen Anlagen dieser Kostenanteil nur sehr klein ist. Aus diesem Grunde ergeben sich unterschiedliche Zielstellungen für den Einsatz von GIS. Während bei kleinen Geräten gewöhnlich die Ökonomie im Vordergrund steht, wird bei großen Anlagen kaum ein Einfluß auf den Gesamtpreis zu verzeichnen sein. Hier dient der Einsatz von GIS der Verbesserung von Leistung, Zuverlässigkeit, Diagnose, Kommunikation zwischen Mensch und Maschine u. a. m.

4.1. Kleine Geräte

Bei kleinen Geräten wird gegenwärtig mit den größten Integrationsgraden gearbeitet, wobei weitgehendst die Vorteile der Mikroprogrammsteuerung ausgenutzt werden.

Beispiele:

a) Taschenrechnerschaltkreis TMS 1802 [2]

Ein Schaltkreis mit ungefähr 6000 Transistoren enthält sämtliche Funktionen für einen 8stelligen 4-Spezies-Tischrechner mit Gleitkommaarbeitsweise. Die Funktionsausführung wird durch ein Mikroprogramm, welches mit im Schaltkreis enthalten ist, gesteuert. Die Logik ist zum größten Teil durch PLA's realisiert. Da PLA-Funktionen und Mikroprogramm bei der Herstellung durch eine einzige Maske bestimmt werden, läßt sich die Grundstruktur des Schaltkreises durch Änderung eben dieser Maske auch für ähnliche Tischrechner, Steuer- oder Recheneinrichtungen verwenden.

b) Taschenrechner HP 35 [3]

Der HP 35 ist ein Taschenrechner, der neben den 4 Grundrechenarten auch die Funktionen $\sin x$, $\cos x$, $\tan x$, $\operatorname{arc\,sin} x$, $\operatorname{arc\,cos} x$, $\operatorname{arc\,tan} x$, $\lg x$, $\ln x$, e^x, x^y, $\sqrt{x}$ und $1/x$ beherrscht. Zur Realisierung werden 5 Schaltkreise eingesetzt: drei Festwertspeicher für das Mikroprogramm, ein Schaltkreis für das Rechenwerk und die Speicher und ein Schaltkreis für die Taktzentrale und die Steuerung. Um die Kontaktanzahl der Schaltkreise zu minimieren, enthalten die Festwertspeicher je ein eigenes Adreßregister und verkehren mit den anderen Schaltkreisen nur seriell. Sowohl die Adresse als auch der Mikrobefehl werden in Serie übertragen.

c) Intel 8008 [4]

Intel 8008 ist eine kleine Rechen- und Steuereinheit für die Verarbeitung von 8-Bit-Worten. Es sind mehrere Daten- und Adreßregister, ein Rechenwerk, ein Steuerwerk für 45 verschiedene Befehle und auch eine Unterbrechungssteuerung vorhanden. Wird dieser Schaltkreis durch einen Speicher und eine Interfaceschaltung ergänzt, entsteht ein vollständiger Kleinsteuerrechner.

4.2. Peripherie

Durch das Vorhandensein billiger Festwertspeicher beginnt gegenwärtig der verstärkte Einsatz von Mikroprogrammsteuerungen für die Peripheriegerätesteuerung [5]. Einzelne Funktionen mit hohem Wiederholfaktor werden in Form von Kundenwunschschaltkreisen realisiert.

Beispiel:

Tastaturkodierer [6]

In einem Schaltkreis sind enthalten: eine Entschlüsselung für 78 Tasten (realisiert über eine PLA), ein Festwertspeicher, der jeder Taste vier 8-Bit-Codes zuordnet, eine Auswahlschaltung für einen der 4 Codes in Abhängigkeit von Eingangssignalen, ein Ausgangsregister und eine Taktzentrale. Durch die Verwendung von PLA und Festwertspeicher lassen sich wie bei TMS 1802 durch Veränderung von nur einer Maske beliebige Tastaturcodes erzeugen.

4.3. Große Zentraleinheiten

Bei großen Zentraleinheiten ist gegenwärtig noch kein Durchbruch im Einsatz von GIS zu erwarten [7]. Es gibt einige wenige Anlagen, die von vornherein im Hinblick auf einen späteren Einsatz von GIS entworfen worden sind. Eine dieser Anlagen ist ILLIAC IV, ein Multiprozessorsystem mit 256 gleichen Verarbeitungswerken.

Literaturverzeichnis

[1] *Gläser, E.*: „Aufbau, Eigenschaften und Anwendung von PLA“, Vortrag, Kolloquium „Entwurf mikroelektronischer Schaltungen“, Karl-Marx-Stadt, 5. 12.—7. 12. 1972

[2] TI adds to line using“ host chip”. Electronics **45** (1972) H. 11, S. 34

[3] *Whitney, T., Rodé, F., Tung, C.*: The ‘Powerful Pocketful’: an Electronic Calculator Challenges the Slide Rule. Hewlett — Packard Journal **23** (1972) H. 10, S. 2—9

[4] *Fields, S.*: 8-bit parallel processor offered on a single chip. Electronics **45** (1972) H. 6, S. 143

[5] *Wallace*: The technology gap starts to close for computer peripherals. Electronics **45** (1972) H. 16, S. 59—74

[6] *Herzenberg*: An LSI Approach to Keyboard Encoding. computer design **10** (1971) H. 11, S. 81—87

[7] *Henkel, D.*: Der Einfluß der großintegrierten Schaltungen auf die Entwicklung künftiger Digitalrechner. radio fernsehen elektronik **21** (1972) H. 19, S. 617—619

Prinzipien integrierter Informationsspeicher in MIS- und Bipolartechnik

Von *A. Möschwitzer*

Technische Universität Dresden

1. Einführung, Überblick

Ein wesentlicher Bestandteil informationsverarbeitender Systeme sind die Speicherstrukturen. Auf dem Gebiete interner Speicher kleiner bis mittlerer Kapazität haben die Halbleiterspeicher in integrierter Technik in den vergangenen Jahren ständig an Bedeutung gewonnen. Aber auch Speicher mit größerer Speicherkapazität sind heute bereits verfügbar und sind neben den schon fast klassisch zu nennenden Notizblock- und Festwertspeichern (ROM) in Halbleitertechnik in verschiedenen Computersystemen zu finden. Die Halbleiterspeicher erlaubten wegen ihres spezifischen Wiederholstrukturcharakters auch den ersten Vorstoß zur Großintegration (LSI). Viele Halbleiterwerke bieten heute Speicherchips unterschiedlicher Technologie an. Die Anfänge dieser Entwicklung liegen im Jahre 1966. Die Hauptrealisierungstechniken sind die Bipolartechnik (besonders für Speicher hoher Arbeitsgeschwindigkeit) und die MIS-Technik (besonders für hohe Speicherkapazitäten). Kombinationen von Bipolar- und MIS-Technik sind z.B. in der Weise sinnvoll, daß die Ansteuerelektronik in Bipolartechnik, die eigentliche Speichermatrix in MIS-Technik ausgeführt wird. Das kann in Multi- und Monochiptechnik realisiert werden. Letztere hat die Anwendung von Verfahren zur Voraussetzung, bei denen MIS- und Bipolartechnik kompatibel sind. Diese sind in der Regel sehr aufwendig und deshalb teuer. Die Entwicklungstendenz besteht bei der Bipolartechnik in dem Bestreben, einfachere und schnellere Strukturen mit kleinerem Flächenverbrauch und einfachere Realisierungstechniken zu finden. Als Ergebnisse dieser Entwicklung können die CDI-, TRIMASK-, V-ATE- und ISOPLANAR-Technik, die Schottkybarrierentechnik sowie die integrierte Injektion-Logik (IIL) genannt werden. Bei der MIS-Technik besteht das Bestreben, die Arbeitsgeschwindigkeit zu erhöhen, die Betriebsspannung zu erniedrigen (durch Erniedrigung der Schwellspannung) und durch volle Nutzung der elektronischen Möglichkeiten des MIS-Feldeffektsteuerprinzips die Funktionsdichte weiter zu erhöhen. In diesem Zusammenhang können die Silizium- und Molybdäntortechnologie, die (100)-Technik, die Ionenimplantation, die Verwendung von Verarmungstypen als Lasttransistoren, die Entwicklung von n-Kanalanreicherungstypen, Einführung neuer Torisolatoren, die Ausnutzung des dynamischen Speicherprinzips, verschiedene Formen von Speicherfeldeffekttransistoren und die Ladungstransfertechnik genannt werden. In dem folgenden Überblick werden Betrachtungen über Realisierungsbeispiele und Wirkprinzipien von Speicherzellen, vorzugsweise solchen mit speichernden Feldelektroden, angestellt. Doch zunächst seien einige allgemeingültige Aussagen und Begriffsbestimmungen für Speicher gemacht.

2. Allgemeines

2.1. Begriffsbestimmungen

a) *Speichern* heißt, Informationen aufzubewahren, um nach einer (in gewissen Grenzen frei wählbaren) *Speicherzeit* wieder über diese Information verfügen zu können. Wir berücksichtigen dabei im folgenden nur die Speicherung binärer Zustände.

b) *Speicherelement bzw. Speicherzelle* ist ein Speicherteil zur Aufnahme eines Bits. Speicherzellen können aus einem oder mehreren elektronischen Bauelementen bestehen.

c) *Wort* ist eine endliche Bitfolge, die in einem bestimmten Zusammenhang als Einheit betrachtet wird.

d) *Adresse* ist ein Wort zur Kennzeichnung des Aufbewahrungsortes einer Information im Speicher.

e) *Zugriff.* Wir unterscheiden:

   Wahlfreier Zugriff ist durch gleiche Zugriffszeiten für alle Speicherzellen gekennzeichnet.
   Serieller Zugriff ist durch unterschiedliche Zugriffszeiten gekennzeichnet.
   Paralleler Zugriff ist durch das gleichzeitige Ansteuern aller Speicherzellen gekennzeichnet.
   Zyklischer Zugriff. Hierbei wird die gespeicherte Information periodisch an einer geeigneten Nachweisschaltung vorbeigeführt.

f) *Zugriffszeit für Schreiben bzw. Lesen.* Das ist die Zeit, die von der Eingabe von Adresse und Befehl bis zu dem Zeitpunkt vergeht, zu dem die Information in der Speicherzelle bzw. im Leseregister steht.

g) *Schreib-, Lese-, bzw. Schreib-Lesezykluszeit* geben die minimale Periodendauer für wiederholte Schreib- oder Lese- oder Schreib-Lese-Vorgänge an.

2.2. Anforderungen und Bewertungskriterien

Ein Speicherelement bzw. eine Speicherzelle muß eindeutig in zwei Zustände schaltbar sein und zwar unabhängig vom vorherigen Zustand, sie hat diesen Speicherzustand nach Beendigung des Schreibvorganges stabil und störsicher aufrechtzuerhalten und muß schließlich lesbar sein. Danach kommen für elektronisch einschreibbare Speicherelemente solche Bauelemente in Betracht, die eine mehrdeutige Kennlinie besitzen, sowie Schaltungen mit mehrdeutigen Kennlinien. Schaltungen mit mehrdeutigen Kennlinien werden meist in Form rückgekoppelter Schaltungen mit Bauelementen ein- und mehrdeutiger Kennlinie realisiert.
Bewertungskriterien für einen Speicher sind:

- Arbeitsgeschwindigkeit sowie Aufrufbreite
- Speicherkapazität und Kapazität pro Chip
- Preis pro Bit
- Flächen- bzw. Volumenspeicherdichte
- elektrische Kompatibilität
- Ausfallrate
- Verlustleistung pro Bit
- zulässiger Temperaturbereich
- Verhalten bei Unterbrechung der Energiezufuhr.

Vor allem zwischen den ersten vier Kriterien besteht ein enger Zusammenhang. Der Bitpreis ist bei vorgegebener Technologie etwa umgekehrt proportional zur Flächenspeicherdichte auf dem Chip. Eine große Speicherdichte ist für die Reduzierung der Signallaufzeiten notwendig.

2.3. Klassifizierung der Speicher

Zunächst ist zwischen *Adressenspeicher* (AM) und *Assoziativspeicher* (CAM) zu unterscheiden. Bei Adressenspeichern wird z.B. eine Information aufgefunden, indem durch eine Adresseninformation, bestehend aus einem oder mehreren Worten, die Speicherzelle aktiviert wird, die sich an dem Ort im Speicher befindet, an dem die zu lesende Information gespeichert ist.
Bei dem Assoziativspeicher wird die gewünschte Information dadurch aufgefunden, daß eine bestimmte Vorgabe über den Inhalt der zu suchenden und zu lesenden Information gemacht wird. Für den Lesevorgang ist also eine Vergleichsoperation notwendig. Deshalb werden diese Speicher auch als inhaltsadressierte Speicher bezeichnet. Bei jedem dieser Speichertypen ist noch zwischen Festwertspeichern bzw. Nurlesespeichern (ROM), Festwertspeichern mit elektronisch langsam veränderbarem Inhalt bzw. Meistlesespeichern (RMM) und Schreib-Lese-Speichern (RAM) zu unterscheiden. Bei den ROMs unterscheiden wir noch zwischen solchen, die im technologischen Prozeß und solchen, die elektronisch (u. U. auch vom Anwender selbst) programmiert werden.

2.4. Speicherorganisation

Die prinzipiellen Größen an einem Speicherelement sind im Bild 1 dargestellt. Der Inhalt des Speicherelementes sei c, die Einschreibinformation ist u, die Ausleseinformation w, b_S ist der Schreibbefehl, und b_L ist der Lesebefehl. Der Speicherinhalt im Takt i ergibt sich aus dem Inhalt und den Vorgängen des vorhergehenden Taktes $i - 1$ zu

$$c^{(i)} = (c\bar{b}_S \vee u b_S)^{(i-1)} . \tag{1}$$

Das heißt, für den Fall, daß ein Schreibbefehl im Takt $i - 1$ ausgeführt wurde ($b_S = L$, $\bar{b}_S = 0$), ist der neue Speicherinhalt gleich der Einschreibinformation ($c^i = u$). Im anderen Falle bleibt die Information erhalten ($c^i = c^{i-1}$).
Die Organisationsform eines Speichers wird in Organisationsdimensionen (gekennzeichnet durch D) angegeben. Ein einzelnes, nicht auswählbares Speicherelement gemäß Bild 1 entspricht definitionsgemäß einer „1-D-Organisation". Für Speicherelemente bzw. -zellen in einem Speicherverband sind aber noch Auswahlinforma-

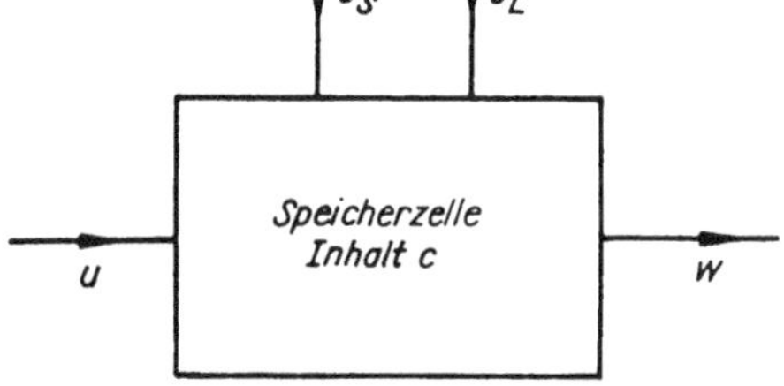

Bild 1.
Blockschaltbild einer Speicherzelle

tionen, die sogenannten Adresseninformationen a, notwendig. Je nachdem, wie viele Adresseninformationen zur Auswahl der Speicherzelle angewendet werden und wie diese Adresseninformationen der Speicherzelle zugeführt werden, unterscheiden wir 2, $2\frac{1}{2}$-, 3-, ... D-Organisation. Die Organisationsdimension ist wie folgt definiert:

$$D = D_A + 1 . \tag{2}$$

Diese Beziehung gilt, wenn Lese- und Schreibinformation (u/w) unabhängig von der Adresseninformation zugeführt werden. D_A ist die Zahl der Adresseninformationen. Weiterhin gilt

$$D = D_A + 1/2 , \tag{3}$$

wenn u/w zusammen mit einer Adresseninformation zugeführt wird. Demnach ist ein 2-D-organisierter Speicher ein solcher, bei dem die gesuchte Speicherzelle durch eine zusätzliche Adresseninformation a aktiviert wird (zum Schreiben oder Lesen). Ein $2^1/_2$-D-organisierter Speicher ist ein Speicher, bei dem die gesuchte Speicherzelle durch 2 zusätzliche Adresseninformationen aktiviert wird, wobei eine der Adresseninformationen gleichzeitig mit u/w zugeführt wird. Bei einem 3-D-organisierten Speicher werden die beiden zur Auswahl der gewünschten Speicherzelle notwendigen Adresseninformationen a_x und a_y unabhängig von u/w der Speicherzelle zugeführt. Dieses Prinzip der Klassifizierung der Organisationsformen(-dimen-

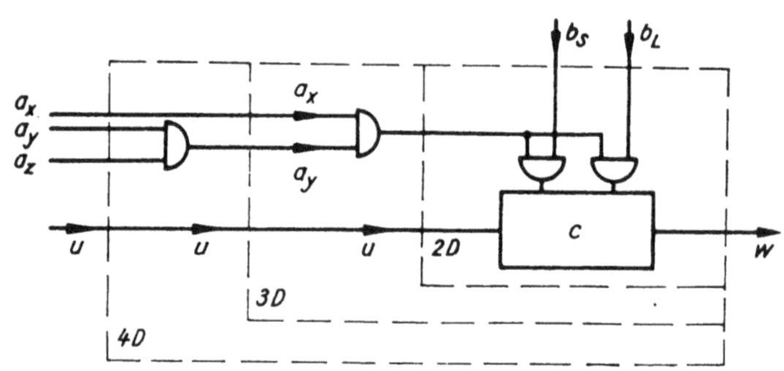

Bild 2. Veranschaulichung der Organisationsdimensionen eines Speichers

sionen) ist anschaulich im Bild 2 dargestellt. Eine höhere als die 3-D-Organisation ist vom praktischen Standpunkt kaum von Interesse, da der Koinzidenzaufwand stark ansteigt. In den Bildern 3 und 4 sind die prinzipiellen Strukturen von Speichern in 2-D- bzw. 3-D-Organisation gezeigt. Da beim Speicher in 2-D-Organisation durch die zusätzliche Adresseninformation jeweils ein ganzes Wort ausgewählt wird, spricht man auch von *wortorganisierten Speichern.* Die Einfügung einer Adressendekodierung zwischen Speicher und Adressenregister geschieht aus Zweckmäßigkeitsgründen zur Reduzierung der externen Adressenleitungen. Bei dem Speicher in 3-D-Organisation nach Bild 4 wird durch die beiden Adresseninformationen a_x und a_y jeweils 1 Bit einer Speicherebene ausgewählt. Deshalb spricht man bei dieser Organisationsform auch von *bitorganisierten Speichern.*

Schließlich ist im Bild 5 noch das Prinzip einer Adressendekodierschaltung mit NOR-Gattern gezeigt. Zwischen den Dekodierschaltungen, den Bitleitungen und der Speichermatrix werden in der Regel noch Treiberschaltungen (Verstärker) eingefügt.

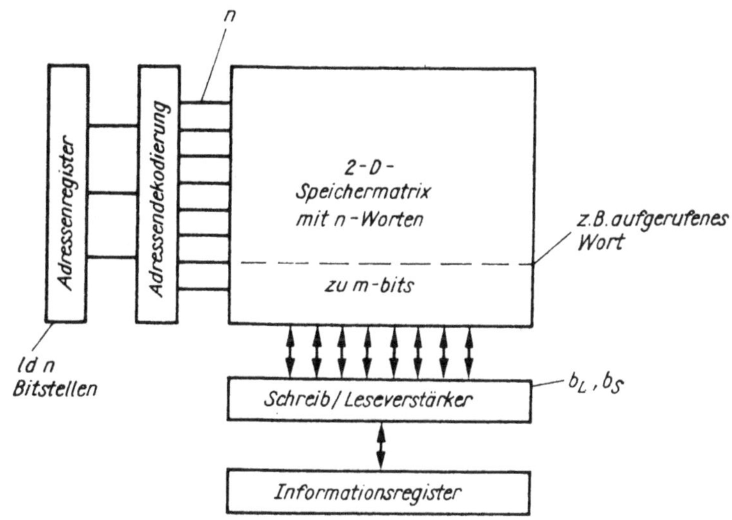

Bild 3. Prinzip eines wortorganisierten Speichers

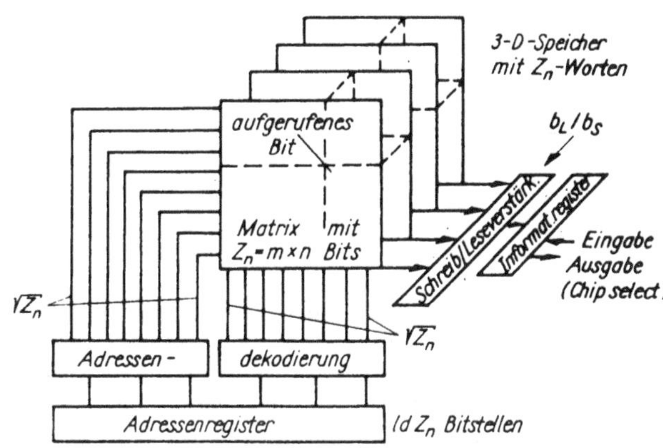

Bild 4. Prinzip eines bitorganisierten Speichers

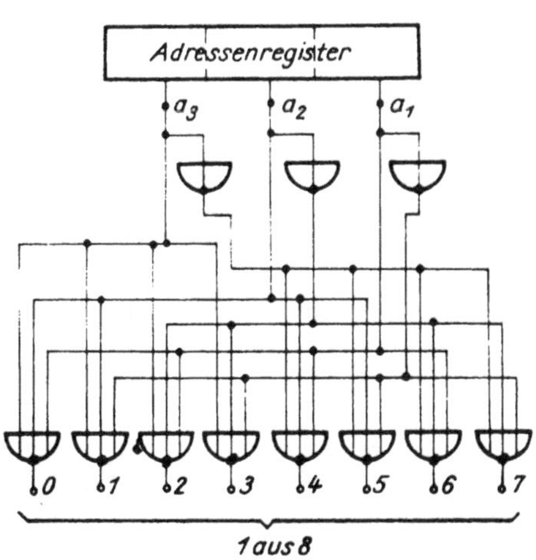

Bild 5.
Prinzip der Adressendekodierung

2.5. Aufbau von Speicherfamilien mit Halbleiterspeichern

In der Regel werden auf einem Halbleiterplättchen (Chip, Abmessungen z.B. 3×3 mm²) matrixförmig Speicherzellen integriert. Je nachdem, ob auf diesem Chip Schaltungen zur Adressendekodierung und Ansteuerung mit integriert sind oder nicht, spricht man von dekodierten oder nichtdekodierten Chips. Die Vorteile nichtdekodierter Chips sind: großer Integrationsgrad, große Flexibilität bei Komplettierung und Beeinflussung technisch-ökonomischer Parameter des Gesamtspeichers bei Anwendung der Multichiptechnik, höhere Fertigungsausbeute durch Anwendung von Redundanz. Nachteilig ist die mit der Chipkapazität rasch steigende Zahl der Anschlußstellen, z.B. bei wortorganisiertem Chip:

$$Z_{\mathrm{k}} = \frac{Z_{\mathrm{n}}}{m} + 2m + k\,. \tag{4}$$

(Z_{n} Gesamtzahl der Bits auf dem Chip, m Wortlänge, k Zahl der zusätzlichen Anschlüsse für Versorgungsleitungen, Takt). Die Vorteile dekodierter Chips sind: Volle Logikkompatibilität mit anderen Bausteinen, geringst mögliche Zahl von Anschlußstellen, z.B. bei wortorganisiertem Chip:

$$Z_{\mathrm{k}} = \mathrm{ld}\,\frac{Z_{\mathrm{n}}}{m} + 2m + k \tag{5}$$

und eine einfachere Zusammenschaltbarkeit zu großen Speicherkomplexen. Nachteilig ist, daß nur etwa die Hälfte der Chipfläche für die eigentliche Speichermatrix genützt wird. Dieser Nachteil gegenüber den nichtdekodierten Chips geht aber bei hohen Speicherkapazitäten verloren, da dann bei den nichtdekodierten Chips die für die stark steigende Zahl der Bondflächen verbrauchte Siliziumfläche einen immer größeren Raum einnimmt (s. u.). Weiterhin liegt eine gewisse Starrheit im Aufbau der Speicherfamilie vor.

Grundgedanke des Aufbaues von Speicherfamilien ist es, aus einer Vielzahl solcher dekodierter oder nichtdekodierter Speicherchips z. B. mit Speicherkapazitäten von 16 bis 1024 (und mehr) Bits und Chips für die Randelektronik (Dekodierschaltungen, Treiber, Taktschaltungen, Leseverstärker u. a. m.) Gesamtspeicher mit gewünschten Eigenschaften zu erhalten. Auf der Grundlage eines bestimmten Sortiments von Halbleiterchips kann z. B. durch hybride Multichipintegration (Halbleiterchips montiert auf einem Glas- oder Keramiksubstrat und verbunden durch ein Dünn- oder Dickschichtverbindungsleitersystem) eine Speicherfamilie aufgebaut werden. Eine Speicherfamilie ist eine bestimmte Reihe von Speichern mit einheitlichem konstruktiven Aufbau, gleichen Signalpegeln für Aus- und Eingänge, einheitlicher Zahl erforderlicher Operationsbefehle, gleichen Betriebsspannungen, deren technisch-ökonomische Parameter (Speicherkapazität, Aufrufbreite, Arbeitsgeschwindigkeit, Bitpreis) sinnvoll abgestuft sind. Außerdem müssen durch Austausch einzelner Bestandteile verschiedene Baugruppen voneinander ableitbar sein und in einem Gerätesystem die veränderten Eigenschaften durch bloßen Austausch wirksam werden.

Der prinzipielle Aufbau eines Speichers ist im Bild 6 gezeigt. Beim Entwurf einer Speicherfamilie gilt es, diesen so zu partitionieren, daß die Bestandteile vollständig durch integrierte Bausteine realisiert werden können und günstige technisch-ökonomische Parameter erreicht werden.

a) Unter günstigen *ökonomischen Parametern* verstehen wir in erster Linie den Preis pro Bit, da angenommen werden darf, daß die zur Wirtschaftlichkeit gehörenden Faktoren wie Zuverlässigkeit, Wartungs- und Betriebskosten für alle aus integrierten Schaltkreisen aufgebauten Systeme gleich sind. Einen niedrigen Bitpreis erzielt man durch geschickte Partitionierung (möglichst einheitliche und billige Chips als Bestandteile) und durch Senkung der Bitkosten pro Chip bei vorgegebenem Chip (optimaler Chipentwurf).

b) Unter günstigen *technischen Parametern* verstehen wir hohe Arbeitsgeschwindigkeit (Zykluszeit, Zugriffszeit bei vorgegebener Speicherkapazität), gewünschte Aufrufbreite und Speicherkapazität sowie niedrigen Verlustleistungsverbrauch.

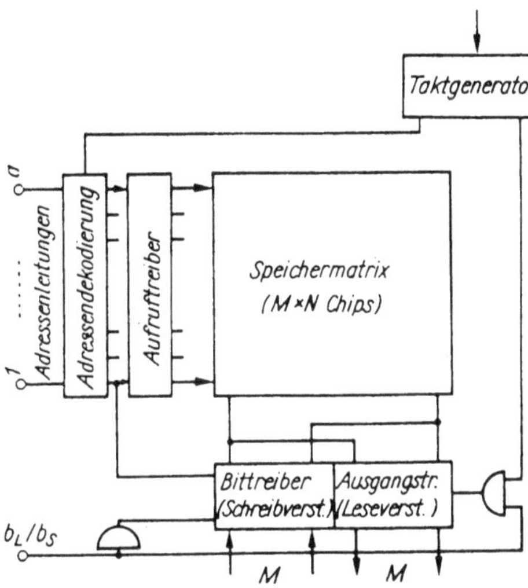

Bild 6. Blockschaltbild eines Speichers

Auf die Zykluszeit (Zugriffszeit) haben die Signalverzögerungen der im Signalweg liegenden Schaltstufen und die Laufzeiten auf den Verbindungsleitungen Einfluß. Die Speicherkapazität wird durch die kostenoptimale Chipfläche, der Größe der Bauelemente sowie den Flächennutzungsfaktor bestimmt (Chipfläche = Fläche für die Speichermatix + Randelektronik + Bondinseln). Der Zusammenhang zwischen Chipkapazität und Zykluszeit (Zugriffszeit) ist dadurch gegeben, daß mit steigender Speicherkapazität die kapazitive Last steigt und dadurch bei gleichbleibenden Schaltzeiten die Ansteuertransistoren größer ausgelegt werden müssen. Günstige Lösungen erhält man durch eine solche Partitionierung, daß bei einer vorgegebenen Speicherkapazität das Signal von außen bis zur Speicherzelle und umgekehrt möglichst wenig signalverzögernde Stufen durchlaufen muß. Eine weitere Möglichkeit zur Erhöhung der Arbeitsgeschwindigkeit ist die Kombination von MIS- und Bipolarschaltkreisen. Die Optimierung dieser Kenngrößen haben stets unter Berücksichtigung des jeweiligen Standes der Halbleitertechnologie zu geschehen und dürfen nicht allein vom Standpunkt des Systemkonzeptes geschehen. Deshalb ist jedes Optimierungsergebnis relativ.

Das Prinzip eines aus $Z_c = N \times M$ bitorganisierten Speicherchips (SC) mit je $Z_n = m \times n$ Bits aufgebauten Speichers, der $w = N \times Z_n$ Worte zu je M Bits hat, ist in Bild 7 gezeigt. Jedes Chip verfügt gewöhnlich über einen Anschluß „Chipauswahl", der zur Aktivierung (durch eine Adresseninformation) des ausgewählten Chips führt.

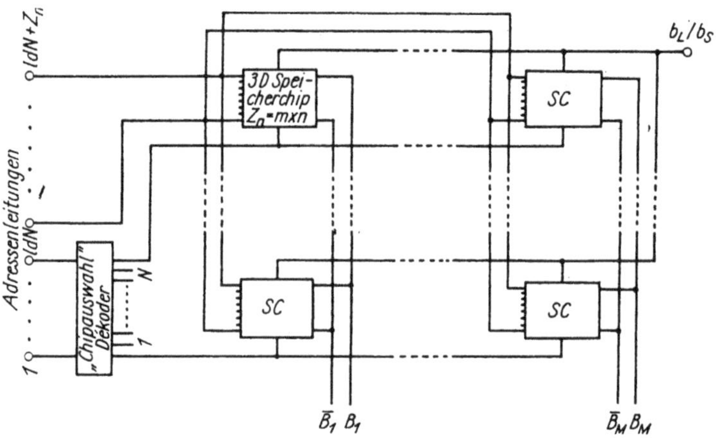

Bild 7. Blockschaltbild eines Speichers, der aus $N \times M$ Speicherchips aufgebaut ist

3. Bipolartechnik

3.1. Speicher in TTL-Technik

In der Bipolartechnik gibt es mehrere Möglichkeiten für die Darstellung der binären Information:

- Die stationären Arbeitspunkte von Einzelbauelementen mit mehrdeutiger Strom-Spannungs-Kennlinie (z. B. Thyristor, Avalanchetransistor, Tunneldiode) werden der logischen „0" bzw. „L" zugeordnet.
- Die stationären Arbeitspunkte bistabiler Schaltungen werden der logischen „0" bzw. „L" zugeordnet.

In der Praxis hat sich im wesentlichen nur der zweite Weg durchgesetzt. Schaltungen mit mehrdeutiger Kennlinie (bistabile Schaltungen) sind Flip-Flops. Alle im folgenden beschriebenen Speicherzellen sind demzufolge Flip-Flops. In diesem Abschnitt werden wir uns zunächst mit Speicher-Flip-Flops in TTL-Technik beschäftigen. Die TTL-Technik (Transistor-Transistor-Logik) gehört zur *Übersteuerungstechnik*. Bei der Übersteuerungstechnik werden die beiden logischen Zustände „0" und „L" durch einen gesättigten Transistorschalter im „Aus"- bzw. „Ein"-Zustand realisiert. Grundelement von Schaltungen der Übersteuerungstechnik ist der Inverter nach Bild 8. Der Transistor wird über einen Lastwiderstand R_L von einer Speisespannung U_{CC} gespeist. Im „Ein"-Zustand liegt am Ausgang die kleine Restspannung $U_{CES} = 0{,}1 \cdots 0{,}2$ V, im „Aus"-Zustand die

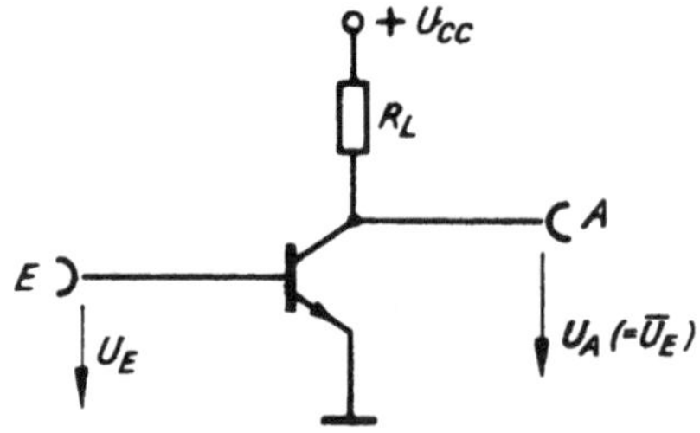

Bild 8.
Inverter in Übersteuerungstechnik

Eingangsspannung der folgenden Stufe (z. B. $U_{FO} = 0{,}7$ V bei Siliziumtransistoren) Die einfachste Flip-Flop-Speicherzelle ist die in Bild 9 gezeigte mit Einemittertransistoren [1], [3]. Diese Zelle eignet sich für die 2-D-Organisation in RAM- und CAM-Speichern. Der Aufruf geschieht über die Wortleitung W, über die auch gleichzeitig die Speisespannung zugeführt wird. Beim Aufruf wird der Speisespannung ein kleiner Spannungsimpuls überlagert. Die Lese- bzw. Schreibsignale

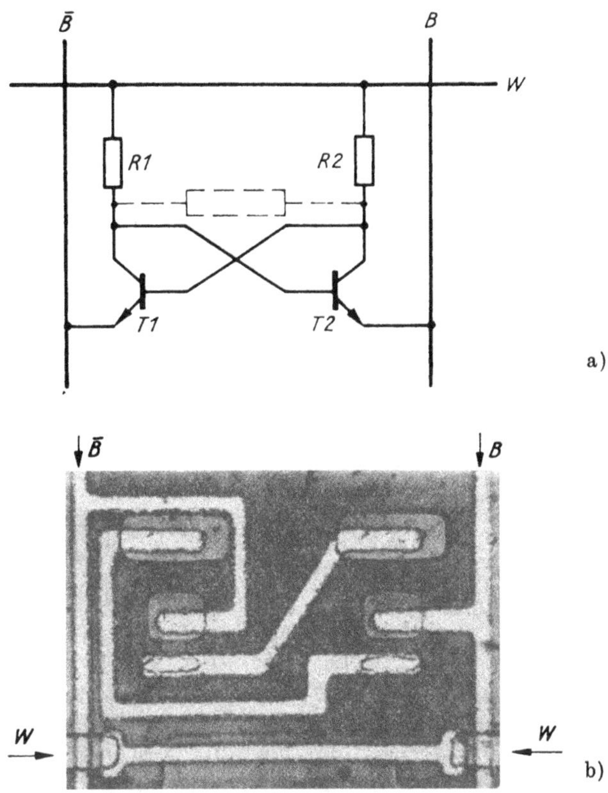

Bild 9. Schaltung (a) und Layout (b) einer Flip-Flop-Speicherzelle mit Einemittertransistoren [3]

gelangen über die Bitleitungen B und $\bar{B}$ an die Emitter der Transistoren T_1 und T_2. Modifikationen dieser Einemitterzelle sind im Bild 10 dargestellt. Die Zelle im Bild 10a unterscheidet sich von der im Bild 9 dadurch, daß der Aufruf über die Wortleitung und die Emitter geschieht, so daß nun die Speisespannung durch eine getrennte Leitung zugeführt werden kann [2]. Die Bitleitungen sind über Dioden D_1 und D_2 an die Kollektorpunkte der Transistoren T_1 und T_2 angekoppelt. Dadurch liegt eine größere Ausgangsimpedanz und eine höhere Störsicherheit vor. Bei der Speicherzelle nach Bild 10b ist die Zuverlässigkeit der Funktion noch weiter dadurch erhöht, daß das Flip-Flop mit einer separaten Speisespannungs- und Masseleitung versehen ist, wodurch der Speicherinhalt nicht durch die Beschaltung von Bit- oder Wortleitung beeinträchtigt ist, wie das noch bei den vorgenannten Speicherzellen der Fall war. Der Aufruf geschieht über zwei Adresseninformationen X und Y, die T_5 und damit auch T_3 bzw. T_4 aufsteuern [4].

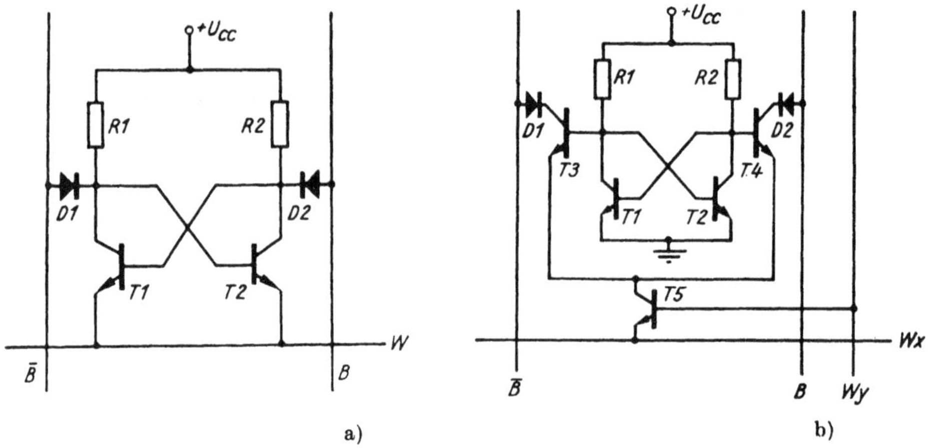

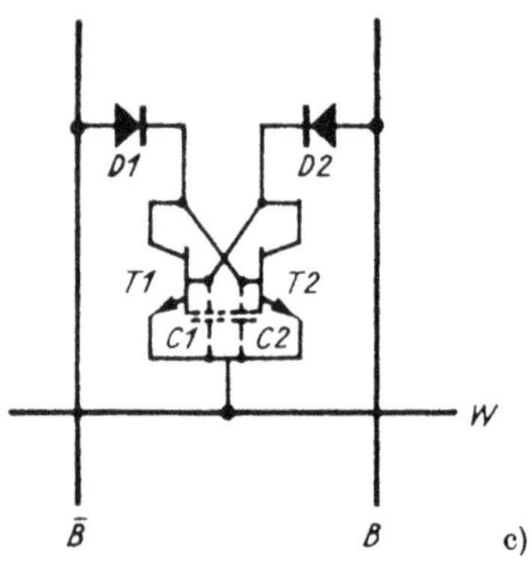

Bild 10. Verschiedene Speicherzellen

a) Zelle mit Einemittertransistoren und Diodenankopplung

b) Zelle mit Einemittertransistoren und Transistorankopplung

c) Dynamische Speicherzelle

Bei der Speicherzelle in Bild 10c handelt es sich um eine dynmaische Speicherzelle. Hierbei wird die Information durch eine bistabile Ladungsverteilung auf den Kapazitäten C_1 und C_2 gespeichert. Diese Ladung muß periodisch ($f_e \approx 1$ kHz) aufgefrischt werden. Das geschieht über die Bitleitungen B und $\bar{B}$. Der Aufruf der Zelle geschieht durch die Wortleitung W über die Emitter. Da hier keine statische Verbindung zur Speisespannungsquelle U_{CC} existiert, ist der Verlustleistungsverbrauch pro Bit sehr klein ($\approx$ nW). Diese Zelle benötigt nur 3 Anschlüsse [5].

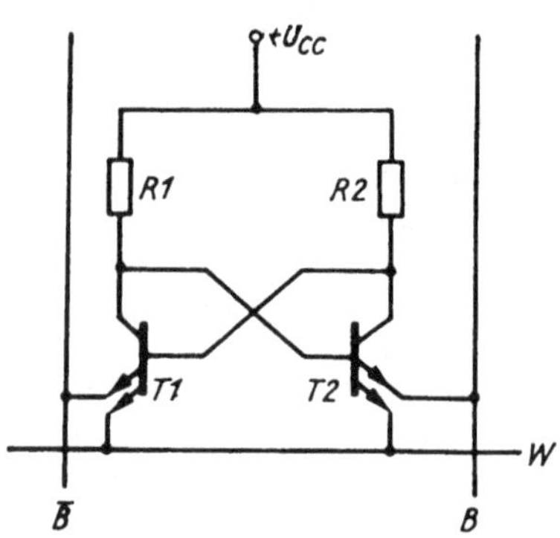

Bild 11.
Speicherzelle mit Zweiemittertransistoren

Häufig findet man in 2-D-Halbleiterspeichern die Zweiemitterzelle nach Bild 11 [6]. Der Aufruf geschieht durch die Wortleitung W über die Emitter 1 der Transistoren T_1 und T_2. Die Emitter 2 sind an die Bitleitung B und $\overline{B}$ angeschlossen. Betrachten wir hierbei zunächst den Lesevorgang: Wir nehmen an, daß T_2 leitend und T_1 gesperrt ist. Das soll dem gespeicherten Zustand „L“ entsprechen. Der Lesevorgang wird durch einen positiven Impuls zwischen Wortleitung und Masse ausgelöst. Vor Anlegen dieses Impulses floß der Emitterstrom über den Emitter 1 zur Wortleitung ab. Der Strom hatte sich diesen Emitter deshalb ausgesucht, weil die Bitleitungen über Widerstände, die Wortleitung dagegen direkt an Masse liegt. Nach Anlegen des positiven Impulses fließt nun aber der Emitterstrom über den Emitter 2 zur Bitleitung ab, da der positive Impuls die Emitter 1-Basis-Spannung soweit erniedrigt, daß von dort der Strom zum Emitter 2 verdrängt wird. Der Strom, der nun über die Bitleitung B abfließt, wird als gespeichertes „L“ mit Hilfe eines Leseverstärkers registriert. Die Bitleitung $\overline{B}$ liefert den negierten Inhalt der Speicherzelle, also keinen Strom („0“). Der Schreibvorgang wird ebenfalls durch einen positiven Aufrufimpuls auf die Wortleitung ausgelöst. Wir nehmen an, daß in unserer Zelle ein „L“ gespeichert war (T_2 leitend), und wir wollen den Speicherinhalt ändern, d. h. eine „0“ einschreiben. Dazu wird an die Bitleitung B ein positiver Impuls angelegt und an die Bitleitung $\overline{B}$ Masse. Dadurch wird T_2 gesperrt, da nun der Strom nicht mehr vom Emitter 1 zum Emitter 2 ausweichen kann (es liegen nämlich sowohl an Emitter 1 als auch an Emitter 2 positive Impulse). Dadurch steigt die Spannung am Kollektor von T_2 und an der Basis von T_1 an, T_1 gelangt in den leitenden Zustand. Das entspricht aber vereinbarungsgemäß einer „0“. Diese Speicherzelle kann z. B. in einem wortorganisierten Speicher eingesetzt werden, wie er im Bild 12 gezeigt ist. Die Zeilen sind die Worte

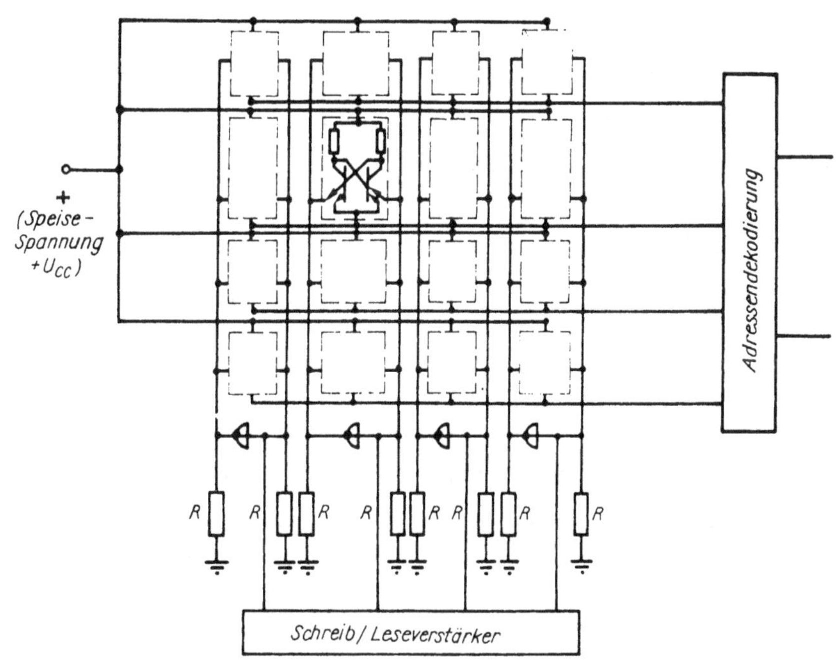

Bild 12. Prinzip eines Matrixspeichers mit Flip-Flop-Zellen aus Zweiemittertransistoren

die Spalten die Bits der Worte. Die Bitleitungen einer Spalte besitzen den gleichen Arbeitswiderstand. Zwischen zwei zusammengehörigen Bitleitungen einer Spalte befindet sich ein Negator.
Nachteilig bei der Übersteuerungstechnik. zu der die eben beschriebene Zweiemitterzelle gehört, ist, daß die Transistoren in das Sättigungsgebiet ausgesteuert werden. Durch die im Sättigungszustand gespeicherte Ladung entsteht eine Speicherzeit und damit eine unerwünschte Signalverzögerung. Werden die Basis-Kollektorübergänge der gesättigten Transistoren mit Schottkydioden überbrückt (geklemmt), wie das bei der Speicherzelle nach Bild 13 geschehen ist, so kann dieser Nachteil weitestgehend vermieden werden. Schottkydioden weisen bekanntlich keine Minoritätsträgerspeicherungen auf und besitzen deshalb auch keine Speicherzeit. Da die Schleusenspannungen von Schottkydioden ($< 0{,}4$ V) kleiner sind als

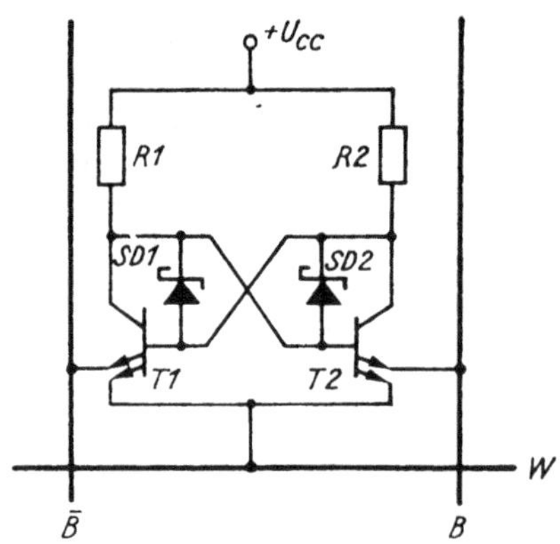

Bild 13. Speicherzelle in SB- TTL-Technik

die für Silizium-*pn*-Übergänge ($\approx 0{,}7$ V), führt die Schottkydiode im Flußbereich des Basis-Kollektor-Überganges (Sättigungsbereich) den großen Teil des Stromes zwischen Basis und Kollektor. Dadurch wird die Ladungsspeicherung im Transistor und damit die Signalverzögerung stark herabgesetzt. Mit dieser Schottkybarrieren-TTL (SB-TTL) ist also eine Erhöhung der Arbeitsgeschwindigkeit möglich [7].
Das Prinzip der Zweiemitterspeicherzelle kann auch auf eine Dreiemitterzelle erweitert werden. Bei dieser können zwei Adresseninformationen über zwei Wortleitungen zugeführt werden. Eine solche Zelle eignet sich in bitorganisierten (3-*D*) Speichern, wie es im Bild 14 gezeigt ist [8].

3.2. Speicher in ECL-Technik

Der Nachteil der speicherzeitbedingten Signalverzögerung bei der TTL kann durch das sogenannte Stromschaltprinzip, wie es in der ECL-Technik (Emitter-gekoppelte-Transistor-Logik) realisiert ist, vermieden werden. Das Grundelement dieser Technik ist im Bild 15 gezeigt. Hierbei werden die beiden Zustände „0" und „L" durch Umschalten des Stromes zwischen den Transistoren T_1 und T_2 realisiert. U_0 ist eine Referenzspannung. Je nach der Größe der Eingangsspannung U_E wird der Strom den Weg durch T_1 ($U_E > U_0$) oder T_2 ($U_E < U_0$) bevorzugen. R_0 ist sehr viel größer als die übrigen Widerstände in der Schaltung, so daß der Strom in erster Linie von U_{CC} und R_0 bestimmt wird. Um von den Transistortoleranzen unab-

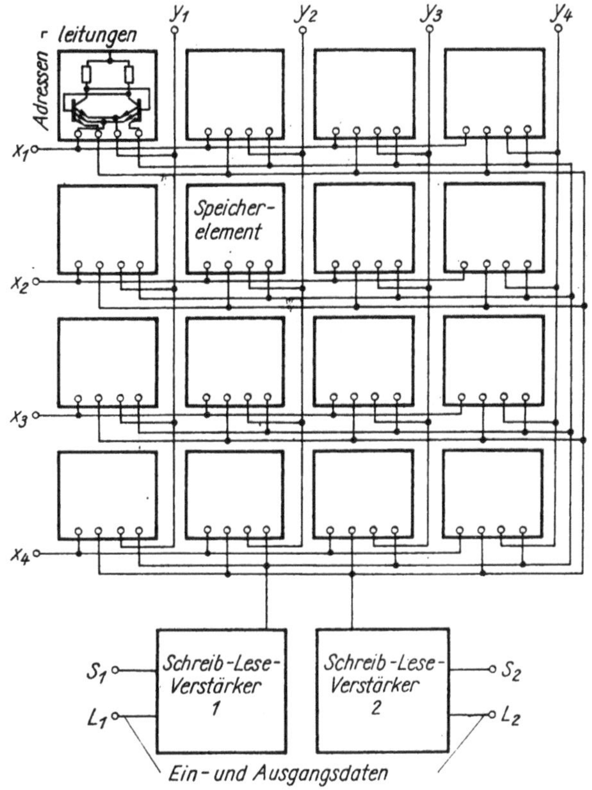

Bild 14. Prinzip eines Matrixspeichers mit Flip-Flop-Zellen aus Dreiemittertransistoren

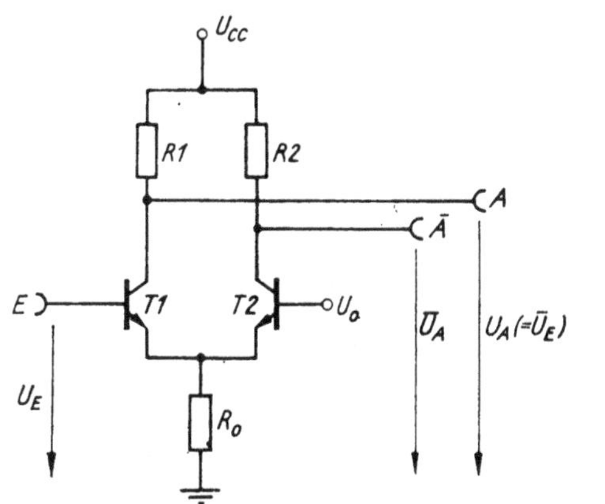

Bild 15. Inverter in Stromschalttechnik

hängige logische Pegel zu erhalten, ist es also bei diesem Prinzip nicht nötig, die Transistoren in das Sättigungsgebiet auszusteuern, wie das bei der TTL der Fall war. Es entfällt deshalb die Speicherzeit. ECL-Schaltungen sind deshalb schneller als TTL-Schaltungen. Im Bild **16** ist eine ECL-Speicherzelle dargestellt. Die Transistorenpaare T_1/T_2; T_3/T_4 und T_6/T_8 stellen Stromschalter gemäß dem

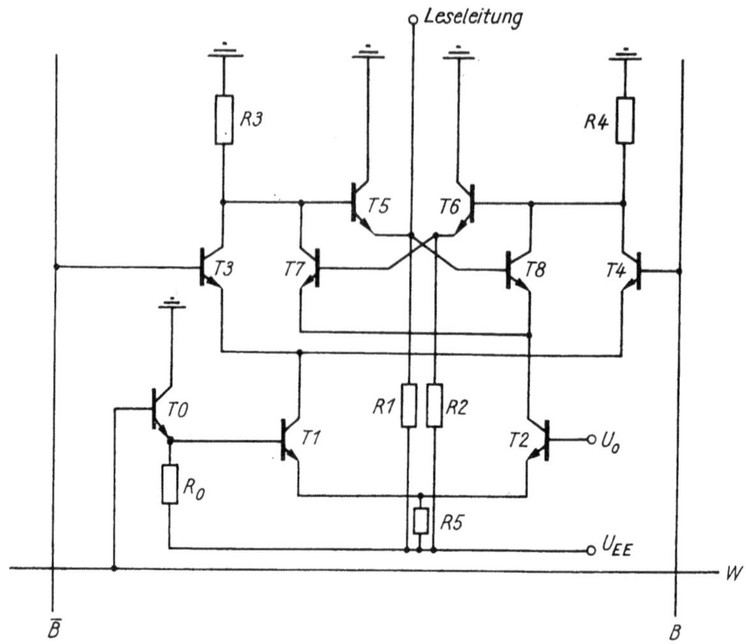

Bild 16. Speicherzelle in ECL-Technik

Prinzip im Bild 15 dar. T_5 und T_6 bilden die bistabile Schaltung. Der Aufruf geschieht durch die Wortleitung W über den Transistor $T0$. Der Vorteil der ECL-Technik gegenüber der TTL-Technik ist die größere Arbeitsgeschwindigkeit. In jüngster Zeit ist es gelungen. ECL-Speicher mit gleichem Verlustleistungs- und Flächenverbrauch wie TTL-Speicher zu realisieren [61], so daß sich für diese ECL-Speicher ein etwa um den Faktor 1,3 kleineres Produkt aus Verlustleistung und Signalverzögerung ergibt.

3.3. Speicher in IIL-Technik

Die bisher genannten Speicherzellen hatten Arbeitswiderstände und Speisespannungsquellen bzw. entsprechende Zuleitungen zu jeder Zelle nötig. Das hat zwei Nachteile: Erstens bestimmen die Widerstände den Verlustleistungsverbrauch (und damit indirekt auch u. U. die maximal mögliche Speicherdichte, s. Abschnitt 3.4.) und zweitens benötigen die Widerstände und die Speisespannungszuleitungen zu jeder Speicherzelle Siliziumfläche und erhöhen damit den Bitpreis und begrenzen die Speicherdichte. Beide Nachteile werden von der Integrierten Injektions-Logik (IIL) vermieden. Die IIL-Technik kommt nämlich ohne Arbeitswiderstände und auch ohne separate Zuleitungen für die Speisespannung zu jeder Speicherzelle aus. Damit erfüllt die IIL-Technik in hohem Maße die Grundvoraussetzungen der Großintegration (LSI) [9], [10]:

- Die Technologie muß einfach und gut kontrollierbar sein (IIL-Zellen sind selbstisolierend)
- Die Grundzellen müssen so kompakt und einfach wie möglich sein (hohe Funktionsdichte!)
- Die Strukturen müssen ein kleines Produkt Verlustleistungsverbrauch $\times$ Signalverzögerung ($P_V t_d$) haben.

Das Grundelement (Inverter) der IIL-Technik ist im Bild 17 gezeigt. Die Einspeisung geschieht nicht über den Kollektor, sondern mit Hilfe eines Stromgenerators I_i in die Basis des integrierten Transistors. Der Stromgenerator kann extern durch Bestrahlung mit Licht ($I_i = I_F$ = Fotostrom) oder intern durch Minoritätsträgerinjektion mit Hilfe eines *pn*-Überganges (Injektor) realisiert

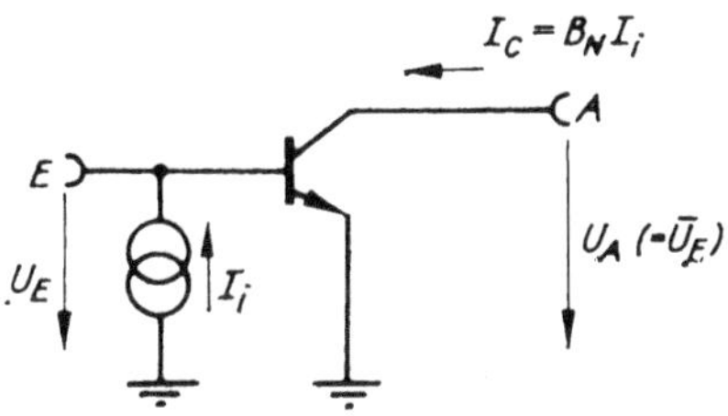

Bild 17. Inverter in Integrierter-Injektions-Logik

werden. Im Bild 18 ist die praktische Realisierung mit Hilfe eines Injektors gezeigt. Hierbei bilden p_1(Injektor)-n_1-p_2 einen Lateraltransistor, n_1-p_2-n_2 ist der aktive Invertertransistor (Planartransistor). Im Bild 18b ist das Ersatzschaltbild gezeigt. Der Kollektor des Transistors in der IIL-Technik liegt also im Gegensatz zu den klassischen Planartransistorstrukturen oben; man kann auch sagen, der Invertertransistor wir invers betrieben. Im Bild 19 ist zur Erläuterung des Funktionsprinzips eine NOR-Schaltung mit zwei Eingängen E_1 und E_2 und zwei Ausgängen A_1 und A_2 dargestellt. Liegt an E_1 oder E_2 eine positive Spannung (0,7 V $\hat{=}$ „L"), so bleibt wenigstens einer der beiden Stromgeneratoren am Eingang wirk-

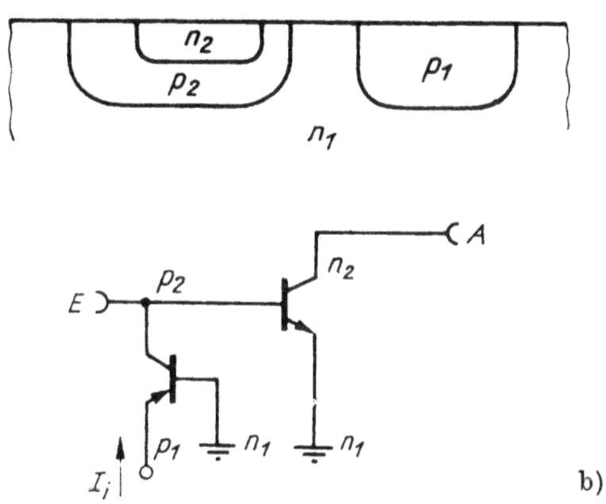

Bild 18. Querschnitt (a) und Ersatzschaltung (b) eines Inverters der IntegriertenInjektions-Logik

sam, und der entsprechende Transistor ist im „Ein"-Zustand (Ist der Basisstrom I_i, so kann im Kollektorkreis der viel größere Strom $B_N I_i \hat{=} I_C$ fließen), wodurch der gemeinsame Kollektorpunkt nahezu das Potential Null (0V = „0") erhält und die Stromgeneratoren an den Basen der Ausgangstransistoren T_3 und T_4 kurzgeschlossen werden. Der Strom dieser Stromgeneratoren fließt nun nicht in die Basis von T_3 bzw. T_4, sondern über den leitenden Transistor am Eingang (T_1 oder T_2 oder beide). Die Ausgangstransistoren sind damit nichtleitend (hochohmig), was bei entsprechender Verarbeitung durch Interfaceschaltungen am Ausgang

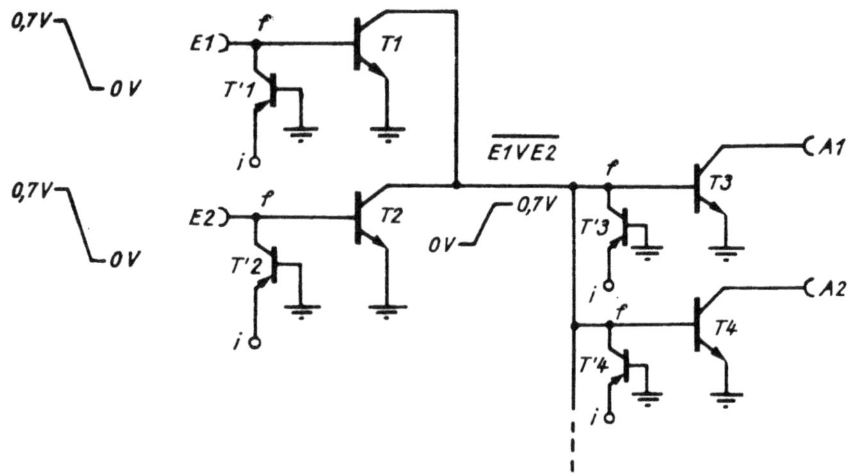

Bild 19. NOR/OR-Schaltung in IIL-Technik

einem „L“ entspricht. Damit ist zwischen Eingang und X eine NOR-Funktion und zwischen Eingang und A_1 bzw. A_2 eine OR-Funktion realisiert. Die Stromzuführung an die Basen der Transistoren in Form injizierter Minoritätsträger kann für alle Transistoren gleichzeitig mit der im Bild 20 gezeigten komplexen Injektorstruktur geschehen. Hierbei ist R_0 *ein* Arbeitswiderstand, der *extern* (außerhalb des Chips) angebracht wird, also weder Fläche noch Verlustleistung des Chips beeinträchtigt. Die Kollektoren f der im Bild 20 gezeigten Struktur stellen die Quellen der Minoritätsträger dar.

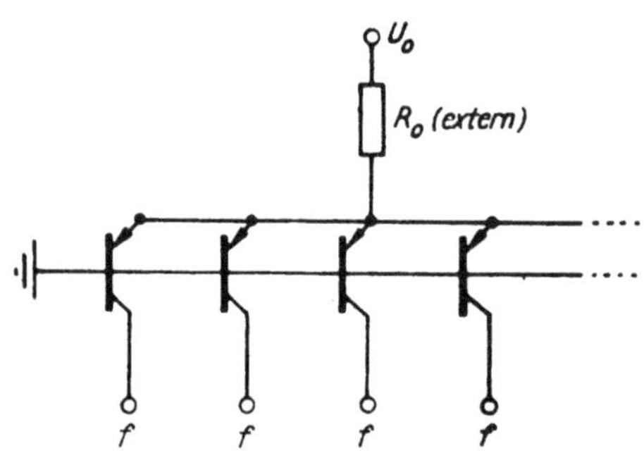

Bild 20. Injektorstruktur für IIL-Schaltkreise

Wie mit dieser Technik eine Speicherzelle realisiert werden kann, ist im Bild 21 gezeigt. Im Querschnittsbild erkennt man den besonders einfachen Aufbau der selbstisolierenden Struktur (keine Isolationsdiffusion notwendig). Aus der Struktur des Bildes 21a kann das Ersatzschaltbild des Bildes 21b abgelesen werden. Man erkennt, daß es sich auch bei dieser Speicherzelle um einen Flip-Flop handelt. Besonders deutlich wird die Flächeneinsparung gegenüber den Layouts konventioneller TTL-Zellen, wenn man das im Bild 22 gezeigte Layout betrachtet [11].
Mit der IIL-Technik können $P_V t_d$-Produkte kleiner als 0,5 pJ pro Zelle und Verlustleistungen von $P_V < 1\,\mu W$ erreicht werden. Mit konventioneller Planartechnologie (Strichbreiten $\delta = 5 \cdots 10\,\mu m$) können 10000 Zellen auf einem Chip realisiert werden. Man bezeichnet diese Technik deshalb gelegentlich auch *Superintegration.*

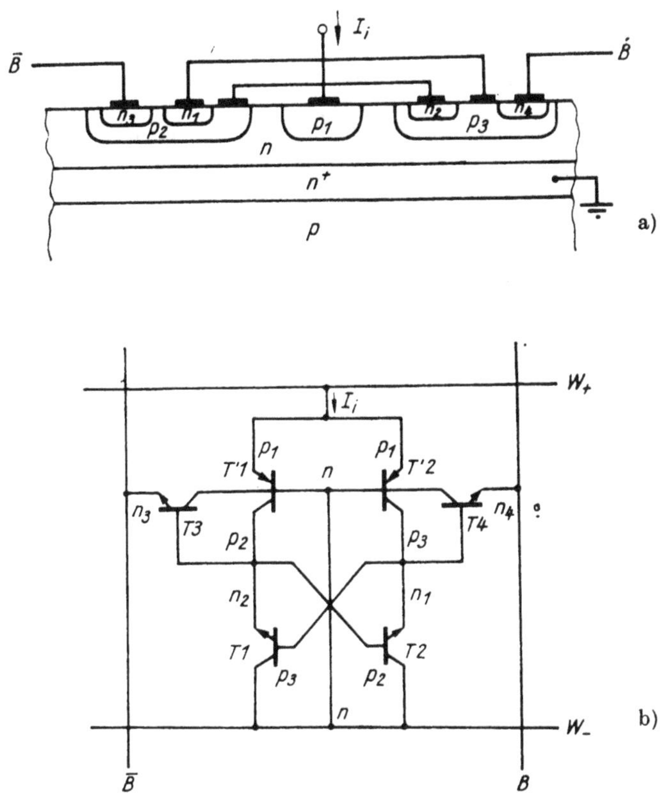

Bild 21. Querschnitt (a) und Ersatzschaltbild (b) einer Speicherzelle in IIL-Technik

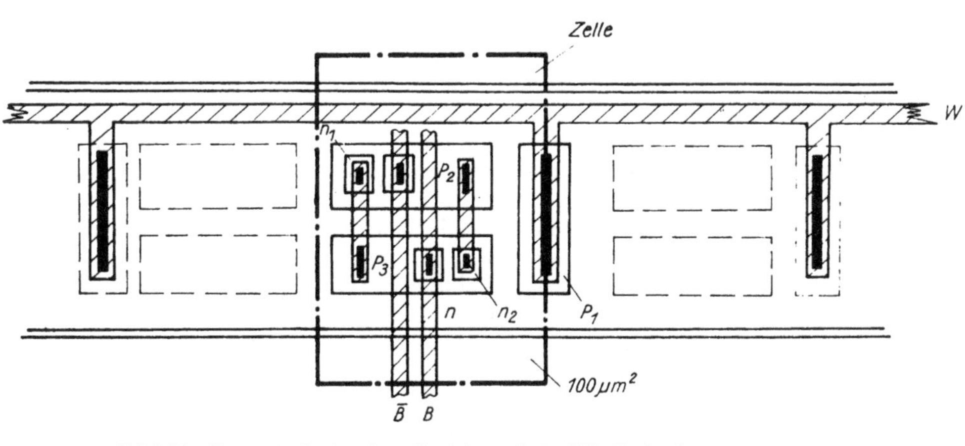

Bild 22. Layoutprinzip eines Speicherteils in IIL-Technik

3.4. Technologie und Entwicklungen

Für die Erzielung eines hohen Integrationsgrades ist zunächst eine große Chipfläche notwendig[1]). Einer beliebigen Vergrößerung der Chipfläche sind vom technologischen Standpunkt Grenzen gesetzt, da bei einer bestimmten Fehlstellendichte auf der Halbleiterscheibe die Fertigungsausbeute mit wachsender Chipgröße sinkt (s. Bild 23). Die Chipgrößen, die in Zukunft mit vertretbarer Ausbeute möglich sein werden, tendieren zu 10×10 mm² und größer [12].

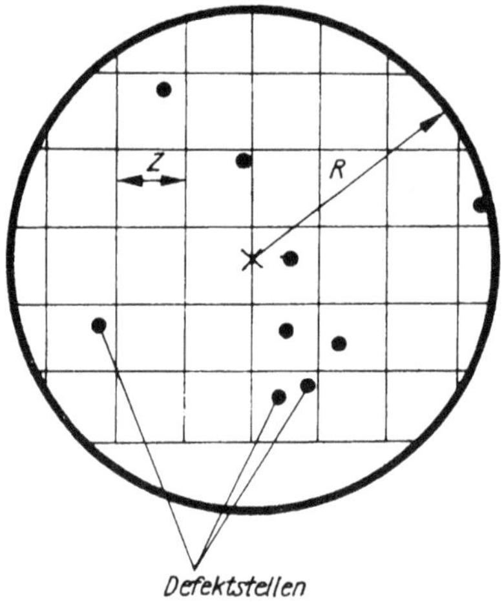

Bild 23. Halbleiterscheibe, aufgeteilt in Chips

Ein weiterer Weg zur Erzielung eines hohen Integrationsgrades ist die Reduzierung der Bauelementefläche durch Reduzierung der minimalen Strichbreite δ und durch Vereinfachung der Technologie. Neben der Standard-Epitaxie-Planartechnik (Bild 24a) sind die vereinfachten Verfahren TRIMASK [13] (Bild 24b), CDI [25] (Bild 24c), ISO-PLANAR [14] (Bild 24d) und V-ATE [15] (Bild 24e) entwickelt worden. Die TRIMASK-Technik ist zwar sehr einfach und verspricht eine hohe Funktionsdichte, die entstehenden Lateraltransistoren haben aber in der Regel schlechtere elektrische Eigenschaften als die Planartransistoren der anderen Techniken. Besonders hervorgehoben soll hier die ISOPLANAR-Technik werden [14]. Bei dieser Technik werden die Bauelemente durch ein dickes, im Silizium versenktes Oxid isoliert, die Diffusionsfronten können bis an die Oxidwände heranreichen. Die Strukturen werden kleiner, und es tritt auch eine gewisse Selbstjustierung ein. Im Bild 24f ist die historische Entwicklung der industriell realisierbaren minimalen Strichbreite δ mit dargestellt. In Zukunft dürfte es insbesondere durch neue Maskentechniken und Belichtungsverfahren (z. B. mit dem Elektronenstrahl [16]) möglich sein, Strichbreiten bis zu einigen Zehntel µm zu erzielen. Bei höchstzulässigen Stromdichten von 10000 A/cm² (was durch sehr perfektes Halbleitermaterial und saubere Verarbeitung möglich sein kann) wären z. B. in ISOPLANAR-Technik Bipolartransistoren mit einer minimalen Fläche von 10 µm² möglich.

[1]) Inwieweit System- und Sortimentsüberlegungen für die Festlegung eines optimalen Integrationsgrades eine Rolle spielen, soll hier unberücksichtigt bleiben.

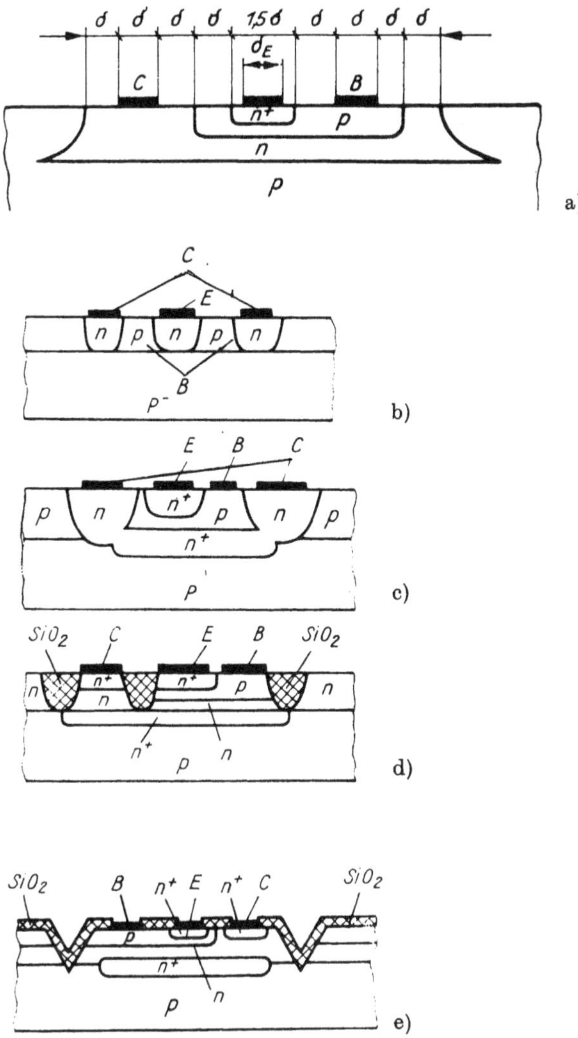

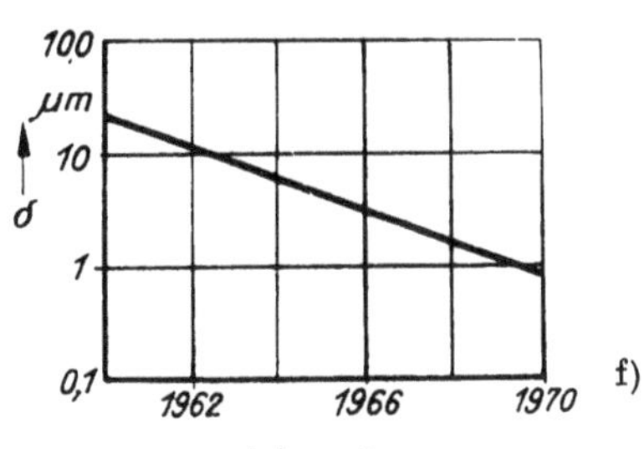

Bild 24. Verschiedene integrierte Transistorstrukturen
a) Standard-Technik
b) TRIMASK-Technik
c) CDI-Technik
d) ISOPLANAR-Technik
e) V-ATE-Technik
f) Entwicklung der Strichbreite

Sehr oft kann aber der durch die minimale Bauelementefläche, die sowohl elektronisch als auch technologisch realisierbar wäre, bestimmte Integrationsgrad nicht erzielt werden, weil die zulässige Verlustleistungsdichte, überschritten wird.

4. MIS-Technik

4.1. Statische Flip-Flop-Speicher

Grundelemente von Speicherschaltungen mit bistabiler Strom-Spannungskennlinie (Flip-Flops) sind Inverter gemäß Bild 25. Beim Inverter nach Bild 25a ist sowohl der Schalttransistor (T_1) als auch der Lasttransister (T_2) ein Anreicherungstyp. Das hat den Vorteil einer besonders einfachen Technologie. Beim Inverter nach Bild 25b ist der Schalttransistor ein Anreicherungstyp, der Lasttransistor ein Verarmungstyp. Das hat eine Reihe von Vorteilen gegenüber dem Inverter nach Bild 25a [23a], [23b]. Da T_2 praktisch als Stromquelle wirkt (s. auch Bild 26), wird die Lastkapazität schneller aufgeladen und dadurch die Arbeitsgeschwindigkeit gegenüber der Variante Bild 25a erhöht (aus dem gleichen Grunde ist die Schaltung auch unempfindlich gegen Schwankungen der Speisespannung); geringerer Verlustleistungsverbrauch (da $P_V \sim U_{SS}$ im Gegensatz zu $P_V \sim U_{SS}^2$ bei Variante Bild 25a); der Schalttransistor kann kleiner ausgelegt werden, dadurch Reduzierung der Kapazitäten (Erhöhung der Arbeitsgeschwindigkeit); der Ausgangshub ΔU_A ist gleich der Speisespannung U_{SS} (im Gegensatz zu $\Delta U_A = U_{SS} - U_p$ bei Variante Bild 25a), wodurch U_{SS} (und damit die Verlustleistung) verkleinert werden kann. Technologisch unkritischer ist die Herstellung von p-Kanaltransistoren, elektronisch vorteilhafter sind dagegen n-Kanaltransistoren [24]: Sie sind 2 bis 3mal schneller als p-Kanaltransistoren und können 2 bis 4mal kleiner

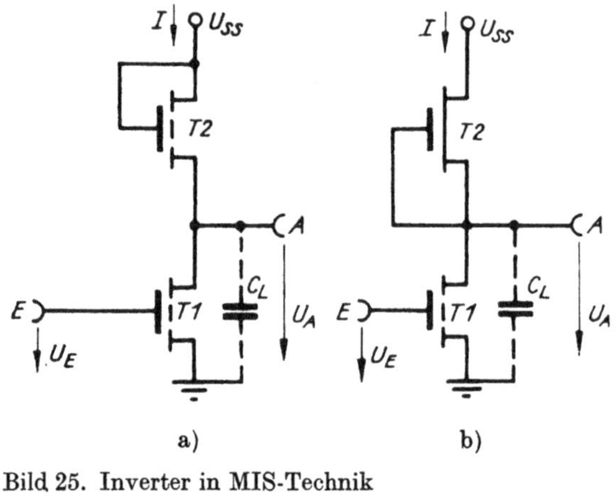

Bild 25. Inverter in MIS-Technik

a) mit Anreichungs-FET-Last

b) mit Verarmungs-FET-Last

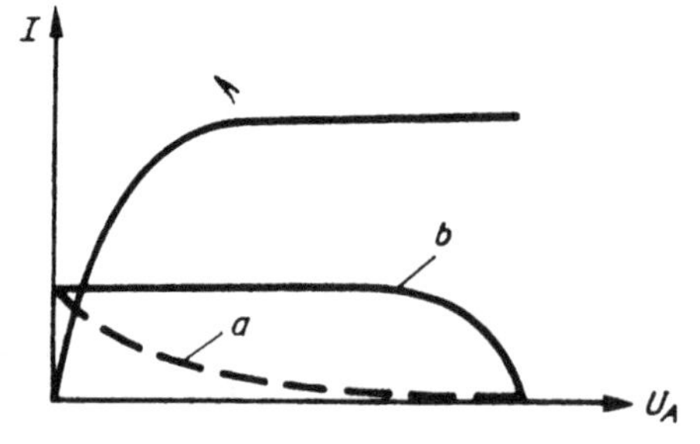

Bild 26. Strom-Spannungskennlinien von Schalt- und Lasttransistor

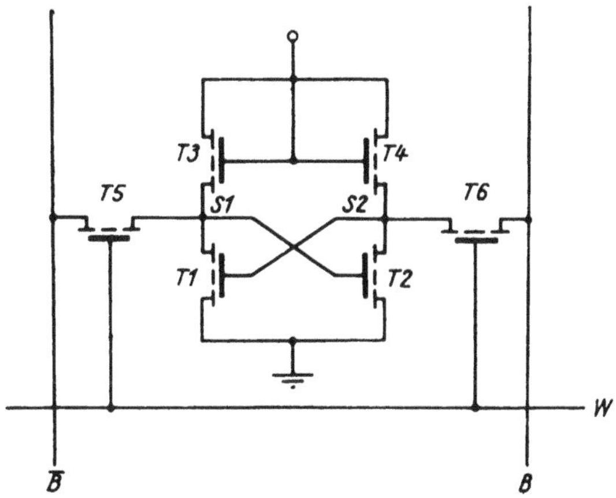

a)

b)

Bild 27. Schaltung (a) und Layout (b) einer MIS-Flip-Flop-Speicherzelle [19]

ausgelegt werden, da sich kleinere Schwellspannungen (kleiner als 1 V) erzielen lassen. Aus diesem Grunde sind auch die Speisespannungen niedrig ($U_{SS} = 5$ V).
Im Bild 27 ist eine Flip-Flop-Zelle mit Invertern gemäß Bild 25a gezeigt [18] [19]. Der Aufruf der Speicherzelle geschieht durch die Wortleitung W über die Koppeltransistoren T_5 und T_6. Gelesen bzw. geschrieben wird über die Bitleitungen B und $\overline{B}$. Betrachten wir zunächst den Lesevorgang: Wir nehmen an, daß T_1 leitend und T_2 nichtleitend ist, was einem gespeicherten „L“ entsprechen soll. Der Lesevorgang wird durch einen positiven Impuls (n-Kanal-MISFETs vorausgesetzt) auf der Wortleitung W ausgelöst. Dadurch werden T_5 und T_6 leitend und die Senkenpunkte S_1 und S_2 an die Bitleitungen angeschlossen. War ein „L“ gespeichert, d. h. T_1 leitend und T_2 gesperrt, dann liegt an S_2 eine dem logischen „L“ entsprechende große positive Spannung, die auf der Bitleitung (Leseleitung) B registriert wird.
Das Schreiben geschieht gleichzeitig über die Bitleitungen B und B, die zueinander negierte Signale erhalten. Soll z. B. ein „L“ eingeschrieben werden, dann muß auf

die Bitleitung $\bar{B}$ eine Spannung Null (bzw. eine sehr kleine Spannung) gegeben werden. Die positive Spannung auf B gelangt über S_2 an die Torelektrode von T_1 und bringt diesen in den leitenden Zustand, was in unserem Beispiel einem gespeicherten „L" entsprechen soll.

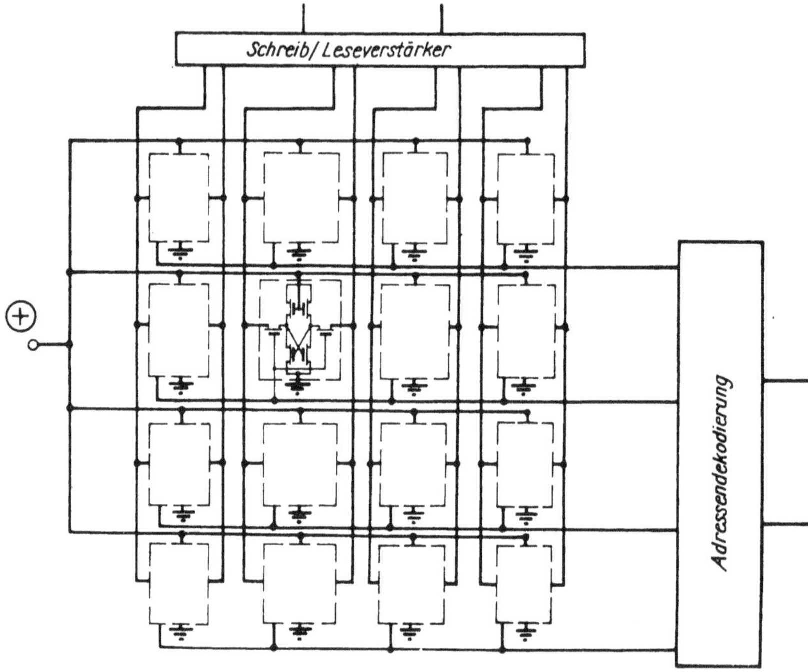

Bild 28. Prinzip eines Matrixspeichers mit MIS-Flip-Zellen

Im Bild 28 ist gezeigt, wie diese Speicherzelle in einen wortorganisierten (2-D) Speicher einbezogen werden kann. Im Bild 29 ist als Beispiel eine assoziative Speicherzelle gezeigt, die aus der RAM-Zelle nach Bild 27 hergeleitet werden kann [21]. Bei assoziativen Speicherzellen (CAM-Zellen) ist noch zusätzlich eine Vergleichsoperation auszuführen [22], die durch die Transistoren T_7 und T_8 bewirkt wird.
Eine wesentliche Verbesserung der elektronischen Eigneschaften ermöglicht die Komplementärtechnik [20] [26]: Im Bild 30 ist die Grundstruktur der CMIS-Technik, der Inverter bestehend aus einem n-Kanaltransistor (z. B. T_1) und einem p-Kanaltransistor (z. B. T_2) gezeigt. Bei dieser Schaltung fließt in keinem der stationären Zustände „L" bzw. „0" ein Strom, da entweder T_1 oder T_2 gesperrt ist. Verlustleitung entsteht also nur während der Übergangsperiode. Deshalb ist der Leistungsverbrauch der CMIS-Strukturen sehr klein. Da zwischen T_1 und T_2 auch keine Widerstandverhältnisse zur Einhaltung der Pegel notwendig sind, können CMIS-Strukturen mit kleinster Geometrie ausgeführt werden. CMIS-Strukturen sind deshalb wesentlich schneller als Standardstrukturen mit Transi-

storen nur eines Leitungstyps. Schließlich tritt bei der Komplementärtechnik, der ideale Signalhub zwischen $U_A = 0$ und $U_A = U_{SS}$ auf.
Im Bild 31 ist eine Flip-Flop-Zelle in Komplementärtechnik (T_1 n-Kanal, T_3 p-Kanal, T_2 n-Kanal, T_4 p-Kanal) dargestellt. Ihre Funktion ist im wesentlichen die gleiche wie die der im Bild 27. Da bei der Komplementärtechnik sowohl n- als auch p-Kanaltransistoren auf einem Halbleiterchip realisiert werden müssen, ist die Komplementärtechnik teuer (etwa vergleichbar mit der Bipolartechnik).

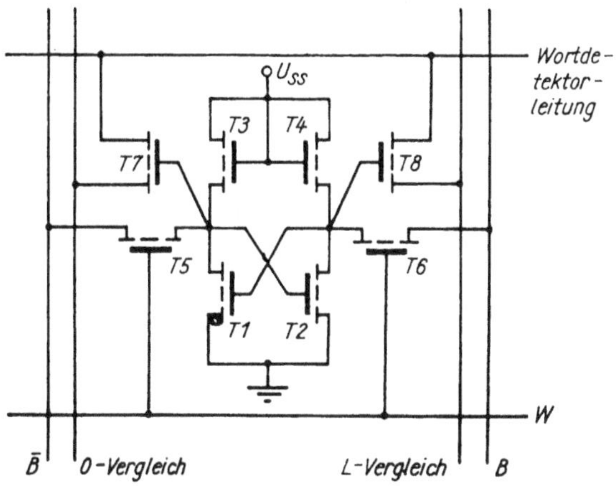

Bild 29. MIS-Assoziativspeicherzelle

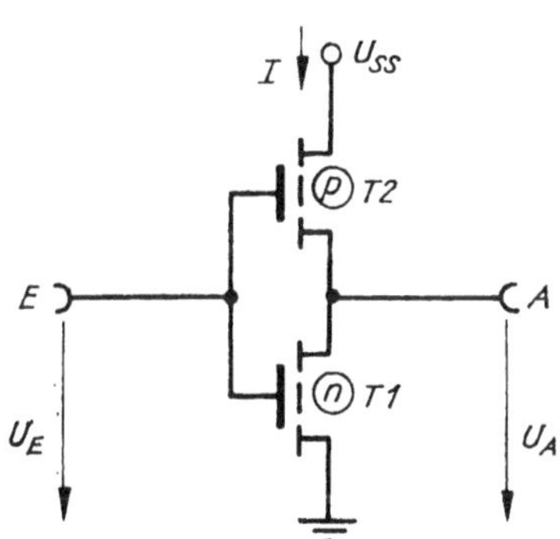

Bild 30. Inverter in CMIS-Technik

Eine wesentliche Geschwindigkeitssteigerung läßt sich erzielen, wenn statt der MIS-Feldeffekttransistoren, Metall-Halbleiterfeldeffekttransistoren (MESFET) eingesetzt würden, da diese ein größeres Verstärkungs-Bandbreitenprodukt ($g_m C_L$) besitzen. MESFETs sind aber normalerweise Verarmungstypen und eignen sich deshalb nicht für direktgekoppelte Schaltungen. In jüngster Zeit wurde ein Vorschlag gemacht, MESFETs mit minimaler Geometrie (s. Bild 32) im Anreicherungsmodus zu betreiben. Das wird möglich, wenn die Kanaldicke d_k so dünn und die Störstellenkonzentration N_D so klein gemacht werden, daß schon die Diffusions-

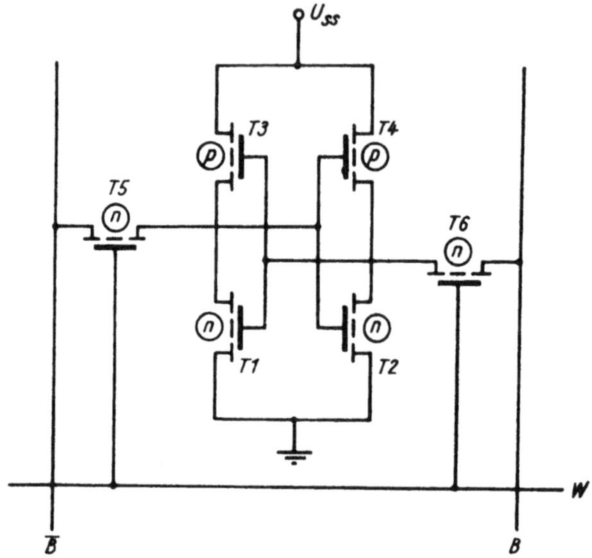

Bild 31. Flip-Flop-Speicherzelle in CMIS-Technik

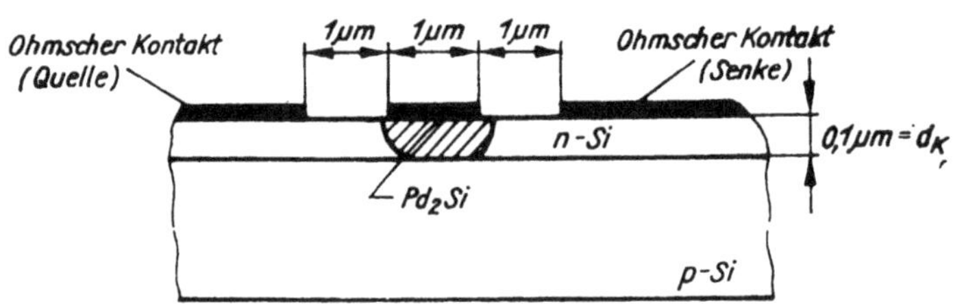

Bild 32. Querschnitt eines MESFET mit minimalen Dimensionen

spannung U_D ($\approx$ 0,5 V) der Schottkydiode ausreicht, um den gesamten Kanal zu entblößen. Durch die Schwellspannung ausgedrückt, bedeutet das, daß

$$U_p = U_D - \frac{e}{2\varepsilon_H} N_D \cdot d_K^2 > 0 \tag{6}$$

sein muß [27] [28].

Die Schaltzeitkonstante solcher Transistoren ist

$$\tau = \frac{3\,\varepsilon_H \cdot L^2}{\mu_n \cdot e \cdot N_D \cdot d_K^2}. \tag{7}$$

Nachteilig bei dieser Betriebsweise kann sein, daß sehr kleine Betriebsspannungen (kleiner als $U_D = 0{,}5$ V) und ungewöhnlich kleine Schwellspannungen ($\approx$ 0,1 V) notwendig sind.

Im Bild 33 werden zwei Beispiele von MESFET-Speicherzellen gezeigt. MESFETs sind nicht selbstisolierend. Sie müssen deshalb von einem Isolierring umgeben werden (z. B. Schottkykontakte auf Massepotential). Deshalb ist der Flächenverbrauch von MESFET-Speicherzellen auch etwas größer als der von MISFET-Zellen. Es gilt näherungsweise für

$$\text{MISFET-Zellen: } A_1 \approx 300\, L^2 \tag{8}$$

$$\text{MESFET-Zellen: } A_1 \approx 1000\, L^2 \tag{9}$$

Also bei einer Kanallänge von $L = 1\,\mu m$ ist die Zellenfläche $300\,\mu m^2$ bzw. $1000\,\mu m^2$.

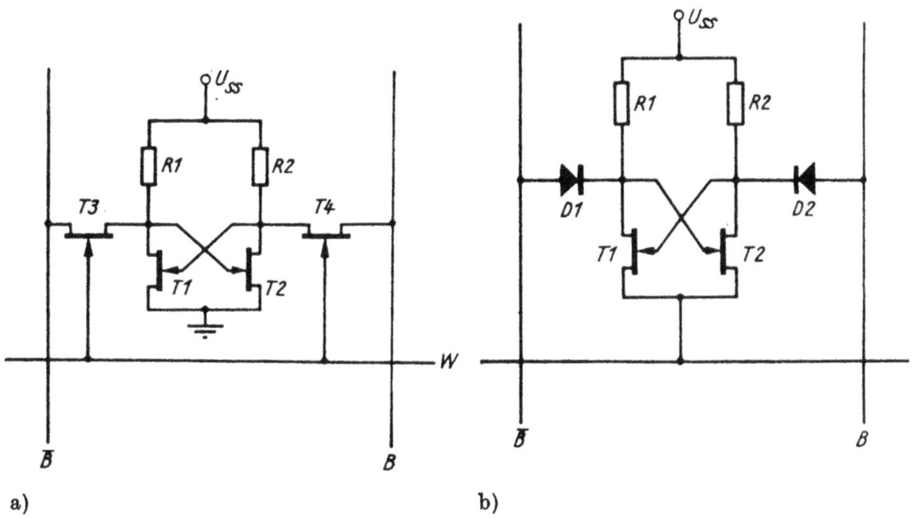

Bild 33. Speicherzellen mit MESFETs

a) Transistorankopplung
b) Diodenankopplung

4.2. Dynamische Speicherschaltungen

Die Technik dynamischer MIS-Schaltungen nutzt die Möglichkeit einer kurzzeitigen Ladungsspeicherung auf der Torelektrode eines MISFETs aus. Die Grundstrukturen sind im wesentlichen auch Inverter gemäß Bild 25, die in der Gesamtschaltung zeitgestaffelt gekoppelt werden. Damit wird durch Taktsignale ein zeitlich gesteuerter Informationstransport bzw. eine zyklische Informationsauffrischung bewirkt. Das Prinzip läßt sich am anschaulichsten an Hand der Zweiphasenzelle im Bild 34 erläutern. Φ_1 und Φ_2 sind zeitlich aufeinanderfolgende Taktspannungen. Betrachten wir zunächst den Fall, daß am Eingang eine der logischen „0" entsprechende niedrige Spannung liegt. Dadurch bleibt T_{s1} gesperrt. Im ersten Takt werden T_{L1} und T_{k1} leitend, und die Kapazität $C1$ zwischen Tor und Masse von T_{s2} lädt sich auf U_{SS} auf, da T_{s1} gesperrt ist. Nach Ablauf des Taktes Φ_1 bleibt die Ladung auf $C1$ erhalten, da nun T_{k1} gesperrt ist. Damit ist der Rückweg für diese Ladung versperrt. Im zweiten Takt, d. h. wenn Φ_2 positiv wird, werden T_{L2} und T_{k2} leitend. Da aber T_{s2} wegen der positiven Ladung auf seiner Torelektrode ebenfalls leitend ist, kann man am Ausgang eine kleine, der logischen „0" entsprechende Spannung (über C_2) festzustellen, falls T_{L2} wesentlich hochohmiger als T_{s2} ist, was bei solchen Schaltungen mit Gleichstrompfad immer der Fall sein muß. Die „0“ ist also praktisch während zweier Taktphasen vom Eingang an den Ausgang „geschoben“ worden. Die Anwendung in einem dynamischen Schieberegister oder einer Speicherzelle mit ständig umlaufendem Speicherinhalt bietet sich an.

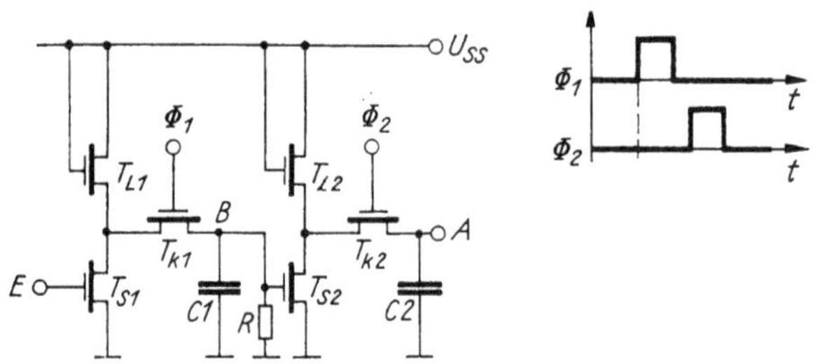

a) b)

Bild 34. Dynamische Zweiphasenzelle

Die Geschwindigkeit der Informationsweitergabe wird nach oben durch die Dauer der Umladung der Knotenkapazitäten $C_{1,2}$ und nach unten durch die Entladung dieser Kapazitäten über die parasitären Widerstände (Leckströme) R während der Speicherphase begrenzt. In der Praxis liegen die Knotenkapazitäten zwischen 0,02 und 0,5 pF und die Verlustwiderstände bei $R = 10^8\ \Omega$. Die minimale Taktfolgefrequenz liegt damit im Bereich von einigen kHz. Die obere Frequenzgrenze ist abhängig von der gewählten Schaltungsvariante und beträgt einige MHz. Gegenüber der statischen Technik ergibt sich eine höhere Arbeitsgeschwindigkeit, ein geringerer Flächenverbrauch, eine niedrige Verlustleistung und die Möglichkeit der zeitlichen Steuerung des Informationstransportes. Nachteilig ist die Notwendigkeit zusätzlicher Taktleitungen und der Randelektronik sowie höherer Anforderungen and die Technologie. Dynamische Schaltungen können in 3 Gruppen eingeteilt werden [29].

Dynamische MIS-Technik
↙ ↘
mit Gleichstrompfad — ohne Gleichstrompfad
↙ ↘
mit Lade-FET (übliche Mehrphasentechnik) — mit Lade-Kapazität (kapazitive Pull-Up Technik [30])

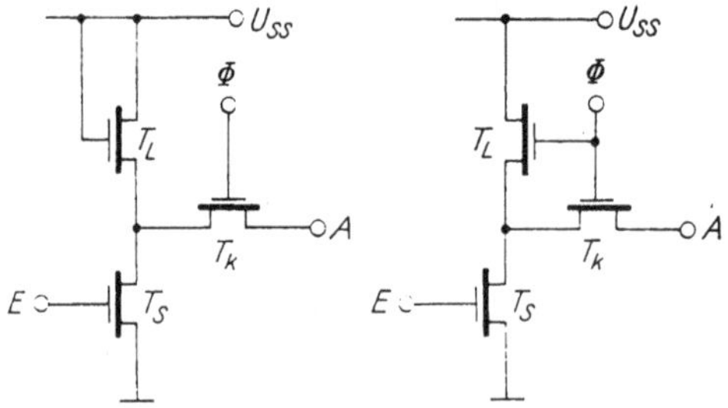

a) b)

Bild 35. Inverter für dynamische Schaltungen mit Gleichstrompfad

a) mit statischem Gleichstrompfad

b) mit getaktetem Gleichstrompfad

Die Schaltungen mit Gleichstrompfad weisen außer der dynamischen auch noch statische Verlustleistung auf. Letztere liegt etwa um eine Größenordnung höher als die dynamische.

Schaltungen mit Gleichstrompfad

Im Bild 35 sind die Grundelemente dieser Schaltungen in Zweiphasentechnik dargestellt. Bei diesen Schaltungen muß ein gewisses Widerstandsverhältnis zwischen den im Gleichstrompfad liegenden Transistoren T_s und T_L eingehalten werden, um den geforderten Pegelhub zu realisieren. Die Schaltungsdimensionierung geschieht deshalb vorrangig noch nach statischen Gesichtspunkten. Die statische Verlustleistung ist diejenige, die infolge des Gleichstrompfades zwischen Speisespannung U_{SS} und Masse auftritt. Die dynamische Verlustleistung ist die bei der Umladung der Knotenkapazitäten auftretende Wärme. Die Grundstruktur im Bild 35a stellt einen statischen Inverter mit einem getakteten Koppeltransistor dar. Der Gleichstrompfad ist also stets vorhanden (quasistatische Technik). T_k ermöglicht den zeitgesteuerten Informationstransport. Bessere Eigenschaften zeigt die im Bild 35b dargestellte Grundstruktur. Hier wird auch der Lasttransistor getaktet und damit der Gleichstrompfad zeitweilig unterbrochen. Dadurch entsteht eine niedrigere Verlustleistung, und es wird eine höhere Arbeitsgeschwindigkeit möglich, da der Lasttransistor T_L niederohmiger ist als der von Bild 35a, welcher stets im Einschnürbereich arbeitet. Will man eine Leitung einsparen, so kann auch die Speisespannung durch die Taktspannung Φ übernommen werden. Die Betriebsfrequenz wird im wesentlichen von der Aufladung der Knotenkapazitäten über die Lasttransistoren bestimmt.

Schaltungen ohne Gleichstrompfad

Bei diesen Schaltungen muß dafür gesorgt werden, daß zu jedem Zeitpunkt die leitende Verbindung zwischen Speisespannung und Masse aufgetrennt ist. Dafür gibt es im Prinzip zwei Möglichkeiten:

a) Kapazitive Pull-Up-Technik

Hierbei wird die Auftrennung dadurch sichergestellt, daß statt des Lasttransistors eine Kapazität verwendet wird (s. Bild 36a). Die Kapazität C_L bildet mit der Knotenkapazität C_K einen kapazitiven Spannungsteiler, dessen Größe den Pegelhub bestimmt ($C_L \gg C_K$). Die Aufladung von C_K bei dem Pegel logisch „0" am Eingang E erfolgt während der Takte Φ_1 und Φ_2 (Anstiegsflanke des Dreieckimpulses) und ist zeitlich allein durch den Kanalwiderstand des geöffneten Koppeltransistors Tk begrenzt. Die Kapazität C_L wird während der abfallenden Flanke des Taktes Φ_2 (Tk nichtleitend) entladen. Bei einem „L"-Signal am Eingang entlädt sich C_K im Takt Φ_1 über Tk und T_s. Bei dieser Schaltungstechnik treten höhere dynamische Verlustleistungen und einige unerwünschte parasitäre Effekte (Bipolareffekt) auf [30].

b) Lade-FET-Technik

Bei dieser Technik wird der Gleichstrompfad durch zwei in Reihe liegende, an 2 verschiedene Taktspannungen angeschlossene Transistoren T_L und T_k zu jedem Zeitpunkt unterbrochen (s. Bild 36b). Während des Taktes Φ_1 erfolgt eine Vorladung von C_K und während des Taktes Φ_2 eine Entladung über T_k und T_s entsprechend der Eingangsbelegung.
Bei diesen Schaltungen ohne Gleichstrompfad ergeben sich zwei herausragende Vorteile: Erstens wird die statische Verlustleistung Null und zweitens ist es nicht

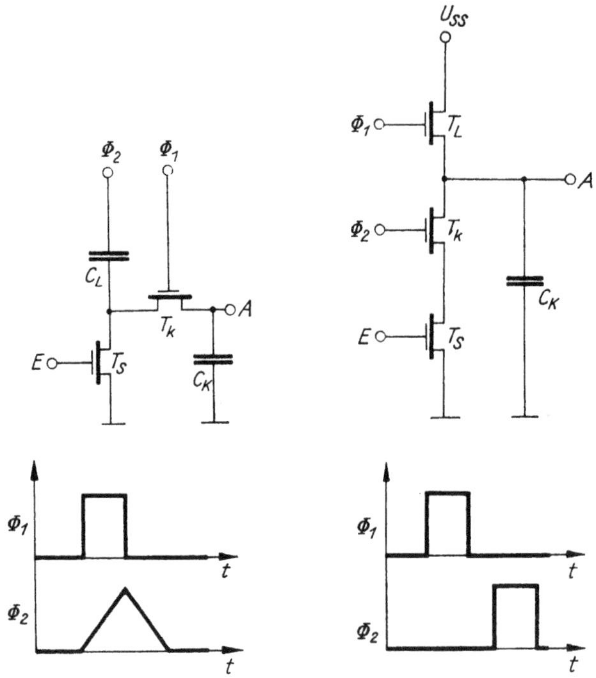

a) b)

Bild 36. Inverter für dynamische Schaltungen ohne Gleichstrompfad
a) kapazitive Pull-Up-Technik
b) Lade-FET-Technik

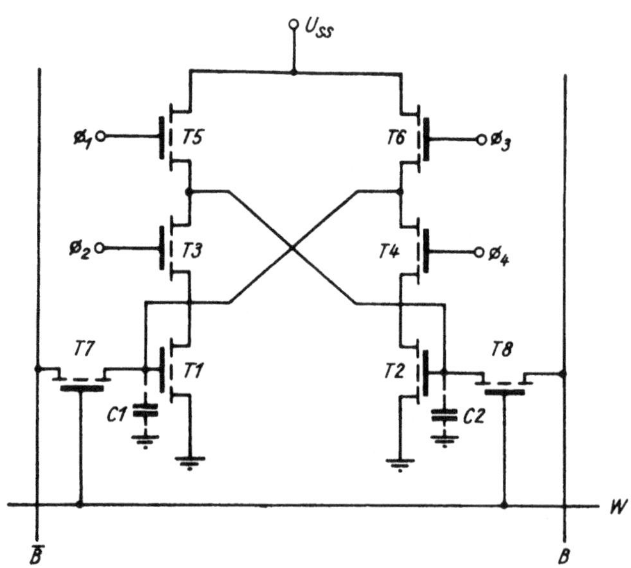

Bild 37. Vierphasenspeicherzelle

nötig, für den Pegelhub Widerstandsverhältnisse der Transistoren einzuhalten, so daß alle Transistoren mit minimaler Fläche ausgeführt werden können. Dadurch ergeben sich eine Flächeneinsparung und eine Erhöhung der Arbeitsgeschwindigkeit.
Eine Vierphasenzelle, die aus Grundstrukturen gemäß Bild 36b aufgebaut ist, ist im Bild 37 gezeigt. Die Ankopplung der Speicherzelle an die Bitleitungen B und $\overline{B}$ erfolgt über die Koppeltransistoren T_7 und T_8, welche durch einen Aufrufimpuls (Adressensignal) auf der Wortleitung aufgesteuert werden.
Eine Vereinfachung dieser Speicherzelle zeigt das Bild 38 [31]. Hier wird über die Bitleitungen eine Betriebsspannung getaktet zugeführt, wodurch im Taktrhythmus die gespeicherte Information auf den Kapazitäten C_1 bzw. C_2 aufgefrischt wird. Wird der Rückkopplungstransistor T_1 aus der Speicherzelle herausgenommen, so kommt man zu der im Bild 39 gezeigten 3-Transistorspeicherzelle [32]. Bei diesen Speicherzellen muß die Rückkopplung für mehrere Speicherzellen durch einen gemeinsamen Verstärker zur Auffrischung der Information geschehen.

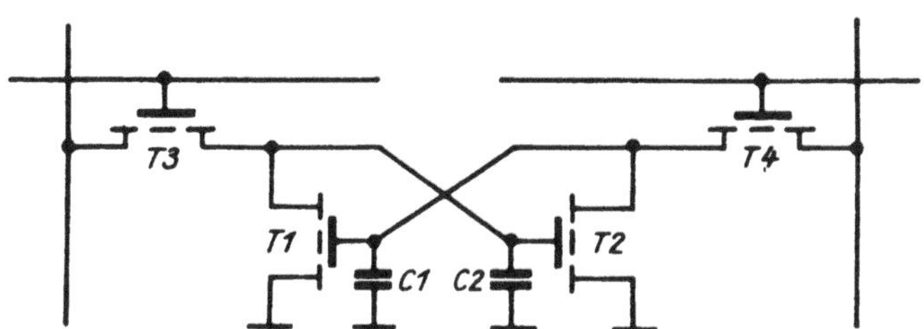

Bild 38. Dynamische Viertransistor-Speichertzelle

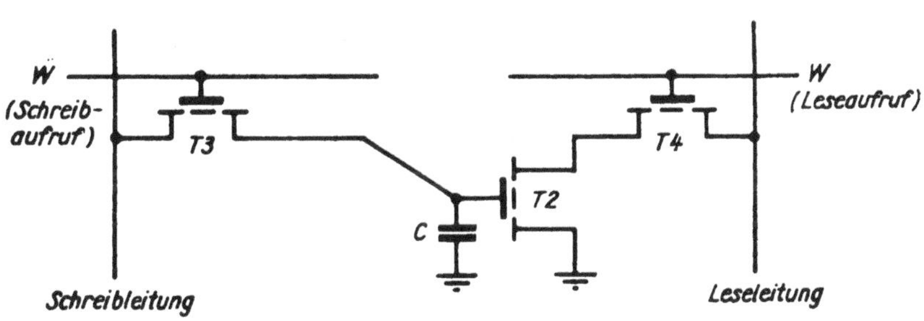

Bild 39. Dynamische Dreitransistor-Speicherzelle

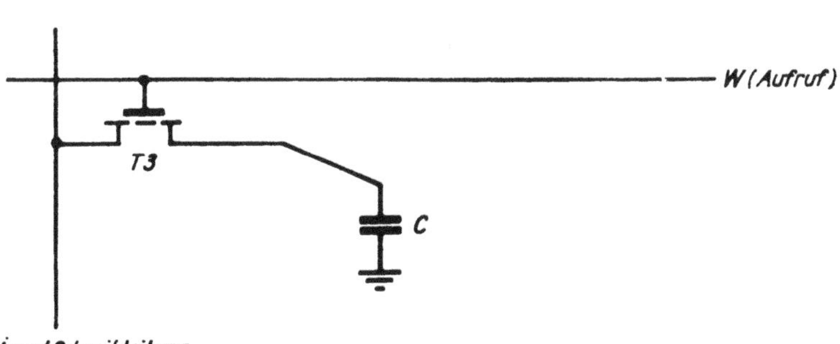

Bild 40. Dynamische Eintransistor-Speicherzelle

Während des Auffrischzyklusses wird die Information durch einen Leseaufruf auf W über die Leseleitung ausgelesen, im vorgenannten Verstärker verstärkt und über die Schreibleitung wieder eingeschrieben. Wird noch der Verstärkertransistor T_2 weggelassen und der Lese- und Schreibvorgang über eine Leitung vollzogen, so kommt man schließlich zu der 1-Transistorspeicherzelle gemäß Bild 40 [33]. Das Beispiel eines dazugehörigen Auffrischverstärkers zeigt Bild 41 [34] und den Querschnitt einer praktischen Realisierung der 1-Transistorspeicherzelle Bild 42.

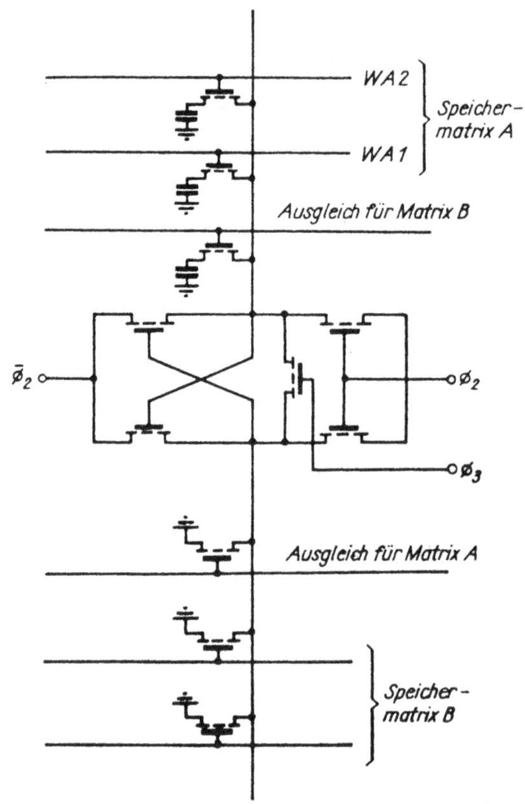

Bild 41. Schaltung zur Auffrischung des Speicherinhaltes von Eintransistor-Speicherzellen

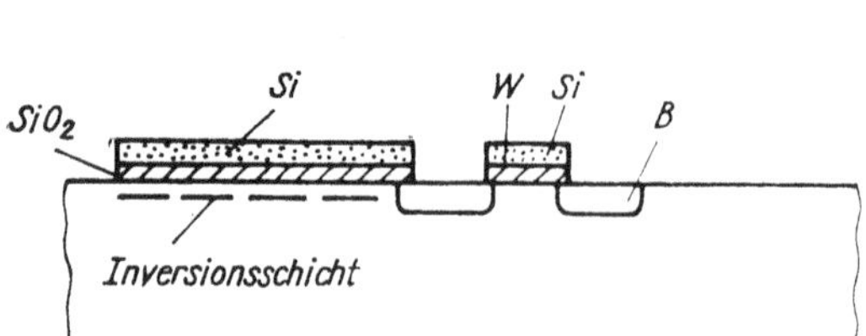

Bild 42. Querschnitt durch eine Eintransistor-Speicherzelle

4.3. Strukturen mit speichernden Feldelektroden

4.3.1. Allgemeines Prinzip und speichernde Feldelektroden

Das allgemeine Prinzip eines oberflächengesteuerten Bauelementes ist in Bild 43 dargestellt. Mit Hilfe einer Steuerelektrode, die isoliert von der Oberfläche eines Halbleiterbauelementes angebracht ist, werden Ladungen Q_0 influenziert, wodurch z. B. ein *n*-leitender Kanal angereichert (MIS-Feldeffekttransistor) oder die Durchbruchspannung eines *pn*-Überganges (SCAT) oder der Stromverstärkungsfaktor eines Bipolartransistors (Oberflächengesteuerter Bipolartransistor) oder der Sperrstrom eines *pn*-Überganges (Fieldistor) geändert werden.

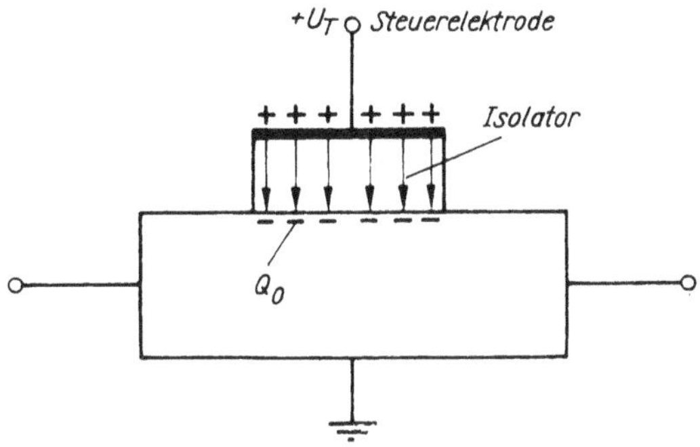

Bild 43. Prinzip eines oberflächengesteuerten Bauelementes

In diesem Abschnitt werden wir uns mit speichernden, oberflächengesteuerten Strukturen beschäftigen, mit denen Speicher realisiert werden können. Für diese sind Steuerelektroden gemäß dem allgemeinen Prinzip von Bild 43 in Form *speichernder Feldelektroden* erforderlich. Speichernde Feldelektroden sind in der Lage, auch dann an der Halbleiteroberfläche Ladungen zu influenzieren, wenn keine Steuerspannung anliegt.

a) *MIS-Feldelektrode*

Es handelt sich um eine Metall-Isolator (z. B. SiO_2)-Silizium-Struktur (Bild 44a), bei der eine Speicherung von Minoritätsträgern in einem Potentialminimum an der Halbleiteroberfläche möglich ist. Wird an die Metall(Tor)-Elektrode nach Bild 44a eine genügend hohe negative Spannung-U_{TS} gelegt, so verursacht der über dem Halbleitergebiet abfallende Teil der angelegten Spannung zunächst eine Bandverbiegung U_s gemäß Bild 44b und eine Raumladungszone der Breite d_s. Da bei dieser Polarität der Torspannung die Majoritätsträger (Elektronen) von der Halbleiteroberfläche vertrieben werden und Minoritätsträger (Löcher) nur langsam beschafft werden können (je nach Breite der verbotenen Zone W_g, Oberflächenbeschaffenheit und Temperatur dauert das einige Zehntel Millisekunden bis zu Minuten), wird die Ladung in der Raumladungszone $0 \leqq x \leqq d_s$ nur von den ionisierten Donatoren ($\varrho = + eN_D$) gebildet. Wird jedoch in die so entstandene Potentialmulde an der Halbleiteroberfläche der „Tiefe" U_s eine positive Ladung beweglicher Ladungsträger (Löcher) injiziert, so „schrumpft" die Raumladungszone zusammen, die räumliche Ausdehnung d_s und die „Tiefe" der Potentialmulde U_s werden kleiner. Es darf angenommen werden, daß die injizierten positiven beweglichen Ladungsträger durch das Feld im Halbleiter an die Oberfläche getrieben werden und dort eine sehr dünne Schicht mit der Flächenladungsdichte Q_S'' bilden. Die „Tiefe" U_s' der Potentialmulde mit injizierten positiven Ladungs-

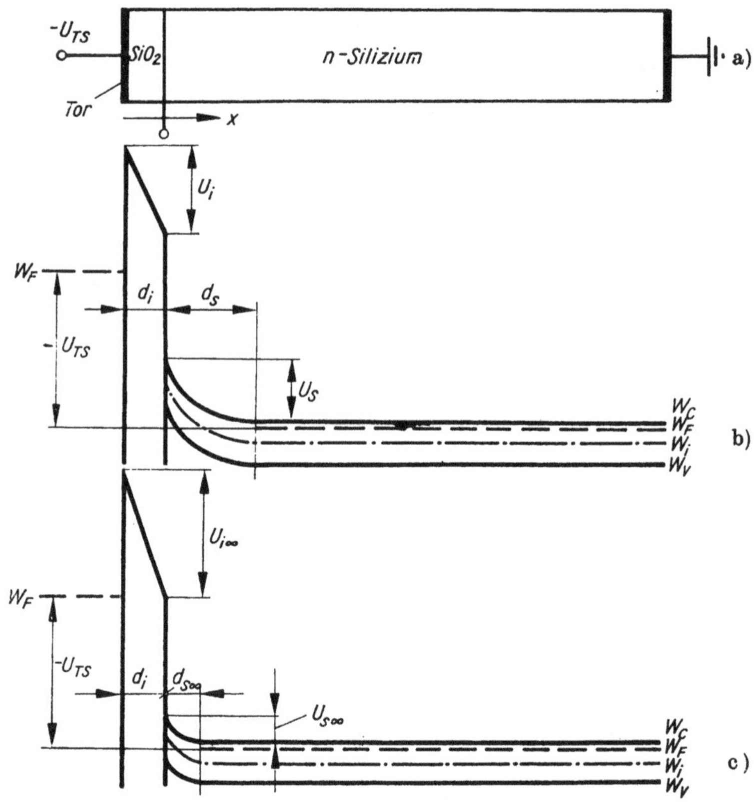

Bild 44. MIS-Struktur

a) Aufbau
b) Bändermodell kurz nach Anlegen einer negativen Spannung
c) Bändermodell im thermodynamischen Gleichgewicht

trägern kann aus der Poissongleichung berechnet werden. Es ist

$$\frac{d^2\varphi}{dx^2} = -\left(\frac{eN_D}{\varepsilon_H} + \frac{Q''_S\delta(x)}{\varepsilon_H}\right). \tag{10}$$

Dabei ist $\delta(x)$ die Deltafunktion (Dimension cm^{-1}). Die Integration dieser Gleichung mit den Randbedingungen

$$\varphi(d'_s) = 0; \left.\frac{d\varphi}{dx}\right|_{x=d'_s} = 0 \tag{11}$$

und $\varphi(0) = -U_s$ liefert

$$U'_s = \frac{eN_D}{\varepsilon_H} \cdot \frac{d'^2_s}{2}. \tag{12}$$

Außerdem gilt bei Vernachlässigung der Kontaktpotentiale

$$U_{TS} = U'_i + U'_s \tag{13}$$

und unter Beachtung der Gesamtneutralität der Anordnung

$$Q_T'' = \varepsilon_i \frac{U_i}{d_i} = Q_S'' + eN_D d_s' \tag{14}$$

(Q_T'' = Flächenladungsdichte auf der Torelektrode).
Aus (12) bis (14) folgt der Zusammenhang zwischen injizierter und gespeicherter Ladung Q_S'' und Tiefe der Potentialmulde U_s'

$$Q_S'' = \varepsilon_i \frac{(U_{TS} - U_s')}{d_i} - \sqrt{2e\varepsilon_H U_s' N_D}\,. \tag{15}$$

Für den Fall niedriger Störstellenkonzentration ($N_D < 10^{16}\ cm^{-3}$) gilt näherungsweise

$$Q_S'' \approx \frac{\varepsilon_i}{d_i}(U_{TS} - U_s')\,. \tag{16}$$

Für die MIS-Feldelektrode gilt somit die folgende Modellvorstellung: Unter einer mit $-U_{TS}$ vorgespannten Elektrode bildet sich eine Potentialmulde der Tiefe U_s aus, in der positive injizierte Ladungsträger gespeichert werden können, wodurch die Tiefe der Mulde verringert wird (die Mulde wird gewissermaßen durch die injizierten Ladungsträger aufgefüllt). Näherungsweise ist die Anhebung des Potentialnapfbodens proportional zur injizierten und gespeicherten Ladungsdichte Q_S'' (s. G. (16)). Bildlich kann man sich das dadurch veranschaulichen, daß in einen Napf mit der ursprünglichen Tiefe U_S eine Flüssigkeitsmenge entsprechend der Größe Q_S'' eingefüllt wird, wobei als neuer Napfboden der Flüssigkeitsspiegel gilt (s. dazu Bild 45). Die injizierten Ladungsträger werden in diesem Napf gespeichert, da sie nicht in der Lage sind, über die Seitenwände hinwegzuspringen. Sie können auch kurzzeitig als Informationsträger dienen und zwar solange, bis das Halbleitergebiet „aus eigener Kraft" (z. B. durch thermische Generation) bewegliche Ladungsträger, d. h. Minoritätsträger, beschafft hat. Das dauert aber, wie bereits erwähnt, einige Zehntel Millisekunden bis zu einigen Minuten. Nach Ablauf dieser

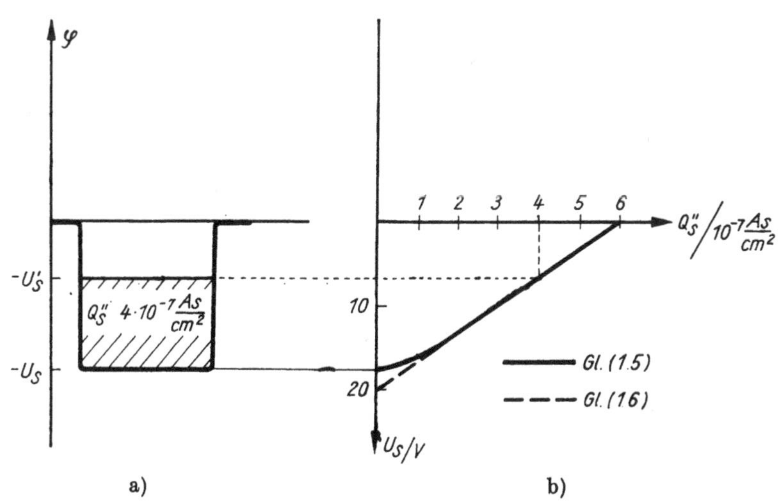

Bild 45. Veranschaulichung der Potentialmulde und des Zusammenhanges zwischen Tiefe der Potentialmulde und gespeicherter Ladung (b)

Frist befindet sich der Halbleiter im thermodynamischen Gleichgewicht mit seiner Oberfläche, es gilt das Bändermodell nach Bild 44 c, die Tiefe der Potentialmulde hat sich auf den stationären Wert $U_{s\infty}$ eingestellt, und die positive bewegliche Ladung an der Halbleiteroberfläche kann nicht mehr mit einer Information identifiziert werden. Da sich aber die informationsverarbeitenden Prozesse meistens viel schneller abspielen als sich das thermodynamische Gleichgewicht zwischen Halbleiteroberfläche und Halbleiterinnerem einstellt, ist dieser Speichereffekt von großem technischen Interesse [35].

b) *MAS-Feldelektrode*

Es handelt sich hierbei um eine Metall-Al_2O_3-Silizium-Struktur (Bild 46). Im Al_2O_3 befinden sich Haftstellen hoher Dichte, die z. B. durch Einfangen von Elektronen negativ geladen werden können. Wird an die Metallelektrode (Tor) eine genügend große positive Spannung U_{TS} angelegt, so gelangen Elektronen (z. B. durch Tunnelung) in die Haftstellen des Al_2O_3 und laden dieses negativ auf (Bild 46). In Bild 47 ist die erzielte Flächenladungsdichte in Abhängigkeit von der Amplitude U_{Tm} und der Dauer T_I des Torspannungsimpulses, der zu dieser Aufladung geführt hat, dargestellt. Für $U_{Tm} < 30$ V erfolgt praktisch keine Auf-

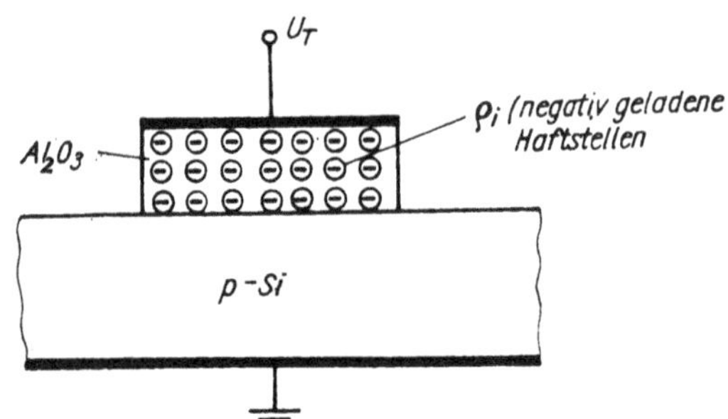

Bild 46. MAS-Struktur

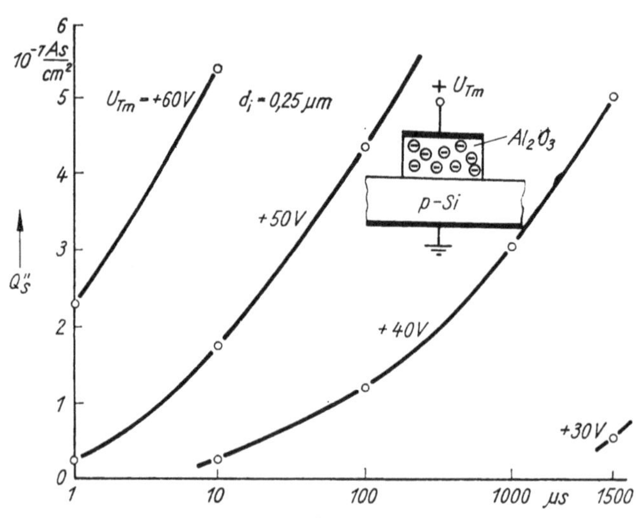

Bild 47. Die im Al_2O_3 gespeicherten Ladungen in Abhängigkeit von Dauer und Amplitude des Torspannungsimpulses

ladung der Haftstellen mehr. Die in den diskreten Potentialminima der Haftstellen gefangenen Ladungen werden in diesen gespeichert, da sie nur durch sehr hohe Feldstärken im Al_2O_3 bzw. durch Anregung mit UV-Licht oder Röntgenstrahlen entfernt werden können. Die Standzeit der gespeicherten Ladung beträgt bei **300 K** theoretisch 10^{14} h [36].

c) *MNOS-Feldelektrode*

Es handelt sich um eine Metall-Si_3N_4-SiO_2-Silizium-Struktur. An der Grenzfläche SiO_2 Si_3N_4 und im Inneren des Si_3N_4 befinden sich Haftstellen, die positiv oder negativ geladen werden können (Bild 48) [37] [38]. Die Ladung bzw. Entladung der positiv geladenen Haftstellen an der Zwischenschicht SiO_2 Si_3N_4 kann z. B. durch Tunnelung von Elektronen durch die dünne SiO_2-Schicht (Bild 49) oder

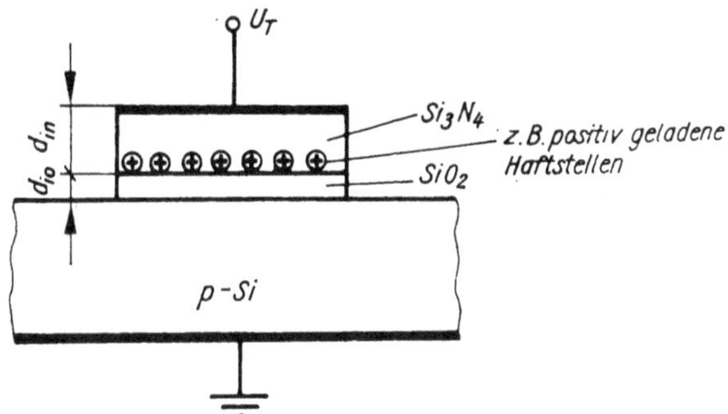

Bild 48. MNOS-Struktur

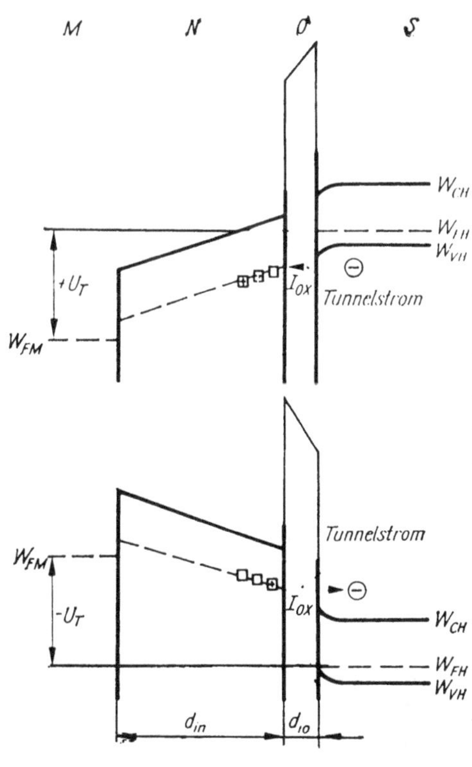

Bild 49. Veranschaulichung der direkten Durchtunnelung der dünnen SiO_2-Schicht einer MNOS-Struktur

a) positive Torspannung
b) negative Torspannung

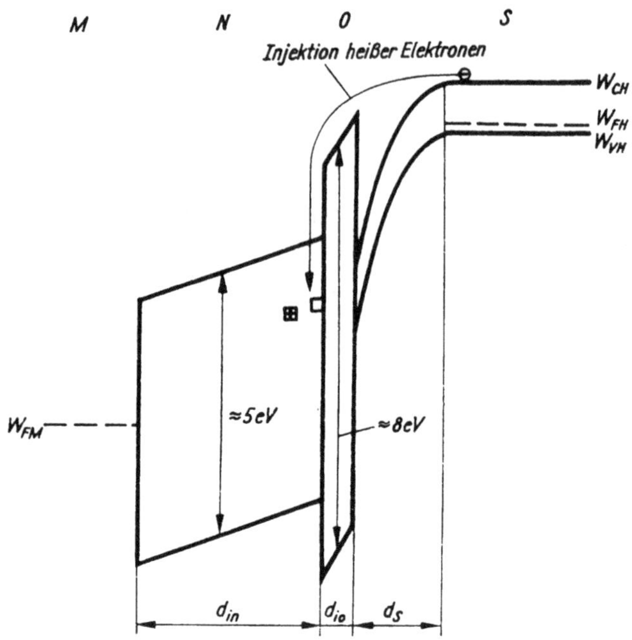

Bild 50. Veranschaulichung der Injektion heißer Elektronen aus dem Halbleiter in die Haftstellen der MNOS-Struktur

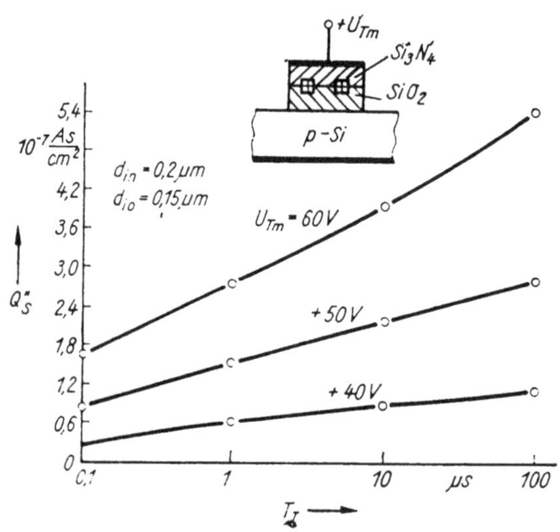

Bild 51. Die Abhängigkeit der in der MNOS-Struktur gespeicherten Ladung von Dauer und Amplitude des Torspannungsimpulses

durch Injektion heißer Elektronen über die Potentialbarriere Si–SiO_2 (Bild 50) geschehen. In Bild 51 ist die Änderung der Speicherladung in den Haftstellen in Abhängigkeit von der Amplitude U_{Tm} und der Dauer T_I der angelegten positiven Torspannung für den Fall der Aufladung durch heiße Elektronen über die Potentialbarriere Si–SiO_2 dargestellt. Die Ladungen sind in den diskreten Potentialminima der Haftstellen gefangen und werden deshalb in diesen gespeichert, da sie nur bei hohen elektrischen Feldstärken durch das SiO_2 tunneln oder sehr langsam durch felduntersstützte, thermisch angeregte Emission (Poole-Frenkel-Effekt), Feldemission oder thermische Sprungprozesse (Hoppingleitung) durch das Nitrid abfließen können. In Bild 52 ist der Ladungstransport durch die Si_3N_4-Schicht schematisch dargestellt. Die Standzeit der Ladung beträgt bei 300 K einige 1000 h und ist dabei wesentlich kleiner als bei der MAS-Elektrode.

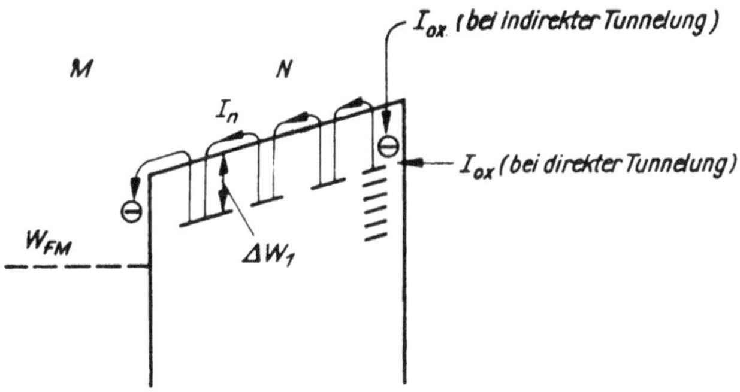

Bild 52. Veranschaulichung des Ladungstransportes im Nitrid einer MNOS-Struktur

d) *OSOS-Feldelektrode*

Bei dieser Elektrode ist eine polykristalline Siliziumschicht, gewissermaßen als fließende Torelektrode, in eine SiO_2-Schicht eingelagert (Bild 53). Die Aufladung der fließenden Torelektrode erfolgt durch heiße Ladungsträger aus dem Plasma des Lawinendurchbruchs eines an der Halbleiteroberfläche befindlichen p^+n-Überganges über die Potentialbarriere Si–SiO_2 hinweg (Bilder 53 und 54) [39]. Ein typischer Wert für den Ladestrom ist $S = 10^{-7} \frac{\text{A}}{\text{cm}^2}$.

In Bild 55 ist die auf der polykristallinen Torelektrode gespeicherte Ladung Q_S'' in Abhängigkeit von der Amplitude U_{Sm} und der Dauer T_I des Sperrspannungsimpulses, der an den pn-Übergang an der Halbleiteroberfläche zum Zwecke des Lawinendurchbruchs gelegt wird, dargestellt. Da die Ladungen im Potentialminimum, das die eingelagerte Siliziumelektrode darstellt (s. Bild 54), gefangen sind (nur verschwindend wenigen gelingt der Sprung über die Potentialbarriere

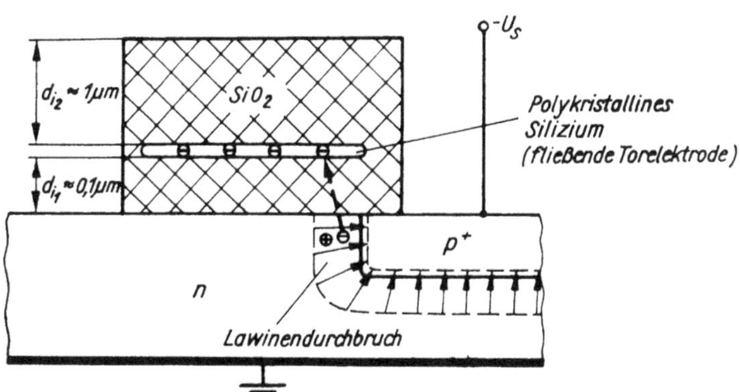

Bild 53. OSOS-Struktur und Veranschaulichung der Injektion heißer Elektronen auf die eingelagerte Torelektrode

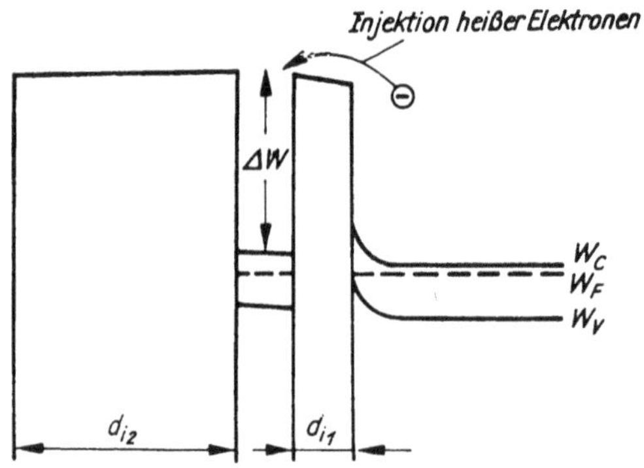

Bild 54. Veranschaulichung der Injektion heißer Elektronen auf die eingelagerte Siliziumelektrode einer OSOS-Struktur

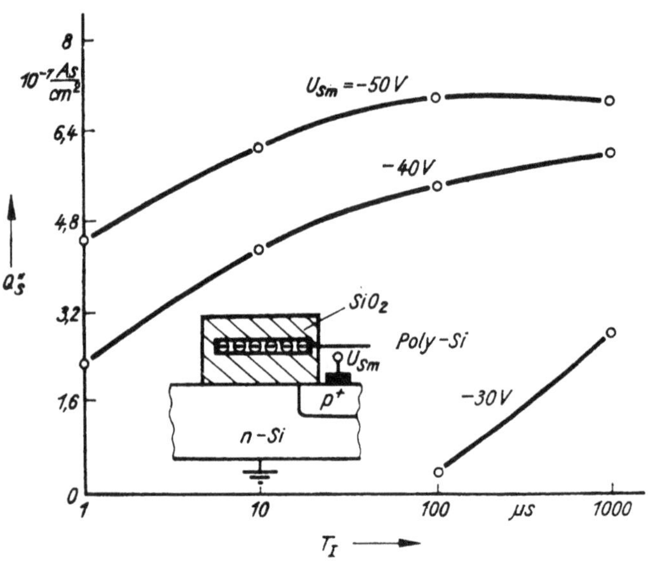

Bild 55. Die Abhängigkeit der auf einer fließenden Torelektrode der OSOS-Struktur gespeicherten Elektronenladung von der Dauer und Amplitude des Senkenspannungsimpulses

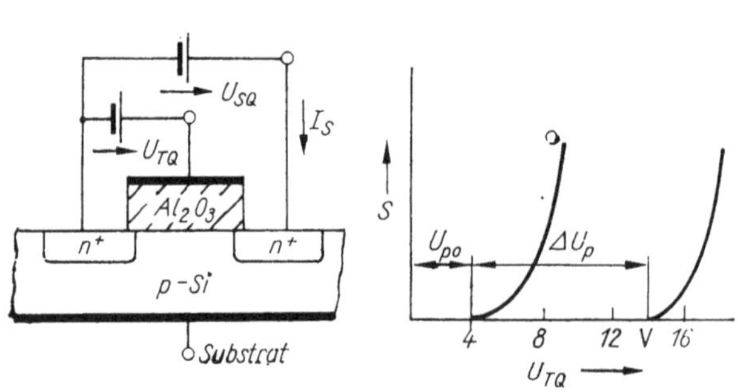

a) b)

Bild 56. Prinzipieller Aufbau (a) und Transferkennlinien (b) des MASFET

$\Delta W = 3{,}3$ eV), bleiben sie gespeichert. Sie können nur durch Röntgenstrahlen oder UV-Licht entfernt werden. Bei 300 K beträgt die Standzeit der gespeicherten Ladung etwa 10^5 h.
Eine weitere Möglichkeit für eine speichernde Feldelektrode wäre dadurch gegeben, daß die Isolatorschicht aus einem Ferroelektrikum gefertigt wird. Dies hat jedoch bisher noch keine praktische Bedeutung erlangt.

4.3.2. Speicherelemente

a) *MAS-Feldeffekttransistor (MASFET)*

Der prinzipielle Aufbau ist in Bild 56 dargestellt. Es handelt sich um einen Feldeffekttransistor vom n-Kanal-Anreicherungstyp mit Al_2O_3 als Torisolator. Die Strom-Spannungskennlinie dieses Bauelementes hat bekanntlich die Form

$$I_S = K\left((U_{TQ} - U_p) \cdot U_{SQ} - \frac{U_{SQ}^2}{2}\right) \quad \text{für } U_{TQ} - U_p \geqq U_{SQ} \tag{17}$$

(aktiver Bereich)

$$I_S = K\,\frac{(U_{TQ} - U_p)^2}{2} \quad \text{für } U_{TQ} - U_p \leqq U_{SQ} \tag{18}$$

(Einschnürbereich).

K ist eine Bauelementekonstante, und U_p ist die Schwellspannung. Durch die im Al_2O_3 gespeicherten negativen Ladungen (s. 4.3.1 b)) kommt es zu einer Schwellspannungsverschiebung gegenüber dem Wert U_{p0}, der vorliegt, wenn die Haftstellen ungeladen sind. Es ist

$$\Delta U_p = \frac{e\,\varrho_i d_i^2}{2\varepsilon_i} = \frac{Q_S'' d_i}{2\varepsilon_i}. \tag{19}$$

Um beispielsweise eine Schwellspannungsverschiebung von $\Delta U_p = 10$ V zu bekommen, muß die Ladungsdichte im Al_2O_2 $\left(d_i = 0{,}25\ \mu\text{m},\ \varepsilon_i = 7 \cdot 10^{-13}\ \frac{\text{As}}{\text{Vcm}}\right)$ $Q_S'' = 5{,}6 \cdot 10^{-7}\ \frac{\text{As}}{\text{cm}^2}$ betragen. Nach Bild 47 wäre zur Erzielung dieser Ladung ein Torspannungsimpuls von $U_{Tm} = 60$ V und einer Dauer von ca. 10 µs notwendig. In Bild 56 sind die Transferkennlinien bei ungeladenen ($U_{p0} = 4$ V) und geladenen Haftstellen ($U_{p1} = U_{p0} + U_p = 14$ V) dargestellt. Die beiden binären Speicherzustände sind also durch hohe Schwellspannung U_{p1} (logisches „L") und niedrige Schwellspannung U_{p0} (logisches „0") markiert. Da die Ladungen im Al_2O_3 nur sehr schwer auf elektrischem Wege zu entfernen sind, kann der Speicherinhalt auch nicht beliebig geändert werden. Diese Elemente eignen sich deshalb als Speicherelemente in *Nur-Lese-Speichern (ROM)*. Jedoch kann der Speicherinhalt elektrisch programmiert werden [40]. Im Bild 57 ist der prinzipielle Aufbau eines *elektrisch programmierbaren 2D-organisierten MASFET-ROM-Speichers dargestellt.* Zum elektrischen Programmieren ist es zunächst notwendig, daß alle MAS-Elektroden z. B. durch Bestrahlung mit UV-Licht entladen werden (alle Elemente enthalten dann die logische „0"). Soll z. B. in das Element der i-ten Zeile und k-ten Spalte ein „L" eingespeichert, in den übrigen die „0" erhalten bleiben, so wird an die ausgewählte Y-Leitung Y_i und an die nicht ausgewählten X-Leitungen ein Spannungsimpuls von $U_{Tm} = +50$ V sowie an die übrigen Y-Leitungen und die ausgewählte X-Leitung X_k Masse gelegt. Durch diese Vorspannungsverhältnisse liegt nur beim ausgewählten Element i, k zwischen Tor und dem n-Kanal, der sich an der Halbleiteroberfläche ausbildet, also über dem Al_2O_3, eine genügende positive Spannung (≈ 50 V), die zu einer Aufladung der Haftstellen gemäß Bild 47 führt. Das Lesen des Wortes in der i-ten Zeile geschieht, indem an die Y-Leitung Y_i ein positiver Impuls $U_y \approx 10$ V ($U_{p0} < U_y < U_{p1}$) an die übrigen X- und Y-Leitungen Masse gelegt wird. Dann erscheint an allen den Leseleitungen L_k die Betriebs-

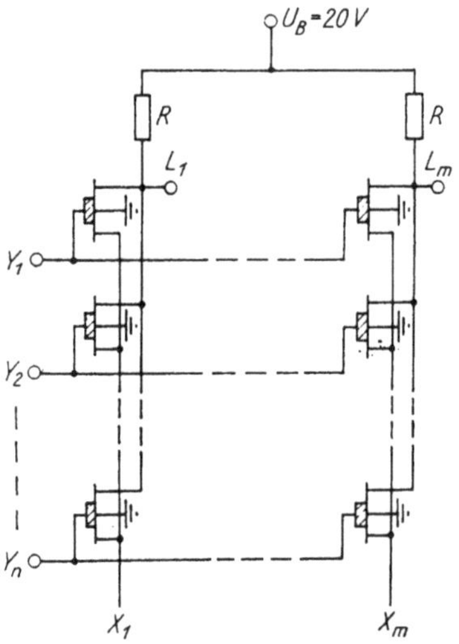

Bild 57. Speichermatrix mit MASFET-Zellen

spannung U_B, die in der i-ten Zeile einen MASFET mit eingeschriebenem „L", d. h. hoher Schwellspannung, enthalten, da die an Y_i angelegte Spannung $U_y < U_{p1}$ nicht ausreicht, diese Transistoren aufzusteuern. Sie genügt aber, die übrigen Transistoren in denen eine Null gespeichert ist (Schwellspannung $U_{p0} = 4$ V) aufzusteuern, wodurch an den entsprechenden Leseleitungen eine wesentlich kleinere Spannung als U_B, der „0" entsprechend, erscheint.

b) *MNOS-Feldeffekttransistor* (*MNOSFET*)

Der prinzipielle Aufbau dieses Bauelementes ist in Bild 58 gezeigt. Es handelt sich hier um einen Feldeffekttransistor vom n-Kanal-Anreicherungstyp, für den die Kennliniengleichungen (17) und (18) gelten. Die Funktionsweise als Speicherelement beruht ebenfalls auf einer Schwellspannungsverschiebung. Es wird hier die Schwellspannung durch die positiven, vorwiegend an der Zwischenschicht SiO_2–Si_3N_4 (s. auch Abschnitt 4.3.1 c) gespeicherten Ladungen Q_S'' um

$$\Delta U_p = \frac{Q_S'' d_{in}}{\varepsilon_{in}} \tag{20}$$

erniedrigt. Erfolgt die Aufladung der Zwischenschichtzustände und damit der Übergang von einer hohen zu einer niedrigen Schwellspannung bei einer negativen kritischen Spannung U_{Tk} (≈ -25 V) über dem Isolator und die Entladung bei einer positiven kritischen Spannung U_{Tk} (≈ 25 V), so ergibt sich die Schwellspannungshysterese nach Bild 58b. Ein $2D$-organisierter Speicher hätte prinzipiell das gleiche Aussehen wie der in Bild 57 für MASFET-Zellen [41] [42]. Da aber die Ladung und Entladung der Zwischenschichtzustände und damit die Änderung des Speicherinhaltes bei MNOSFET-Zellen auf elektrischem Wege

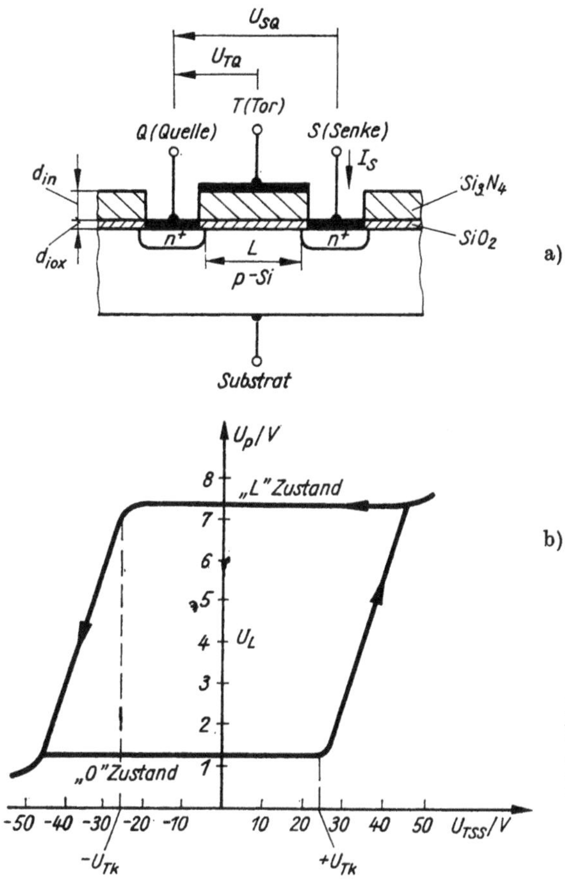

Bild 58. Prinzipieller Aufbau (a) und Schwellspannungshysterese (b) des MNOSFET

relativ einfach möglich ist, ist diese Speicherzelle auch und vorwiegend zum Einsatz in *Speichern mit wahlfreiem Zugriff* (RAM) geeignet (für ROMs kommt die MNOSFET-Zelle wohl kaum in Fage, da die Standzeit der Ladung im Vergleich z. B. mit der MASFET-Zelle zu gering ist).

c) *MNOS-Lawinendiode (MNOSLAD)*

Der prinzipielle Aufbau ist in Bild 59 gezeigt. Die Funktion dieses Bauelementes beruht auf der Änderung der Oberflächendurchbruchspannung mit der Oberflächenladung. Bei einem n^+p-Übergang beispielsweise wird die Oberflächendurchbruchsspannung bei positiven Oberflächenladungen erhöht und bei negativen Oberflächenladungen erniedrigt (s. dazu Bild 59). Werden, wie bei diesem Speicherelement, als Oberflächenladungen die in der MNOS-Struktur gespeicherten positiven Ladungen verwendet, so sind die beiden Speicherzustände durch die Zustände hoher Durchbruchspannung (logische „L") und niedriger Durchbruchspannung (logische „0") markiert. Die Änderung der Durchbruchspannung bei einer gespeicherten Ladung Q''_S ist näherungsweise

$$\Delta U_{BR} \frac{Q''_S d_{in}}{\varepsilon_{in}} . \qquad (21)$$

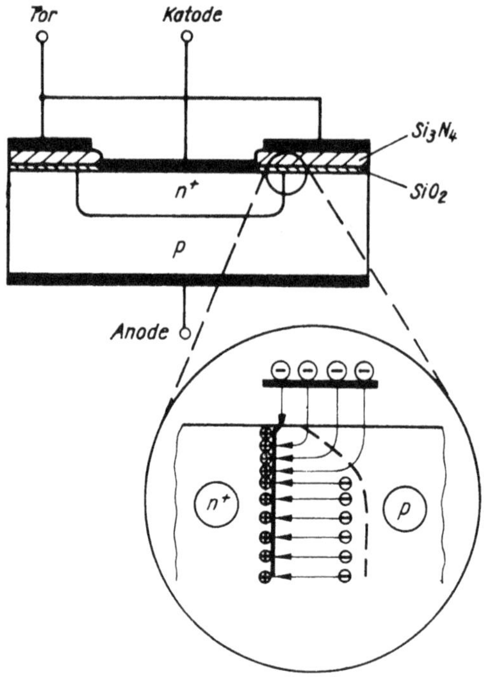

Bild 59. Prinzipieller Aufbau der MNOSLAD

In Bild 60 ist der prinzipielle Aufbau der Speichermatrix eines *2D-organisierten RAM-Speichers mit MNOLAD-Zellen* dargestellt [43].
Zu Beginn des Schreibtaktes wird angenommen, daß alle Zwischenschichtzustände positiv geladen sind. Soll z. B. in ein Element der i-ten Zeile und k-ten Spalte eine „0“ eingeschrieben werden (entspricht: niedrige Durchbruchspannung), so wird an die ausgewählte Y-Leitung Y_i und an die nicht ausgewählten Y-Leitungen eine große positive Spannung (z. B. + 30 V), an die übrigen X-Leitungen und die ausgewählte X_k-Leitung Masse gelegt. Dadurch liegt nur bei dem ausgewählten Element i, k zwischen Torelektrode und n-Inversionskanal, der sich an der Oberfläche

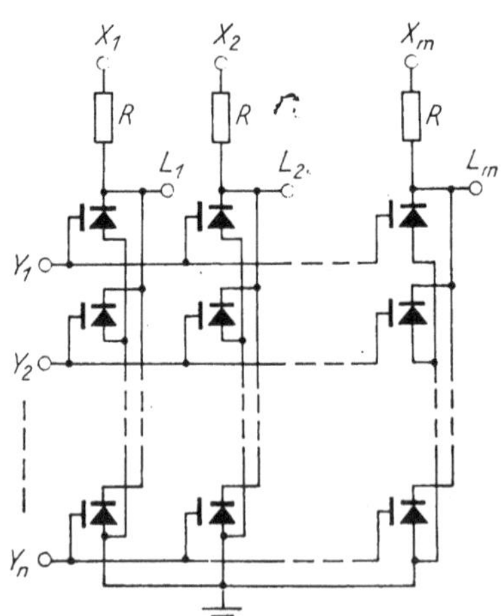

Bild 60. Speichermatrix mit MNOS-LAD-Zellen

des p-Gebietes (s. Bild 60) unter der Torelektrode ausbildet und mit der n^+-Katode in Kontakt ist, eine hohe positive Spannung, die zur Entladung der bis dahin positiv geladenen Zwischenschichtzustände im Element i, k führt (entspricht: logische „0"). Alle anderen Elemente behalten ihre positive Zwischenschichtladung (entspricht: logische „L"). Soll das Wort in der i-ten Zeile gelesen werden, dann wird an die i-te Y-Leitung eine kleine negative Spannung und an alle X-Leitungen eine positive Spannung, die kleiner als die kleinste Durchbruchspannung ist, gelegt. Dadurch wird die Durchbruchspannung aller Elemente in der i-ten Zeile erniedrigt. Diejenigen, bei denen die Haftstellen ungeladen sind, brechen durch, und an den entsprechenden Leseleitungen tritt eine kleine Spannung (logische „0"), an den übrigen Leseleitungen eine hohe Spannung (logische „L") auf, da die entsprechenden Elemente infolge der positiven gespeicherten Ladungen nicht durchbrechen.

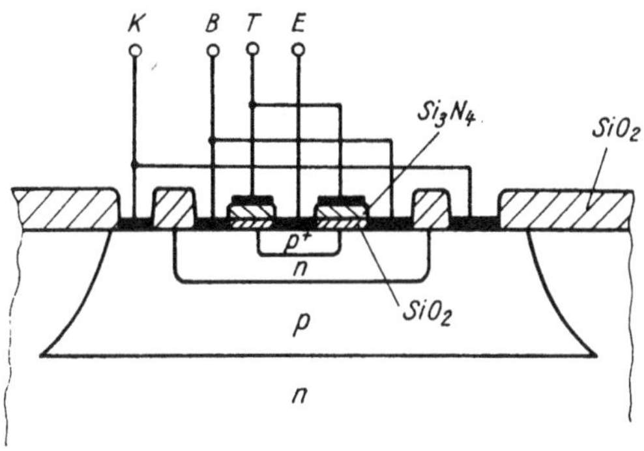

Bild 61. Prinzipieller Aufbau des MNOSOT

d) *MNOS-Oberflächengesteuerter Transistor* (*MNOSOT*)

Der prinzipielle Aufbau ist in Bild 61 gezeigt. Hierbei wird die Änderung des Stromverstärkungsfaktors eines Bipolartransistors bei kleinen Strömen mit Hilfe der Ladung an der Oberfläche der Basis ausgenutzt. Die beiden Speicherzustände sind durch einen großen bzw. kleinen Stromverstärkungsfaktor festgelegt. Dieses Bauelement läßt sich vorteilhaft nur in der 3-D-Organisation verwenden (Bild 62)

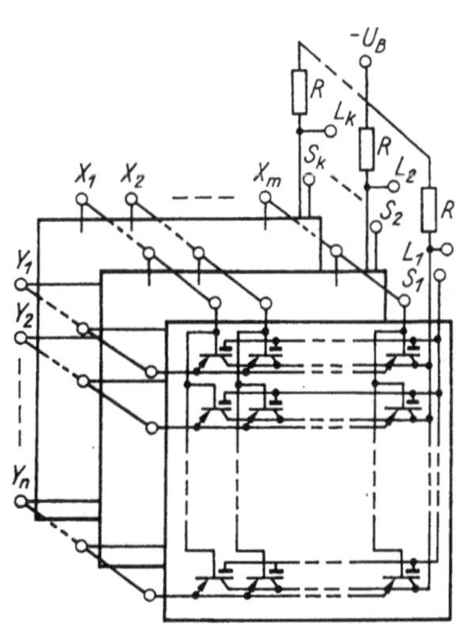

Bild 62. Bitorganisierter ROM-Speicher mit MNOSOT-Zellen

[43]. Da aber in diesem Falle jeweils ein Bit für alle Worte gelöscht werden muß, eignet sich die Speicherstruktur nach Bild 62 nur für ROM-Speicher. Der Gesamtspeicher wird gelöscht, indem alle X-Leitungen und alle Y-Leitungen auf Masse und an die Schreibleitungen $S_1 \cdots S_k$ eine genügend hohe negative Spannung angelegt wird. Dadurch tunneln die in der MNOS-Struktur gespeicherten Elektronen in das Silizium-Substrat, und die Zwischenschichtzustände werden positiv aufgeladen („0"-Zustand, entspricht unter gewissen Umständen einem hohen Stromverstärkungsfaktor). Soll in das 1. Bit des Wortes in der i-ten Zeile und k-ten Spalte auf dem Chip ein „L" eingeschrieben werden (Zustand kleiner Stromverstärkung), in allen anderen dagegen die „0" erhalten bleiben, so wird an die ausgewählte Y-Leitung Y_i und die nicht ausgewählten X-Leitungen ein negativer Impuls gelegt. An die übrigen Y-Leitungen wird keine Spannung, und die ausgewählte X-Leitung X_k wird an Masse gelegt. Die Schreibleitung S_1 erhält einen positiven Impuls.

Dadurch bricht nur die Emitter-Basis-Strecke des Elementes i, k durch, und heiße Elektronen werden in die Zwischenschichtzustände injiziert, wodurch diese (ursprünglich positiv geladen) entladen werden, und das Speicherelement geht in den „L"-Zustand über. Soll das Element i, k gelesen werden, so wird an die ausgewählte Y-Leitung Y_i und die nicht ausgewählten X-Leitungen Masse, an die übrigen Y-Leitungen und die ausgewählte X-Leitung X_k eine negative Spannung gelegt. Dadurch wird nur das Element i, k aufgesteuert. Befindet sich dieses im Zustand hoher Stromverstärkung („L"), so fließt ein großer Kollektorstrom, und am entsprechenden Leseausgang erscheint eine kleine negative Ausgangsspannung. Ist es im Zustand kleiner Stromverstärkung, dann erscheint am Leseausgang eine große negative Spannung ($\approx -U_B$).

e) MOS-Feldeffekttransistor mit eingelagerter fließender Torelektrode (FAMOST)

Der prinzipielle Aufbau dieses Bauelementes ist in Bild 63 gezeigt. Es handelt sich um einen Feldeffekttransistor vom p-Kanal-Anreicherungstyp, und zwar ist kein Kanal, d. h. keine leitende Verbindung zwischen Senke und Quelle, vorhanden, wenn das eingelagerte Tor ungeladen ist, und es ist ein Kanal vorhanden, wenn das eingelagerte Tor negativ geladen ist [44], [45].

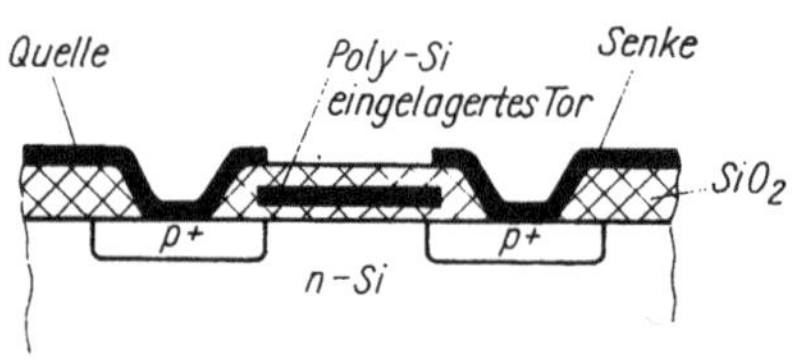

Bild 63. Prinzipieller Aufbau des FAMOST

Die Aufladung des eingelagerten Tors geschieht gemäß 4.3.1.d durch heiße Elektronen aus dem Plasma des Lawinendurchbruchs des p^+n-Überganges.

In Bild 64 ist das Prinzip einer Speichermatrix mit FAMOST-Zellen dargestellt. Da dieses Bauelement nur zwei Anschlüsse besitzt, ist für eine 2-D-Organisation (Bild 64) noch ein zusätzliches Selektionselement, in diesem Falle ein p-Kanal-MISFET, notwendig. Eingeschrieben kann in diesen Speicher werden, nachdem alle FAMOST-Zellen z. B. durch UV-Strahlen entladen wurden. Soll in die Zelle in der i-ten Zeile und k-ten Spalte eine „0" (entspricht einem angereicherten Kanal) eingeschrieben werden, so wird an die ausgewählte Y-Leitung Y_i eine negative Spannung, an die übrigen Y-Leitungen und die nicht ausgewählten X-Leitungen Masse, sowie an die ausgewählte X-Leitung X_k eine hohe negative Spannung

(—50 V) gelegt. Dadurch tritt nur zwischen Senke und Substrat des Elementes i, k eine hohe Spannung (≈ — 50 V) auf, die zum Durchbruch des p^+n-Überganges und damit zur Aufladung der eingelagerten Torelektrode führt. Beim Lesen des Wortes in der i-ten Zeile wird an die Y-Leitung Y_i und alle X-Leitungen eine negative Spannung gelegt. An den Leseleitungen $L_1 \cdots L_m$ tritt nur bei denjenigen eine große negative Spannung entsprechend „L" auf, bei denen die FAMOST-Zelle ungeladen ist, d. h., kein Kanal existiert, bei allen übrigen fließt ein Strom, und am Ausgang tritt nur eine sehr kleine (negative) Spannung (entsprechend der „0") auf.

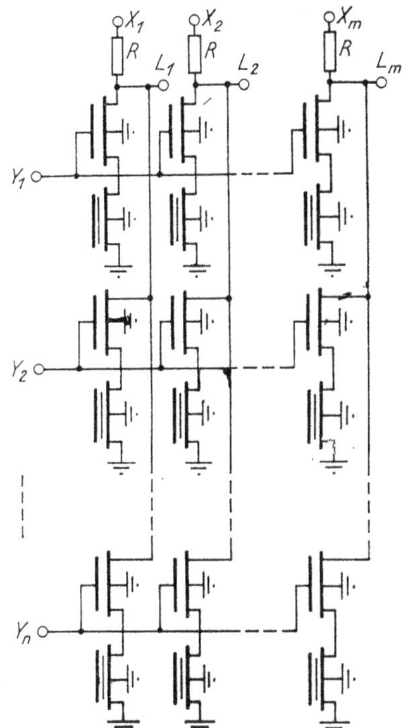

Bild 64. Speichermatrix mit FAMOST-Zellen

f) Ladungstransferstrukturen

Die Funktionsweise der Elemente der Ladungstransfertechnik beruht auf einem Transport von Minoritätsträgerladungen entlang der Oberfläche eines Halbleiters, welcher mit Hilfe von MIS-Elektroden (s. 4.3.1.a.) gesteuert wird. Die MIS-Elektroden gemäß Abschnitt 4.3.1a. erhalten dabei in zyklischer Reihenfolge Taktspannungen. Die an der Halbleiteroberfläche transportierten Minoritätsträger sind ein Maß für eine bestimmte Information (meistens binäre Information) [46] bis [53].
In der Ladungstransfertechnik ist zwischen CC-Technik (**C**harge **C**oupling, auch oft mit CCD bezeichnet), SCT-Technik (**S**urface **C**harge **T**ransistor) und BB-Technik (**B**ucket **B**rigade, auch oft als BBD bezeichnet) zu unterscheiden. Diese sind natürlich nur mehr oder weniger voneinander abweichende Variationen des einleitend genannten Grundprinzips.

CCD-Struktur

Die prinzipielle CCD-Struktur ist im Bild 65 gezeigt [46]. Isoliert von einem homogenen Halbleitergebiet ist eine Reihe von metallischen Feldelektroden angebracht,

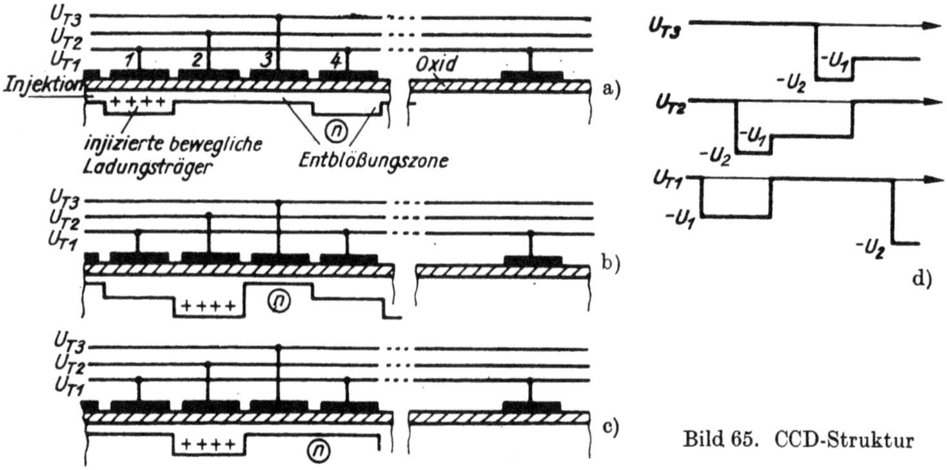

Bild 65. CCD-Struktur

die zyklisch an drei verschiedenen Taktleitungen angeschlossen werden. Wird an eine solche Feldelektrode eine genügend hohe negative Spannung angelegt (größer als die Schwellspannung U_p), so bildet sich unterhalb dieser an der Halbleiteroberfläche eine Potentialmulde aus, in der kurzzeitig Minoritätsträger gespeichert werden können, die als Maß für eine Information gelten. Kurzzeitig, d. h. vorübergehend, ist diese Möglichkeit deshalb, weil nach einer bestimmten Zeit T_{inv} der Halbleiter selbst (abhängig von der Dotierung, der Oberflächenbeschaffenheit usf.) Minoritätsträger beschaffen kann, es bildet sich eine Inversionsschicht an der Halbleiteroberfläche aus, so daß die ursprüngliche Potentialmulde z. T. wieder „zugeschüttet" wird und außerdem die Minoritätsträger, welche ursprünglich als Maß für eine Information galten, also Informationsträger waren, nicht mehr als solche eindeutig identifiziert werden können. Deshalb muß dafür gesorgt werden, daß in einer Zeit, die kleiner ist als T_{inv} der Weitertransport der informationstragenden Minoritätsträger erfolgt (s. Abschnitt 4.3.1a). Verfolgen wir nun den Ablauf des Informationstransportes und der Informationsspeicherung an Hand des Bildes 65. Im ersten Takt wird an die 1. Feldelektrode (4., 7. usf.) eine Spannung $-U_1 \approx 25$ V angelegt. Dadurch bildet sich unter dieser eine Potentialmulde aus (s. Bild 65a), in die z.B. mit Hilfe eines *pn*-Überganges am Anfang der CCD-Kette Löcher injiziert werden können. Im nächsten Takt, der in einer Zeit, die kleiner als T_{inv} ist, folgt, wird an die 2. Feldelektrode (5., 8. usf.) eine Spannung $-U_2 \approx 35$ V angelegt. Dadurch entsteht unter dieser eine tiefere Potentialmulde als unter der 1. Feldelektrode (Bild 65b), und die Löcher werden von Potentialmulde 1 in die Potentialmulde 2 gesogen. Im 3. Takt wird die Spannung an der 2. Feldelektrode auf $-U_1$ und an der ersten Feldelektrode auf Null bzw. eine kleine Spannung $U_0 < U_p$ erniedrigt. Dadurch ist nach Ablauf dieses Taktes der gleiche Zustand wie nach dem ersten Takt (Bild 65a) erreicht, mit dem einen Unterschied, daß sich nun die informationstragende Minoritätsträgerladung (Löcherladung) in der 2. Potentialmulde befindet, also vom Takt 1 bis Takt 3 von der Elektrode 1 zur Elektrode 2 weitergeschoben wurde. Dieser Vorgang wiederholt sich nun sinngemäß, wodurch die Löcherladung schließlich bis an das Ende der CCD-Kette geschoben wird, wo sie z.B. zu einem Kollektionsstrom eines in Sperrichtung vorgespannten *pn*-Überganges führen kann und als Ausgangssignal registriert wird. Da dieser Ladungstransport nicht ohne Verluste geschieht, ist nach einer bestimmten

Kettenlänge (z.B. 20) eine Regeneration des Signals vorzunehmen. An der CCD Struktur nach Bild 65 fällt auf, daß, von den *pn*-Übergängen am Anfang zur Informationsinjektion und am Ende zur Informationsausgabe abgesehen, keine Diffusionen wie in der MISFET-Technik und auch keine Kontaktierungen des Halbleitergebietes erforderlich sind. Das vereinfacht die Technologie erheblich und ermöglicht eine wesentlich höhere Packungsdichte, d. h. Bit/Flächeneinheit, als bei der MISFET-Technik. Nachteilig ist, daß hohe Anforderungen an die Fotolithografie gestellt werden müssen, da eine enge Nachbarschaft der Feldelektroden erforderlich ist, damit benachbarte Potentialmulden miteinander kommunizieren, um den Ladungstransfer zu erlauben. Dieser Nachteil wird bei der SCT-Technik vermieden.

SCT-Struktur

Das Grundelement dieser Technik, der Oberflächenladungstransistor, ist im Bild 66 skizziert [50]. Hier befindet sich zwischen den Feldelektroden, der Quelle und dem Empfänger, noch eine Torelektrode. Wird an diese Torelektrode eine negative Spannung angelegt, so wird die Potentialbarriere zwischen den Potentialmulden des Empfängers und der Quelle erniedrigt, wodurch der Ladungstransfer ausgelöst wird. Diese Technik kommt nur mit zwei Taktphasen aus. Außerdem kann damit ein Verstärkungseffekt erzielt werden, wodurch automatisch eine Signalregeneration bewirkt wird. Nachteilig ist die kompliziertere Herstellung, da hierfür zwei Elektrodenebenen benötigt werden (s. Bild 66).

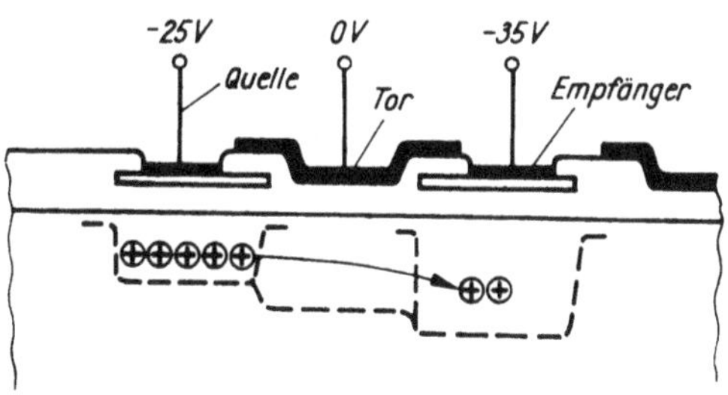

Bild 66. Prinzipieller Aufbau des Oberflächenladungstransistors

BBD-Struktur

Bei der BBD-Technik wird die transportierte Ladung von Transistoren und Kapazitäten gesteuert [47], [48]. BBD-Strukturen sind sowohl auf Feldeffekt — (Bild 67) als auch auf Bipolarbasis (Bild 68) möglich. Bei der BBD-Technik sind also zusätzliche Diffusionen erforderlich. Bei der Struktur nach Bild 67 wird die Löcherladung von *p*-Insel zu *p*-Insel weitergeschoben, in dem an die Taktleitungen in

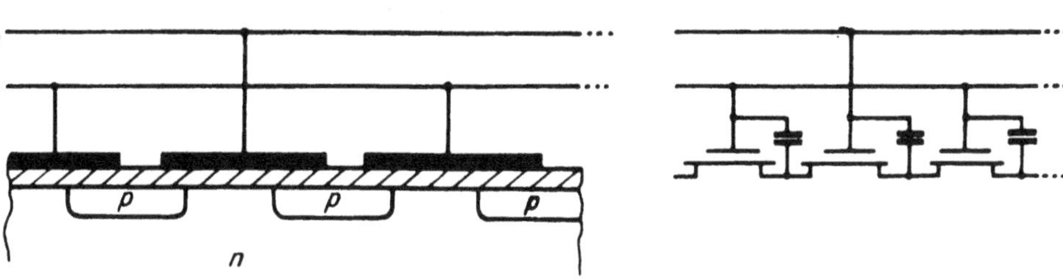

a₁) a₂)

Bild 67. BBD-Struktur in Feldeffekttechnik

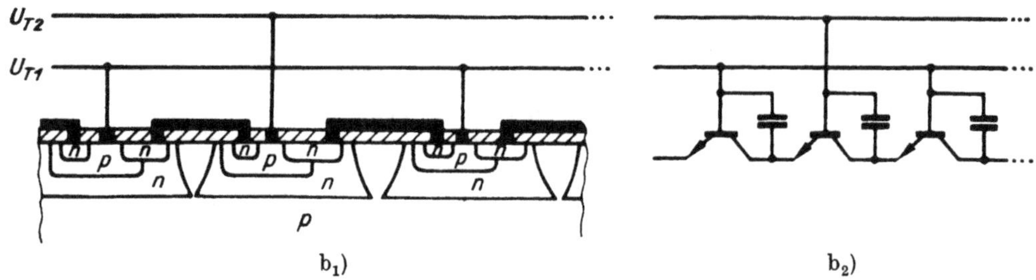

b₁) b₂)

Bild 68. BBD-Struktur in Bipolartechnik

zyklischer Reihenfolge genügend große negative Spannungen angelegt werden. Die BBD-Struktur nach Bild 67 stellt also eine Zwischenstufe zwischen der MISFET-Technik und der CCD-Technik dar. Ihre Herstellung ist aufwendiger aber weniger kritisch als die der CCD-Strukturen. Die parasitären Entladungen und die Ladungsrückkopplung im dynamischen Betrieb beschränken die Länge einer BBD-Kette. Einige vergleichende Merkmale für MISFET-, CCD-, SCT- und BBD Technik sind in Tabelle 1 zusammengestellt.

Tabelle 1. Vergleich von MISFET-, CCD-, SCT- und BBD-Technik

	Phasen	Diffusion	Metallschichten	Funktion	P_V/Bit	f/MH_2
MISFET	—	ja	1	aktiv	100 μW	5
CCD	3	nein	1	passiv	5 μW	20
SCT	2	nein	2	aktiv	5 μW	20
BBD	2	ja	1	aktiv	5 μW	10

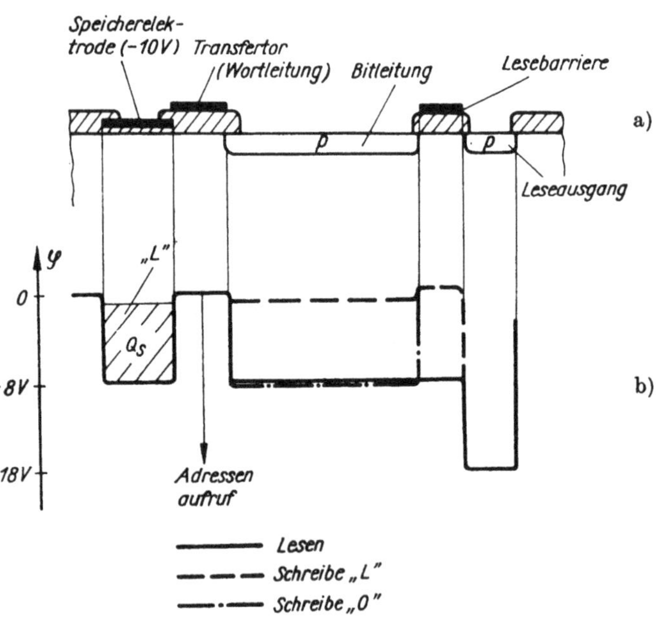

Bild 69. Querschnitt (a) und Potentialgebirge einer RAM-Speicherzelle in SCT-Technik

Mit der BBD-Technik in Siliziumtortechnologie lassen sich Speicherdichten von 1600 Bit/mm² erzielen.

Im Bild 69 ist die praktische Ausführung einer RAM-Zelle in SCT-Technik dargestellt [51]. Die Information wird in einer Potentialmulde (Tiefe etwa −8 V) unterhalb der Speicherelektrode in Form von Minoritätsträgerladungen gespeichert. Sie kann ausgelesen werden, in dem an die Wortleitung (Transfertor) ein negativer Impuls angelegt wird, so daß die Potentialbarriere zwischen Speichermulde und *p*-dotierter Bitleitung (s. Bild 69b) abgebaut wird. Über eine Lesebarriere wird schließlich die ausgelesene Information aus der Bitleitung ausgekoppelt. Da der Lesevorgang zerstörend geschieht, muß gleichzeitig über einen Auffrischverstärker diese ausgelesene Information wieder eingeschrieben werden. Beim Schreiben eines „L" erhält die Bitleitung Massepotential, wodurch Ladungen in die Mulde einlaufen können. Beim Schreiben einer „0" laufen keine Ladungen ein, da die Bitleitung ebenso negativ gemacht wird wie die Potentialmulde tief ist (strichpunktierter Verlauf im Bild 69b). Diese Speicherzelle ist sehr ähnlich der Eintransistorzelle nach Bild 40. Der Hauptunterschied besteht in der Tatsache, daß keine Kontaktlöcher benötigt werden. Im Bild 70 ist das Prinzip eines Layouts mit diesen Speicherzellen dargestellt.

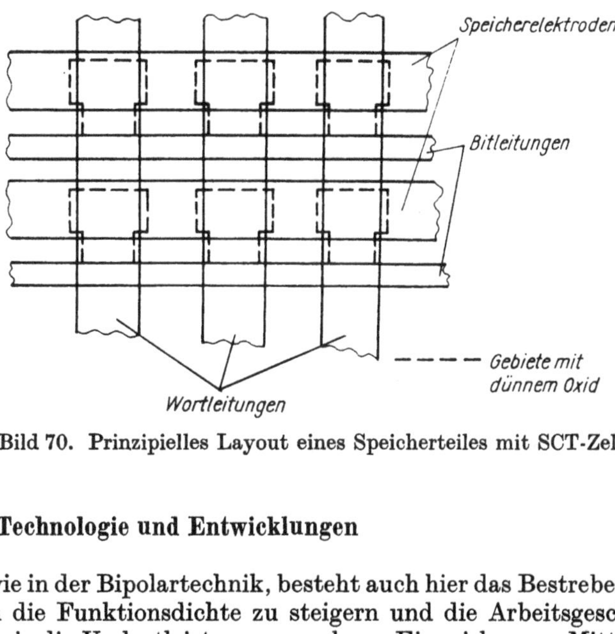

Bild 70. Prinzipielles Layout eines Speicherteiles mit SCT-Zellen

4.4. Technologie und Entwicklungen

Ebenso wie in der Bipolartechnik, besteht auch hier das Bestreben den Integrationsgrad und die Funktionsdichte zu steigern und die Arbeitsgeschwindigkeit zu erhöhen sowie die Verlustleistung zu senken. Ein wirksames Mittel zur Senkung der Verlustleistung ist die Senkung der Speisespannung U_{SS}. Diese muß aber je nach Schaltung und Betriebsart das 2- bis 5-fache der Schwellspannung U_p betragen. Der Schlüssel zu niedrigen Speisespannungen ist also die Senkung der Schwellspannung. Dafür gibt es mehrere Möglichkeiten:

a) Verwendung der (100)-Fläche als Oberfläche (anstatt wie üblich der (111)-Fläche), dadurch ist die Dichte der Zwischenschichtladungen kleiner, leider aber auch die Beweglichkeit.
b) Durch Einpflanzung von Borionen (Ionenimplantation [56] bis [59]) kann eine gewisse Kompensation der donatorischen Zwischenschichtzustände geschehen.

c) Verwendung von Si_3N_4 als Torisolator. Infolge der größeren Dielektrizitätskonstante von Si_3N_4 gegenüber SiO_2 kommt es zu einer Schwellspannungserniedrigung. Zwischen Si und Si_3N_4 muß aber noch eine sehr dünne SiO_2-Schicht eingebracht werden.
d) Durch Verwendung von dotiertem Silizium als Torelektrode läßt sich ebenfalls die Schwellspannung senken [55].

Die Arbeitsgeschwindigkeit kann durch Verringerung der parasitären Kapazitäten zwischen Tor und Quelle bzw. Senke gesteigert werden. Das kann durch genaue Justierung der Torelektrode geschehen. Sowohl die Siliziumtortechnik [55] als auch die Molybdäntortechnik [54] ermöglichen eine Selbstjustierung der Torelektrode, indem diese gleichzeitig als Diffusuionsmaske wirkt. Die Molybdäntortransistoren haben eine höhere Arbeitsgeschwindigkeit als die Siliziumtortransistoren, da der Schichtwiderstand von Molybdän kleiner ist als der von Silizium. Der Integrationsgrad (Bauelemente/Chip) wird von der Bauelementegröße, der Chipgröße und der zulässigen Verlustleistungsdichte bestimmt. Bild 71 zeigt die historische Entwicklung und den wahrscheinlichen Grenzwert des MIS-Integra-

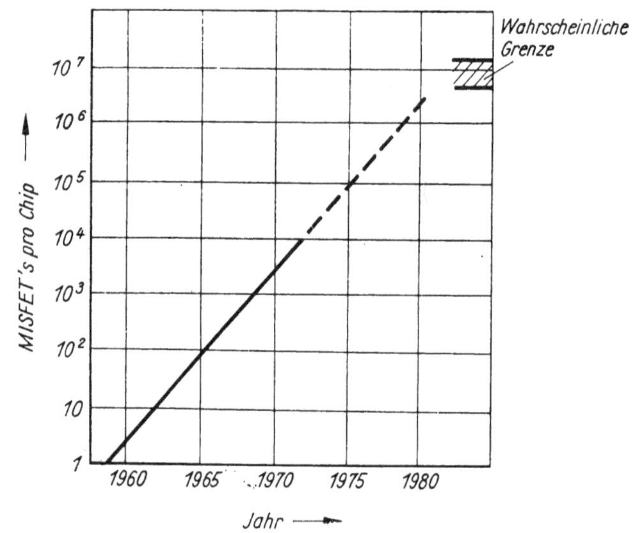

Bild 71. Historische Entwicklung des Integrationsgrades der MIS-Technik

tionsgrades [60]. Die minimale Kanallänge L eines MISFET (Bild 72) wird von der maximalen Senken-Quellen-Spannung und der Substratdotierung N_A bestimmt

$$L_{\min} = 2d_s = 2\sqrt{\frac{2\varepsilon_H(U_{SQ\,max} + U_D)}{eN_A}}\,. \tag{22}$$

Die untere Grenze für $U_{SQ\,max}$ ist $U_{SQ\,max} = U_{SS} = 2\ U_p = 1$ V. Die oberste Grenze für N_A ist $2 \cdot 10^{19}$ cm^{-3}. Oberhalb dieses Wertes verlieren infolge des einsetzenden Tunnelstromes die *pn*-Übergänge ihre Sperrfähigkeit. Der Grenzwert für N_A liegt aber wesentlich niedriger (10^{17} cm^{-3}) und wird von der Durchbruchfeldstärke ($3 \cdot 10^6$ V/cm) des Torisolators bestimmt. Bei einer minimalmöglichen Dicke $d_i = 0{,}1$ μm des Torisolators und einer Schwellspannung von 0,3···0,5 V

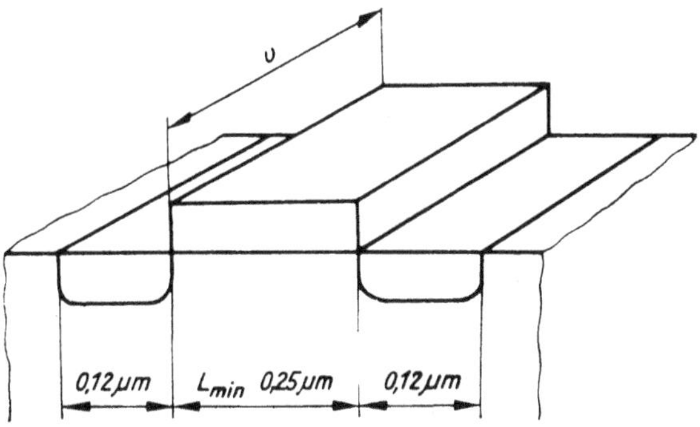

Bild 72. Prinzipieller Aufbau des MISFET

ist etwa eine Störstellenkonzentration von 10^{17} cm^{-3} festgelegt. Mit diesem Wert und $U_{SQmax} = 1$ V ergibt sich die elektronisch minimal mögliche Kanallänge von $L = 0{,}25$ µm (Ob und wann diese technologisch realisiert werden kann, und ob es elektronisch überhaupt sinnvoll ist, wird in diesem Zusammenhang nicht diskutiert).

Literaturverzeichnis

[1] *Hodges, S. A.*: Proc. IEEE **56** (1968), S. 1148—1162
[2] *Lynes, D. J.* u. *Hodges, D. A.*: IEEE Journ. **SC 5** (1970), S. 186—191
[3] *Iwersen, J. E.*, u. a.: IEEE Journ. **SC 2** (1967), S. 196—201
[4] *Farber, A. S.*, u. *Schlig, E. S.*: IEEE Journ. **SC 7** (1972), S. 297
[5] *Henn, H. H.*: IEEE Journ. **SC 6** (1971), S. 297
[6] *Philips, C. D.*: IEEE Journ. **SC 2** (1967), S. 156—172
[7] *Taniguchi, K.* u. a.: IEEE Journ. **SC 6** (1971), S. 289
[8] *Anh Nguyen-Hun*: Int. El. Rdsch. **22** (1968), S. 59—62
[9] *Berger, H. H.*, u. *Wiedmann, S. K.*: IEEE Journ. **SC 7** (1972), S. 340
[10] *Hart, K.*, u. *Slob, A.*: IEEE Journ. **SC 7** (1972), S. 346
[11] *Berger, H. H.*, u. *Wiedmann, S. K.*: Electronics **45** (1972), Nr. 4, S. 82—89
[12] *Gupta, A.*, u. *Lathrop, J. W.*: IEEE Journ. **SC 7** (1972), S. 389
[13] *Watson, G. F.*: Electronics **43** (1970), Nr. 3, S. 87
[14] *Peltzer, D.*, u. *Herndon, B.*: Electronics **44** (1971), Nr. 5, S. 52—55
[15] *Mudge, J.*, u. *Taft, K.*: Electronics **45** (1972), Nr. 15, S. 65
[16] *Thornley, R. F. M.*, u. a.: IEEE Trans. **ED 17** (1970), S. 961
[17] *Hoeneisen, B.*, u. *Mead, C. A.*: SSE **15** (1972), S. 891
[18] *Terman, L. M.*: Proc. IEEE **59** (1971), S. 1044—1058
[19] *Vadasz, L. L.*, u. a.: IEEE Spectrum (Oct. 1969), S. 28—34
[20] *Klein, T.*: IEEE Journ. **SC 4** (1969), S. 122—130
[21] *Igarashi, Y.*: AFIPS 30 (1967)
[22] *Mundy, J. L.*, u. a.: IEEE Journ. **SC 7** (1972), S. 364
[23] a) *McKenny, V.*: Electronics **44** (1971), Nr. 4, S. 80
b) *Crawford, B.*: Electronics **45** (1972), Nr. 9, S. 85—90
[24] *Altman, L.*: Electronics **45** (1972), Nr. 10, S. 106
[25] *Grundy, D. L.*: Electronics **45** (1972), Nr. 14, S. 96
[26] *Burgess, R. R.*, u. *Daniels, R. G.*: Electronics **44** (1971), Nr. 18, S. 38
[27] *Jutzi, W.*: El. Rechenanlagen **14** (1972), S. 19
[28] *Drangeid, K. E.*, u. a.: IEEE Journ. **SC 7** (1972), S. 277
[29] *Schröder, J.*, u. *Seidel, M.*: Wiss. Z. d. TU Dresden **21** (1972), S. 535—537
[30] *Crawford, R. H.*, u. *Bazin, B.*: IEEE Journ. **SC 4** (1969), S. 145—158

[31] *Lund, D.*, u. a.: Proc. AFIPS Fall Joint Computer Conf. (Dec. 1970), S. 53–62
[32] *Regitz, W. M.*, u. *Karp, J. A.*: IEEE Journ. **SC 5** (1970), S. 181–186
[33] *Cohen, L.*, u. a.: Electronics **44** (1971), Nr. 16, S. 69
[34] *Stein, K. U.*, u. a.: IEEE Journ. **SC 7** (1972), S. 336
[35] *Engeler, W. E.*, u. a.: IEEE Trans. **ED 18** (1971), S. 1125–1136
[36] *Nakanuma, S.*, u. a.: IEEE Journ. **SC 5** (1970), S. 203
[37] *Dill, H. G.*, u. *Toombs, T. N.*: SSE **12** (1969), S. 981–987
[38] *Wallmark, J. T.*, u. *Scott, J. H.*: RCA Rev. **30** (1969), S. 335)
[39] *Frohman-Bentchkowsky, D.*: IEEE Journ. **SC 6** (1971), S. 301
[40] *Wada, T.*, u. a.: IEEE Journ. **SC 7** (1972), S. 375
[41] *Frohman-Bentchkowsky, D.*: Proc. IEEE **58** (1970), S. 1207
[42] *Carlstedt, L. G.*, u. *Svensson, C. M.*: IEEE Journ. **SC 7** (1972), S. 382
[43] *Möschwitzer, A.*, u. *Pasch, L.*: Wirtschaftspatente der DDR WP 21 al/147657, WP 21 al/150445, WP G 11c/154236
[44] *Frohman-Bentchkowsky, D.*: Electronics **44** (1971), Nr. 10, S. 91
[45] *Tarui, Y.*, u. a.: IEEE Journ. **SC 7** (1972), S. 369
[46] *Boyle, W. S.*, u. *Smith, G. E.*: BSTJ **49** (1970), S. 587–593
[47] *Sangster, F. L. J.*, u. *Teer, K.*: IEEE Journ. **SC 4** (1969), S. 131–136
[48] *Altman, L.*: Electronics **45** (1972), Nr. 5, S. 62–63
[49] *Altman, L.*: Electronics **44** (1971), Nr. 13, S. 50
[50] *Engeler, W. E.*, u. a.: IEEE Journ. **SC 6** (1971), S. 306–313
[51] *Engeler, W. E.*, u. a.: IEEE Journ. **SC 7** (1971), S. 330
[52] *Berglund, C. N.*, u. *Strain, R. J.*: BSTJ **51** (1972), S. 655
[53] *Amelio, G. F.*: BSTJ **51** (1972), S. 705
[54] *Laughton, W. J.*: Electronics **44** (1971), Nr. 8, S. 68
[55] *Faggin, F.*, u. *Klein, T.*: SSE **13** (1970), S. 1125–1144
[56] *English, P. D.*: Microelectronics **3** (1970), S. 39
[57] *Macdougall, J.*, u. a.: Electronics **43** (1970), Nr. 13, S. 86
[58] *Macpherson, M. R.*: SSE **15** (1972), S. 1319–1326
[59] *Kostka, A.*, u. *Strack, H.*: Int. El. Rdsch. **25** (1971), S. 246
[60] *Hoeneisen, B.*, u. *Mead, C. A.*: SSE **15** (1972), S. 819
[61] *Altmann, L.*: Electronics **45** (1972), Nr. 18, S. 63

Anhang

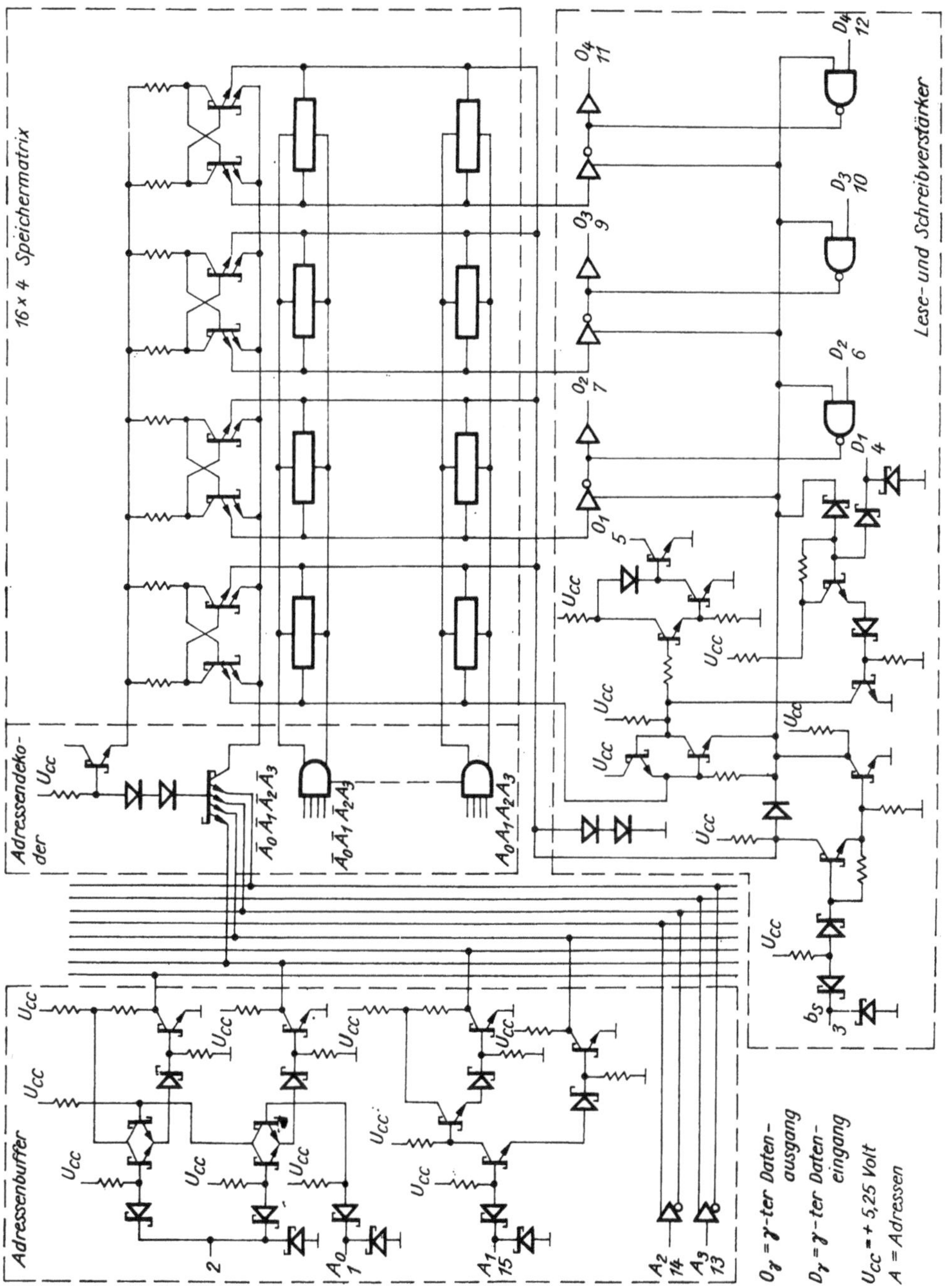

16 x 4 Speichermatrix
Lese- und Schreibverstärker
Adressendekoder
Adressenbuffer
O_γ = γ-ter Datenausgang
D_γ = γ-ter Dateneingang
U_{CC} = + 5,25 Volt
A = Adressen

A 1

A) Realisierungsbeispiel eines bipolaren Speicherchips in SB-TTL

Im Bild A.1 ist das Gesamtschaltbild des SB-TTL-Speicherchips 3101 der Firma INTEL, Mountain View (Calif.) dargestellt. Die Speichermatrix besteht aus 16 Worten zu 4 Bit. Die Speicherzellen sind Zweiemitterzellen gemäß Bild 13. Es handelt sich um ein volldekodiertes Chip, auf dem die Randelektronik (Lese/Schreibverstärker, Adressenbuffer, Adressendekoder) mit integriert ist. Die Zugriffszeit beträgt 60 ns und der Verlustleistungsverbrauch pro Bit $P_V = 6$ mW.
Im Bild A.2 sind das Blockschaltbild und in Bild A.3 der Anschlußplan des Dual-Inline-Gehäuses für den Speicher INTEL 3101 dargestellt.

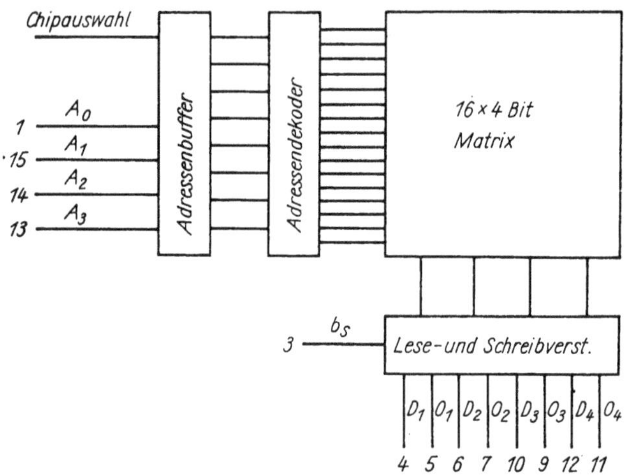

A 2

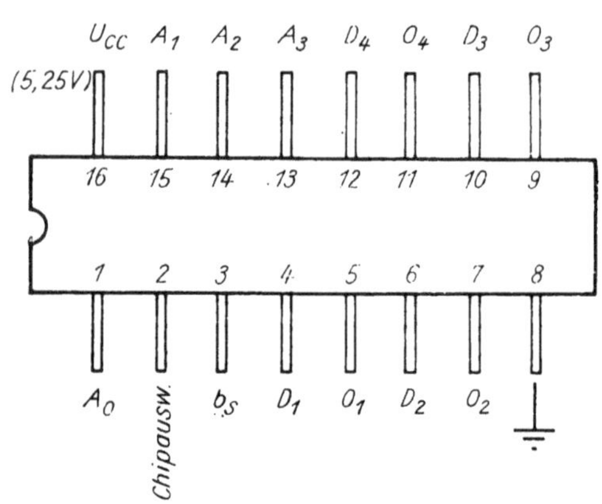

A 3

B) Realisierungsbeispiel eines MIS-Speicherchips

Im Bild A.4 ist das Gesamtschaltbild des MIS-Speicherchips 1101 der Firma INTEL, Mountain View (Calif.) dargestellt. Die Speichermatrix besteht aus 256 Bit. Die Speicherzellen sind Flip-Flop-Zellen gemäß Bild 27 mit p-Kanaltransistoren.

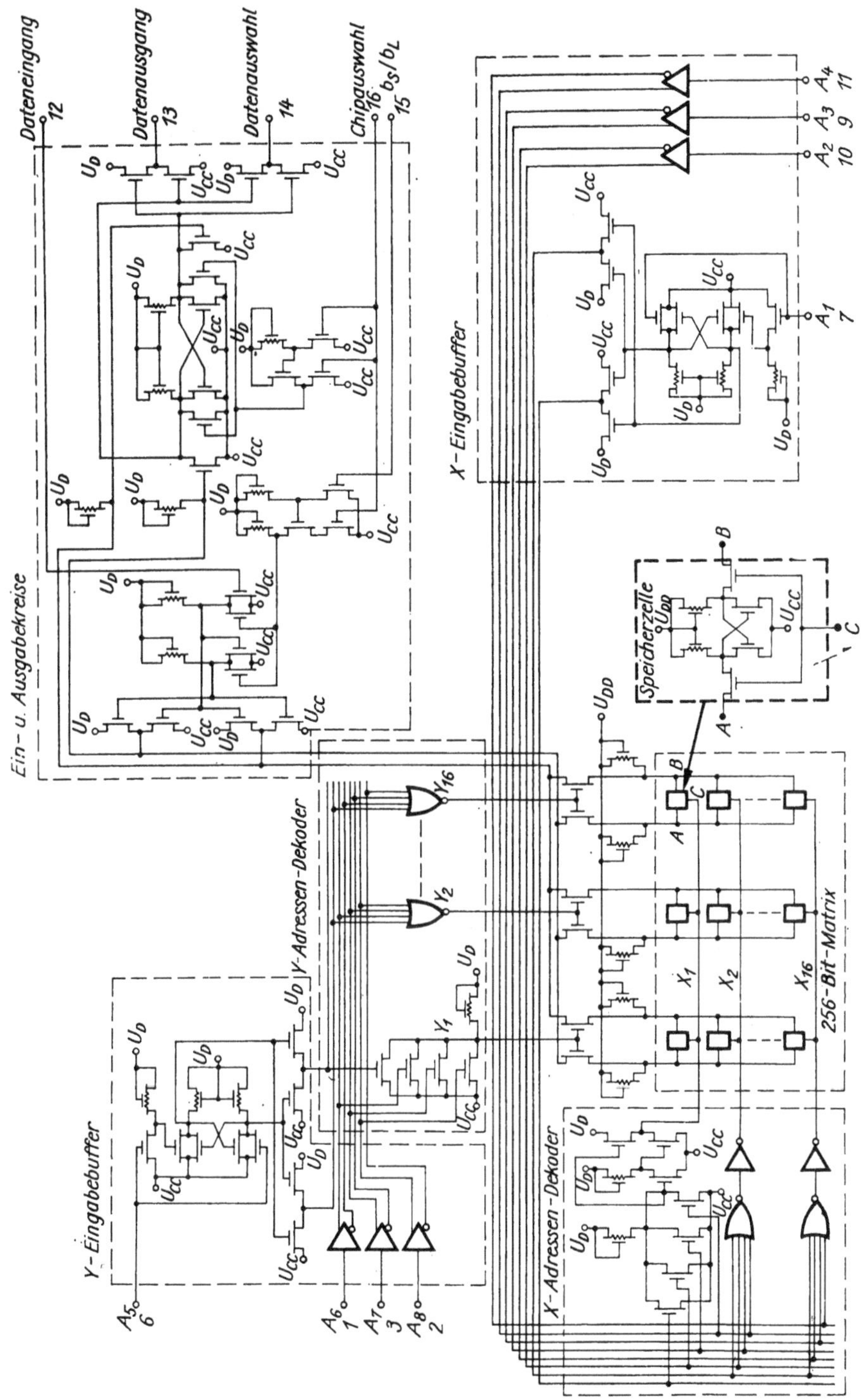
Dateneingang 12
Datenausgang 13
Datenauswahl 14
Chipauswahl 16
b_S/b_L 15
Ein- u. Ausgabekreise
X-Eingabebuffer
Speicherzelle
Y-Adressen-Dekoder
Y-Eingabebuffer
X-Adressen-Dekoder
256-Bit-Matrix

A 4

Es handelt sich um ein volldekodiertes Chip, auf dem die Randelektronik (Ein- und Ausgabebuffer, Dekodierschaltungen, Treiber) mit integriert ist. Die Zugriffszeit beträgt 1 μs (und kleiner) und der Verlustleistungsverbrauch pro Bit $P_V = 50\,\mu W$.
Im Bild A.5 sind das Blockschaltbild und in Bild A.6 der Anschlußplan des Dual-Inline-Gehäuses für den Speicher INTEL 1101 dargestellt.

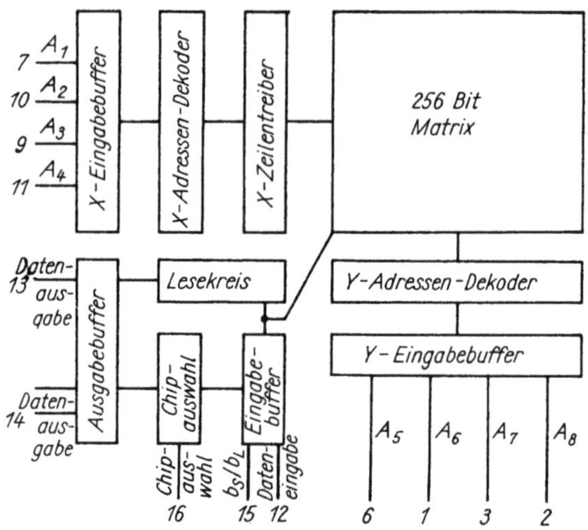

A5

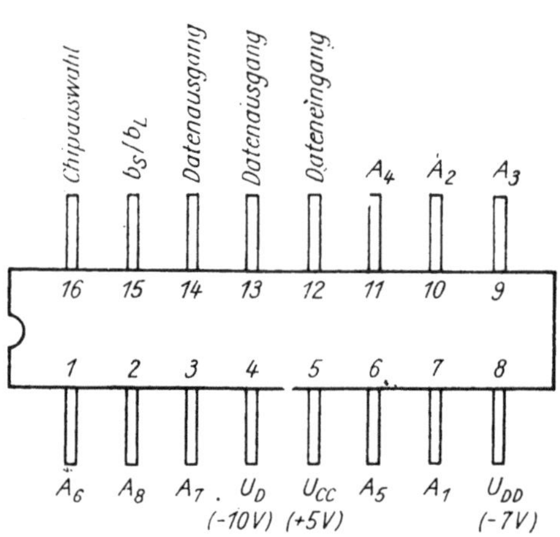

A6

Struktur, Eigenschaften und Anwendung von programmierbaren logischen Anordnungen

Von *E. Gläser* und *H. Schönyan*

VEB Kombinat Robotron

Die programmierbare logische Anordnung (LPA, programmable logic array) stellt eine Realisierungsform für hochintegrierte Schaltkreise auf der Basis des MOS-Transistors dar. Weitere Beispiele für LSI-Schaltkreise sind Festwertspeicher, Lese/Schreib-Speicher, Assoziativspeicher und Schaltkreise nach Kundenwunsch. Die genannten Speicherschaltkreise sind aus anwendungstechnischer Sicht als Universalschaltkreise zu betrachten, sie sind in funktionell unterschiedlichen Geräten anwendbar. Die Schaltkreise nach Kundenwunsch sind im Gegensatz zu den Speicherschaltkreisen ausschließlich für den Einsatz in einem einzelnen Gerät entworfen und gefertigt worden. Speicherschaltkreise und Schaltkreise nach Kundenwunsch erfüllen gleichermaßen die ökonomische Forderung nach großen Stückzahlen. Für Geräte mit nicht zu großen Stückzahlen stellen LSI-Schaltkreise mit PLA-Struktur eine Realisierungsmöglichkeit dar.

1. Struktur und Eigenschaften einer PLA

Einen Überblick über die Komponenten einer PLA und deren Zusammenwirken vermittelt Bild 1. Mit E_1 bis E_k werden die Eingangssignale, mit A_1 bis A_l die Ausgangssignale, mit Q_1 bis Q_m die internen Ausgangssignale der taktgesteuerten *J-K*-Master-Slave-Flipflops, mit J_1 bis J_m und K_1 bis K_m die zu den m *J-K*-Flipflops gehörenden internen Vorbereitungssignale, mit P_1 bis P_n interne Zwischensignale bezeichnet. Zu den Eingangssignalen E und Flipflopausgangssignalen Q werden die komplementären Signale mittels Negatoren gebildet. Die Eingangssignale E, die Flipflopausgangssignale Q und die Komplemente dieser Signale führt man einer ersten Verknüpfungsmatrix (UND-Matrix) zu. Die Ausgangssignale P der UND-Matrix sind die Eingangssignale einer zweiten Verknüpfungsmatrix (ODER-Matrix). Die Ausgangssignale der ODER-Matrix stellen die *J*- und *K*-Vorbereitungssignale der *J-K*-Master-Slave-Flipflops und die logischen Ausgangssignale A der PLA dar.
Jedes Ausgangssignal einer Verknüpfungsmatrix (P, J, K, A) ist das Ausgangssignal eines MOS-NAND-Gatters (bei positiver Logik). Die MOS-NAND-Gatter können maximal so viele Eingänge besitzen, wie die Verknüpfungsmatrizen Eingangssignale haben. Die Signale P sind also NAND-Funktionen der Eingangssignale E, der Flipflopausgangssignale Q und deren Komplemente, die Signale J, K, A stellen demzufolge NAND-Funktionen der Signale P oder eine Disjunktion von Konjunktionen der Eingangssignale E, deren Komplemente und der Flipflopzustände Q dar. Die logischen Funktionen J und K bilden in Verbindung mit den

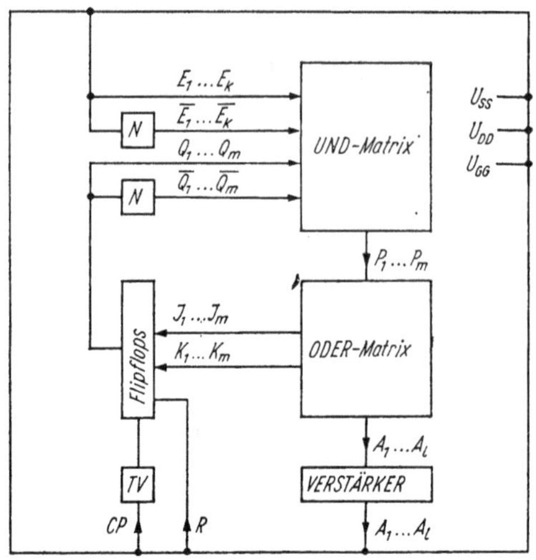

Bild 1. Komponenten einer PLA, Signalbezeichnungen

L: N-Negatoren, TV-Taktverstärker, U_{SS}, U_{DD}, U_{GG}-Versorgungsspannungen

taktgesteuerten J-K-Flipflops den sequentiellen Teil, die Funktionen A stellen den kombinatorischen Teil eines Schaltwerkes dar. Die Einstellung der J-K-Flipflops auf einen Anfangszustand erfolgt, wenn an die gemeinsame Rücksetzleitung R „0" angelegt wird. Die Übernahme der J- und K-Vorbereitungssignale in die Master-Teile der Flipflops und die Abschaltung der Slave-Teile von den Master-Teilen beginnt mit dem Übergang des Taktsignals C_P in den „1" Zustand. Mit dem Übergang des Taktsignals C_P zurück in den „0" Zustand werden die J- und K-Vorbereitungssignale von den Master-Teilen abgeschaltet und es beginnt die Übernahme der Inhalte der Master-Teile der Flipflops in die Slave-Teile der Flipflops.

Die Realisierung der Negatoren, NAND-Gatter und Flipflops erfolgt mit den bekannten MOS-Schaltungen. Die Festlegung der Funktionen (P, J, K, A) einer PLA wird in den beiden Verknüpfungsmatrizen vorgenommen. In diesen Matrizen werden nur dann die Gates der MOS-Transistoren der NAND-Gatter ausgebildet, wenn die Eingangssignale E und Flipflopzustände Q in die Ausgangsfunktionen (P, J, K, A) als Variable eingehen.

Beim Herstellungsprozeß einer PLA ist jeweils eine Maske des Maskensatzes neu anzufertigen. Es ist die Maske, mit der die Ausbildung der Gates der MOS-NAND-Gatter in den Verknüpfungsmatrizen vorgenommen wird.

Zur Ermittlung des Aufwandes einer PLA an MOS-Transistoren und MOS-Lasttransistoren werden ihre Komponenten herangezogen; das sind die Negatoren vor der UND-Matrix, die NAND-Gatter in beiden Verknüpfungsmatrizen und die Gatter zur Realisierung der J-K-Master-Slave-Flipflops. Eine PLA beinhaltet $k + m$ Negatoren, in der UND-Matrix n MOS-NAND-Gatter, in der ODER-Matrix $2m + l$ MOS-NAND-Gatter und je J-K-Master-Slave-Flipflop 8 MOS-NAND-Gatter. In den Negatoren sind $k + m$ MOS-Transistoren und $k + m$ MOS-Lasttransistoren, in den NAND-Gattern der UND-Matrix $2(k + m)\, n$ MOS-Transistoren und n MOS-Lasttransistoren, in den NAND-Gattern der ODER-Matrix $(2m + l)$-n MOS-Transistoren und $2m + l$ MOS-Lasttransistoren, in den Flipflops $20m$ MOS-Transistoren und $8m$ MOS-Lasttransistoren vorhanden. Bezeichnet man mit T

die Anzahl der MOS-Transistoren und mit W die Anzahl der MOS-Lasttransistoren, dann vermitteln die Gleichungen (1) und (2) einen Überblick über den Aufwand einer PLA an Bauelementen.

$$T = (4m + 2k + l)\, n + 21m + k\,, \tag{1}$$

$$W = 11m + k + l + n\,. \tag{2}$$

Gleichung (2) vermittelt gleichzeitig einen Überblick über die Anzahl der Gatter einer PLA.

Legt man die Werte $k = 17$, $l = 18$, $m = 8$, $n = 60$ des PLA-Schaltkreises TMS 2000 JC [1] von Texas Instruments zugrunde, dann beinhaltet dieser Schaltkreis 5225 MOS-Transistoren und 183 MOS-Lasttransistoren (ungefähr 5400 MOS-Elemente) und ist 183 MOS-NAND-Gattern äquivalent.

Neben den funktionellen Eigenschaften einer PLA (Anzahl der Eingangssignale, Anzahl der Ausgangssignale, Anzahl der J-K-Flipflops, Anzahl der möglichen Verknüpfungen in der UND-Matrix) sind für eine effektive Anwendung die elektrischen Eigenschaften der Eingänge und Ausgänge von Bedeutung. Speziell sind die Zusammenschaltungsbedingungen einer PLA mit MOS-Schaltkreisen und bipolaren Schaltkreisen (TTL-Schaltkreisen) von Interesse. Der PLA-Schaltkreis TMS 2000 JC besitzt an seinen Eingängen wahlweise einen Widerstand und für die Ausgänge der PLA sind zwei Varianten von Ausgangsverstärkern wählbar. Man kann zwischen einem Gegentaktausgangsverstärker (push pull buffer) und einem Verstärker mit offenem Ausgang (open ended buffer) wählen. Der Gegentaktausgangsverstärker wird benutzt, wenn eine PLA nur mit MOS-Schaltungen zusammenarbeiten soll. Der Verstärker mit offenem Ausgang wird erforderlich, wenn in MOS-Schaltungen die Eigenschaft der Parallelschaltung der Ausgänge einer PLA angewendet werden soll. Der Widerstand je Eingang und der Verstärker mit offenem Ausgang sind vorzusehen, wenn die PLA-Eingänge von TTL-Schaltungen getrieben werden und wenn die PLA-Ausgänge die Eigenschaft der Parallelschaltung (wired or) besitzen sollen oder wenn die Ausgänge TTL-Schaltungen treiben sollen. Je Signalausgang mit offenem Transistor ist ein diskreter Widerstand vorzusehen.

Die Verzögerungszeiten des Schaltkreises TMS 2000 JC von den Eingängen zu einem Ausgang, von den Flipflopausgängen zu einem Ausgang und von den Eingängen bis zu den Eingängen der Flipflops (Signale J, K) liegen im Bereich von 1 µs bis 2 µs.

2. Anwendung von PLA

Die erläuterten Eigenschaften der PLA-Schaltkreise ermöglichen prinzipiell die Realisierung beliebiger logischer Komplexe in den Grenzen der jeweiligen PLA-Parameter (Anzahl der Eingänge, Ausgänge, Konjunktionen und Flipflops), z. B. Codier- und Decodierschaltungen, Zähler, Schieberegister usw. Bei der Anwendung von PLA sollte jedoch angestrebt werden, die gebotenen logischen Möglichkeiten weitgehend auszunutzen.

Als Anwendungsbeispiel zur Erläuterung der logischen Möglichkeiten wird im folgenden die Realisierung eines achtstufigen Vor-Rückwärtszählers, der sowohl dual als auch dezimal arbeiten kann und einstellbar ist, mit dem Schaltkreis TMS 2000 JC dargestellt.

Belegung der Eingänge:

E_1 bis E_8	–	Dateneingänge 1 bis 8
E_9	–	Steuersignal Laden (Übernahme E_1 bis E_8 in die acht Flipflops des Zählers)
E_{10}	–	Steuersignal Vorwärtszählen
E_{11}	–	Steuersignal Rückwärtszählen
E_{12}	–	Steuersignal zur Operationssteuerung (L — dual, 0 — dezimal)
E_{13} bis E_{17}	–	nicht belegt.

Belegung der Ausgänge:

A_1 bis A_8	–	Flipflopausgänge Q_1 bis Q_8
A_9 bis A_{18}	–	nicht belegt.

Erforderliche logische Verknüpfungen zur Bildung der Flipflop-Eingangssignale J_i und K_i und der Ausgangssignale A_i:

$$
\begin{aligned}
J_1 &= E_1 \cdot E_9 + E_{10} + E_{11} \\
K_1 &= \bar{E}_1 \cdot E_9 + E_{10} + E_{11} \\
J_2 &= E_2 \cdot E_9 + E_{10} \cdot E_{12} \cdot Q_1 + E_{11} \cdot E_{12} \cdot \bar{Q}_1 + E_{10} \cdot \bar{E}_{12} \cdot Q_1 \cdot \bar{Q}_4 \\
&\quad + E_{11} \cdot \bar{E}_{12} \cdot \bar{Q}_1 \cdot Q_2 + E_{11} \cdot \bar{E}_{12} \cdot \bar{Q}_1 \cdot \bar{Q}_2 \cdot Q_3 + E_{11} \cdot \bar{E}_{12} \cdot \bar{Q}_1 \cdot \bar{Q}_2 \cdot Q_4 \\
K_2 &= \bar{E}_2 \cdot E_9 + E_{10} \cdot E_{12} \cdot Q_1 + \cdots \\
J_3 &= E_3 \cdot E_9 + E_{10} \cdot Q_1 \cdot Q_2 + E_{11} \cdot E_{12} \cdot \bar{Q}_1 \cdot \bar{Q}_2 + E_{11} \cdot \bar{E}_{12} \cdot \bar{Q}_1 \cdot \bar{Q}_2 \cdot Q_3 \\
&\quad + E_{11} \cdot \bar{E}_{12} \cdot \bar{Q}_1 \cdot \bar{Q}_2 \cdot Q_4 \\
K_3 &= \bar{E}_3 \cdot E_9 + E_{10} \cdot Q_1 \cdot Q_2 + \cdots \\
J_4 &= E_4 \cdot E_9 + E_{10} \cdot Q_1 \cdot Q_2 \cdot Q_3 + E_{11} \cdot \bar{Q}_1 \cdot \bar{Q}_2 \cdot \bar{Q}_3 + E_{10} \cdot \bar{E}_{12} \cdot Q_1 \cdot Q_4 \\
K_4 &= \bar{E}_4 \cdot E_9 + \cdots \\
J_5 &= E_5 \cdot E_9 + E_{10} \cdot E_{12} \cdot Q_1 \cdot Q_2 \cdot Q_3 \cdot Q_4 + E_{11} \cdot \bar{Q}_1 \cdot \bar{Q}_2 \cdot \bar{Q}_3 \cdot \bar{Q}_4 + E_{10} \cdot \bar{E}_{12} \cdot Q_1 \cdot Q_4 \\
K_5 &= \bar{E}_5 \cdot E_9 + \cdots \\
J_6 &= E_6 \cdot E_9 + E_{10} \cdot E_{12} \cdot Q_1 \cdot Q_2 \cdot Q_3 \cdot Q_4 \cdot Q_5 + E_{11} \cdot E_{12} \cdot \bar{Q}_1 \cdot \bar{Q}_2 \cdot \bar{Q}_3 \cdot \bar{Q}_4 \cdot \bar{Q}_5 \\
&\quad + E_{10} \cdot \bar{E}_{12} \cdot Q_1 \cdot Q_4 \cdot Q_5 \cdot \bar{Q}_8 + E_{11} \cdot \bar{E}_{12} \cdot \bar{Q}_1 \cdot \bar{Q}_2 \cdot \bar{Q}_3 \cdot \bar{Q}_4 \cdot \bar{Q}_5 \cdot Q_6 \\
&\quad + E_{11} \cdot \bar{E}_{12} \cdot \bar{Q}_1 \cdot \bar{Q}_2 \cdot \bar{Q}_3 \cdot \bar{Q}_4 \cdot \bar{Q}_5 \cdot \bar{Q}_6 \cdot Q_7 + E_{11} \cdot \bar{E}_{12} \cdot \bar{Q}_1 \cdot \bar{Q}_2 \cdot \bar{Q}_3 \cdot \bar{Q}_4 \cdot \bar{Q}_5 \cdot \bar{Q}_6 \cdot Q_8 \\
K_6 &= \bar{E}_6 \cdot E_9 + \cdots \\
J_7 &= E_7 \cdot E_9 + E_{10} \cdot E_{12} \cdot Q_1 \cdot Q_2 \cdot Q_3 \cdot Q_4 \cdot Q_5 \cdot Q_6 + E_{10} \cdot \bar{E}_{12} \cdot Q_1 \cdot Q_4 \cdot Q_5 \cdot Q_6 \\
&\quad + E_{11} \cdot E_{12} \cdot \bar{Q}_1 \cdot \bar{Q}_2 \cdot \bar{Q}_3 \cdot \bar{Q}_4 \cdot \bar{Q}_5 \cdot \bar{Q}_6 + E_{11} \cdot \bar{E}_{12} \cdot \bar{Q}_1 \cdot \bar{Q}_2 \cdot \bar{Q}_3 \cdot \bar{Q}_4 \cdot \bar{Q}_5 \cdot \bar{Q}_6 \cdot Q_7 \\
&\quad + E_{11} \cdot \bar{E}_{12} \cdot \bar{Q}_1 \cdot \bar{Q}_2 \cdot \bar{Q}_3 \cdot \bar{Q}_4 \cdot \bar{Q}_5 \cdot \bar{Q}_6 \cdot Q_8 \\
K_7 &= \bar{E}_7 \cdot E_9 + \cdots \\
J_8 &= E_8 \cdot E_9 + E_{10} \cdot E_{12} \cdot Q_1 \cdot Q_2 \cdot Q_3 \cdot Q_4 \cdot Q_5 \cdot Q_6 \cdot Q_7 \\
&\quad + E_{11} \cdot \bar{Q}_1 \cdot \bar{Q}_2 \cdot \bar{Q}_3 \cdot \bar{Q}_4 \cdot \bar{Q}_5 \cdot \bar{Q}_6 \cdot \bar{Q}_7 + E_{10} \cdot \bar{E}_{12} \cdot Q_1 \cdot Q_4 \cdot Q_5 \cdot Q_6 \cdot Q_7 \\
&\quad + E_{10} \cdot \bar{E}_{12} \cdot Q_1 \cdot Q_4 \cdot Q_5 \cdot Q_8 \\
K_8 &= \bar{E}_8 \cdot E_9 + \cdots \\
A_1 &= Q_1 \cdots A_8 = Q_8
\end{aligned}
$$

Die Ausdrücke für J_i, K_i und A_i sind in disjunktiver Form dargestellt und lassen sich unmittelbar in dieser Form durch die UND- und die ODER-Matrix in der PLA realisieren. Die Ausdrücke für J_i und K_i unterscheiden sich jeweils nur im ersten Term, der für die Ladeoperation benötigt wird. Die restlichen jeweils gleichen Ausdrücke sind für die Zähloperationen erforderlich.

Die angegebenen Beziehungen für J_i und K_i stellen nur eine mögliche Realisierungsform des vorgegebenen Zählers mit einer PLA dar; es sind durchaus andere Realisierungen denkbar, unter Umständen bei Verwendung von Zwischensignalen A_j, die als Eingangssignale wieder in die PLA zurückgeführt werden. Für die angegebene Realisierungsform werden 51 Konjunktionen mit maximal 9 Eingängen benötigt.
Die Eignung von PLA für die Realisierung größerer Komplexe wurde am Beispiel eines vorhandenen logischen Entwurfs untersucht. Dieser Entwurf wurde mit der Baureihe KME 20 entworfen und enthielt 212 Schaltkreise dieser Baureihe. Als PLA-Typ wurde wieder der Schaltkreis TMS 2000 JC zugrunde gelegt. Die Untersuchung führte zu folgenden Ergebnissen:

- Der gesamte Entwurf ließ sich relativ günstig auf PLA umsetzen.
- Es waren 15 PLA erforderlich, d. h., im Mittel ließen sich mit einer PLA etwa 14 KME 20-Schaltkreise ersetzen.
- Die vorhandenen Eingänge (17) und Flipflops (8) der PLA wurden im Mittel zu mehr als 95% ausgenutzt, während die Ausnutzung der Ausgänge (18) und Konjunktionen (60) nur bei etwa 75% lag.
- Im Mittel wurden in jeder Konjunktion 3 Eingangssignale (E, Q) und in jeder Disjunktion 2 Eingangssignale (P) verknüpft.

3. Ermittlung optimaler PLA-Parameter

Der Hersteller von PLA-Schaltkreisen steht vor dem Problem, die Parameter k, l, m und n so festzulegen, daß eine möglichst universelle Anwendbarkeit gegeben ist. Die beiden PLA-Schaltkreise von Texas Instruments haben folgende Werte:

TMS 2000 JC: $k = 17, \quad l = 18, \quad m = 8, \quad n = 60;$

TMS 2200 JC: $k = 13, \quad l = 10, \quad m = 10, \quad n = 72.$

Es ist jedoch nicht bekannt, nach welchen Kriterien die Festlegung dieser Parameter erfolgte.
Bei Anwendungsuntersuchungen mit diesen beiden Schaltkreistypen zeigte sich, daß sich nur der Typ MTS 2000 JC relativ gut verwenden ließ, während der Typ TMS 2200 JC auf Grund der im Verhältnis zu der Zahl der Flipflops und Konjunktionen geringen Zahl an Ein- und Ausgängen nur in Sonderfällen geeignet war.
Auf Grund von entsprechenden Untersuchungen wurden in Abhängigkeit von der Flipflopanzahl m folgende Parameterwerte als optimal für eine universelle Anwendung ermittelt:

1. $m = 8, \quad n = 60, \quad k = 18, \quad l = 15;$
2 $m = 4, \quad n = 40, \quad k = 16, \quad l = 13;$
3. $m = 2, \quad n = 30, \quad k = 12, \quad l = 9.$

Diese drei Typen unterscheiden sich jeweils um einen Faktor 2 im Integrationsgrad (Zahl der MOS-Transistoren). PLA mit weniger als 2 Flipflops (eventuell auch schon mit 2) sind höchstwahrscheinlich unökonomisch, da sie im Verhältnis zu niedrig integrierten Grundschaltkreisen, z.B. der Baureihe KME 20, trotz ihres hohen Integrationsgrades logisch nur wenig leistungsfähiger sind. PLA mit mehr als 8 Flipflops dürften ebenfalls unzweckmäßig sein; die Entwicklungstendenzen bei den dafür erforderlichen sehr hohen Integrationsgraden (mehrere tausend MOS-Transistoren) gehen in Richtung zu speziellen Schaltkreisen mit hohem Funktionsumfang. Ein Beispiel hierfür ist der Rechnerschaltkreis TMS 1802 NC, der die gesamte Logik für einen Taschenrechner enthält.

Literaturverzeichnis

[1] MOS/LSI from Texas Instruments **CB-126** (Oktober 1970)

[2] *Wahlstrom, S. E.*: Programable logik arrays-cheaper by the millions, Electronics **40** (1967), 90–95

Berechnung des elektrischen Netzwerkes und seiner Bauelemente

Das bipolare Transistormodell

Von *R. Paul*

Hochschule für Verkehrswesen, Dresden

Übersicht

In modernen elektronischen Festkörperbauelementen wirken meist viele physikalische Vorgänge gleichzeitig und bestimmen in ihrer Gesamtheit das äußere Klemmenverhalten. Für Verständnis, Entwurf und schaltungstechnische Beschreibung dieser Klemmeneigenschaften ist es notwendig, die einzelnen Mechanismen zu „entflechten“ und sie durch einfachere „Modelle“ syntheseartig darzustellen [1]. Die Aufgabe einer solchen „Modellierung“ umfaßt jedoch mehr, zählen doch hierzu nicht nur jene Beschreibungen des physikalisch-elektrischen Verhaltens einschließlich der mathematischen Gleichungen, sondern auch

— Aussagen über die Bauelementetopologie,
— Methoden zur Ermittlung von „Näherungsbeschreibungen“ (z.B. der Kennlinien),
— Verfahren zur Ermittlung zweckmäßiger Kenngrößen, die einerseits hohe Aussagekraft über physikalisch-elektronische Parameter haben, andererseits leicht meßbar und applikativ bedeutsam sind.

So aufgefaßt, gehören zur Modellierung demnach

1. Modelle zum besseren Verständnis des Bauelementwirkprinzips: physikalische Modelle.
2. Modelle zur ingenieurmäßigen Handhabe der Bauelementeeigenschaften für Analyse und Entwurf von Schaltungen: Schaltungsmodelle.
3. Modelle für den rechnergestützten Systementwurf: mathematische Modelle.

Allgemein ergeben sich so an ein Bauelementemodell bestimmte Anforderungen:

1. Beschreibung der wesentlichen, im Bauelement ablaufenden physikalischen Vorgänge. Dabei handelt es sich gewöhnlich um dreidimensionale, stark nichtlineare Prozesse.
2. Die direkte Beziehung zur Bauelementemorphologie ist erforderlich.
3. Einbezug bestimmter Parameter und Größen, die
   — eng mit den physikalischen Vorgängen und der Geometrie in Wechselwirkung stehen und die theoretischen Bauelementeeigenschaften ergeben,
   — eng mit den elektronischen Eigenschaften kommunizieren und daher gut meßbar sind.
4. Aufbau möglichst als lineare oder quasilineare Anordnung, jedoch sollen eine Reihe typischer nichtlinearer Effekte wie Hochinjektion, Generation-Rekombination in der Raumladungszone u. a. m. wenigstens vom Ansatz her mit erfaßt werden können.
5. Kompatibilität mit der numerischen Schaltungsanalyse.

6. Die Anwendung in großem Arbeits- und Frequenzbereich muß möglich sein. Das Modell soll so aufgebaut sein, daß es als Grundlage weit vereinfachter und leicht optimierbarer Modelle (Ersatzschaltungen) benutzt werden kann.
7. Ausreichende Genauigkeit für die gegebenen Aufgabenstellungen.

Überprüft man die gegenwärtig vorhandenen Modelle auf diese Kriterien hin, so läßt sich keines angeben, das alle Forderungen in gleicher Weise gut erfüllt. Je nach Aufgabenstellung ist daher der einen oder anderen Variante der Vorzug zu geben.

Unabhängig vom betreffenden Modell sind zur Modellierung folgende Schritte nötig (Bild 1):

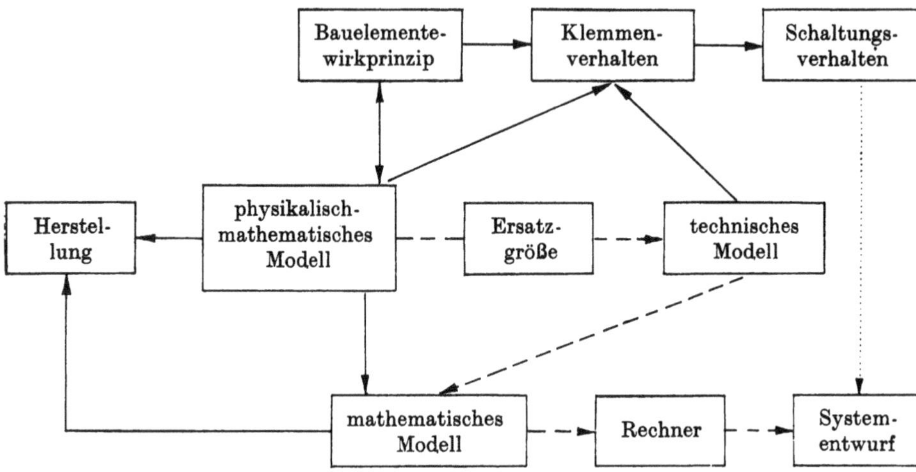

Bild 1. Grundprinzip der Modellierung

1. Verständnis des Bauelementewirkprinzips.
2. Aufstellung der mathematischen Grundgleichungen. Im Ergebnis leitet man daraus physikalische Modelle ab, gleichzeitig ergibt die Lösung des Grundgleichungssystems das Klemmenverhalten des Bauelementes unter verschiedenen Betriebsbedingungen. Nach der Art und Weise der Lösung unterscheiden sich die einzelnen physikalischen Modelle. Sehr bekannte Anordnungen dieser Art sind z.B. das Zawels- und Linvillmodell (s. u.).
3. Die weitere Verarbeitung erfolgt entweder
   - in Richtung einer Ersatzschaltung (technisches Modell) oder
   - computerorientiert (mathematisches Modell, Schaltungsanalyse und -entwurf).

   Im Ergebnis dieses Schrittes ergibt sich beim technischen Modell, das aus dem physikalischen Modell mittels meßtechnisch zweckmäßiger Ersatzgrößen (Ersatzschaltelemente) gewonnen wird, ebenfalls das Klemmenverhalten des Elementes. Die T-Ersatzschaltung des Transistors (s. u.), das sog. Ebers-Moll-Modell, gehört zu dieser Kategorie.
4. Wird die Ersatzschaltung als technisches Modell gewählt, so gelingt es häufig, Sekundäreffekte (wie z.B. Bahnwiderstände und parasitäre Kapazitäten) relativ einfach in das Modell einzubeziehen. Umgekehrt bereitet die Modellierung mehrdimensionaler Effekte Schwierigkeiten. Technische Ersatzschaltungen beschränken sich daher vorwiegend auf eindimensionale Vorgänge.

Technische Ersatzschaltungen erfreuen sich besonders bei der einfachen Schaltungsanalyse einer großen Verbreitung, weniger beim rechnergestützten Schaltungsentwurf.

5. Die Einführung von möglichst gut meßbaren Ersatzschaltelementen erleichtert die Bauelemente- und Schaltungsanalyse, gelingt es doch hierdurch, das praktische Verhalten des Elementes rückwirkend durch ein Modell quantitativ zu beschreiben. Solche Ersatzschaltungen wurden in vielfältiger Form entwickelt.
6. Das mathematische Modell basiert grundsätzlich auf Rechnerauswertung der Grundgleichungen. Es kann daher beliebig genau gehalten werden und ist in hohem Maße geeignet, den Zusammenhang Bauelementewirkprinzip-Herstellungseinfluß- und Klemmeneigenschaften zu erfassen. Es gestattet somit Aussagen über die Näherungsgüte zwischen technischem und physikalischem Modell, läßt aber naturgemäß Wünsche zur praktischen Anwendbarkeit offen.

1. Modellierungsgrundlagen

1.1. Grundgleichungen

Ausgang der Modellierung ist das Transistorwirkprinzip: Verkopplung des Minoritätsinjektionsprinzips eines flußgepolten *pn*-Überganges mit einem sperrgepolten, d. h. minoritätsträgersammelnden *pn*-Übergang über ein gemeinsames sog. „kurzes" Bahngebiet im einkristallinen Halbleiter.

Prinzipiell gehorcht auch diese Grundidee einer Reihe allgemeiner, das Verhalten der Ladungsträger im Festkörper beschreibender Grundgleichungen (Bild 2). Sie

Grundgleichungen (Maxwellgleichungen)

$$\operatorname{rot} \boldsymbol{H} = \boldsymbol{S} + \frac{\partial \boldsymbol{D}}{\partial t} = \boldsymbol{S}_{\text{tot}} \quad \text{Durchflutungssatz}$$

$$\operatorname{rot} \boldsymbol{E} = -\frac{\partial \boldsymbol{B}}{\partial t} \quad \text{Induktionsgesetz}$$

Nebenbedingungen

$$\operatorname{div} \boldsymbol{B} = 0\,, \quad \operatorname{div} \boldsymbol{D} = q(p - n + N_{\text{D}}^{+} - N_{\text{A}}^{-})$$

Poissonsche Gleichung

Materiegleichungen:

$$\boldsymbol{D} = \varepsilon \cdot \boldsymbol{E}\,, \quad \boldsymbol{B} = \mu \cdot \boldsymbol{H}$$

Transportgleichungen

$$\boldsymbol{S}_{\text{n}} = f_1(\boldsymbol{E}, \boldsymbol{B}, \operatorname{grad} T)$$

$$\boldsymbol{S}_{\text{p}} = f_2(\boldsymbol{E}, \boldsymbol{B}, \operatorname{grad} T)$$

Erhaltungssatz (Kontinuitätsgleichungen)

$$-\frac{\partial n}{\partial t} = U_{\text{n}} - G_{\text{a}} - \frac{1}{q} \operatorname{div} \boldsymbol{S}_{\text{n}}$$

$$-\frac{\partial p}{\partial t} = U_{\text{p}} - G_{\text{a}} + \frac{1}{q} \operatorname{div} \boldsymbol{S}_{\text{p}}$$

← Anfangs- und Randwerte
z. B.:
– Oberflächenrekombination,
– Neutralkontakt
– Injektion,
– Signalform

← ev. weitere physikalische Mechanismen (Wechselwirkungen)

← Physikalische Mechanismen,
z. B.
– Rekombination
– Generation
– Vervielfachung

Bild 2. System der Grundgleichungen

schrumpfen unter vereinfachenden Bedingungen (wie: kein Magnetfeld und Temperaturgradient) auf die bekannten Transport- und Kontinuitätsgleichungen sowie die Poissonsche Gleichung für Löcher und Elektronen zusammen. Die Lösung dieses nichtlinearen partiellen Differentialgleichungssystems erfordert zusätzliche Angaben über Rekombinations- und Generationsmechanismen in den drei Bahngebieten und den Raumladungszonen sowie Rand- und Anfangswerte aus physikalischer Sicht (z.B. Rekombinationsverhältnisse an den Kontakten, Oberflächenrekombination, äußere Erregungsursachen und deren Zeitverhalten (z.B. Sinus-, Impulsspannung) und natürlich die völlige Kenntnis der Bauelementegeometrie.
Eine geschlossene Lösung dieses Systems für den gesamten Transistor gelingt analytisch nicht, allerdings führen verschiedene (mehr oder weniger gut erfüllte) Annahmen auf Vereinfachungen, von denen die wichtigsten lauten:

1. Einteilung des Transistors in Emitter- und Kollektorraumladungszonen und quasineutrale Emitter-, Kollektor- und Basisbahngebiete. Dadurch gelingt es, gebietsweise gültige vereinfachte Lösungen unter Beachtung typischer Effekte zu erhalten. Durch gegenseitige Anpassung der Teillösungen der einzelnen Bereiche resultiert das Gesamtverhalten.
2. Die Einteilung in verschiedene räumliche Bereiche basiert auf der Dominanz typischer Effekte im betreffenden Gebiet bei speziellen Betriebsbedingungen. Dadurch gelingt eine Entkopplung des obigen Differentialgleichungssystems derart, daß das Verhalten der Minoritätsträger getrennt untersucht werden

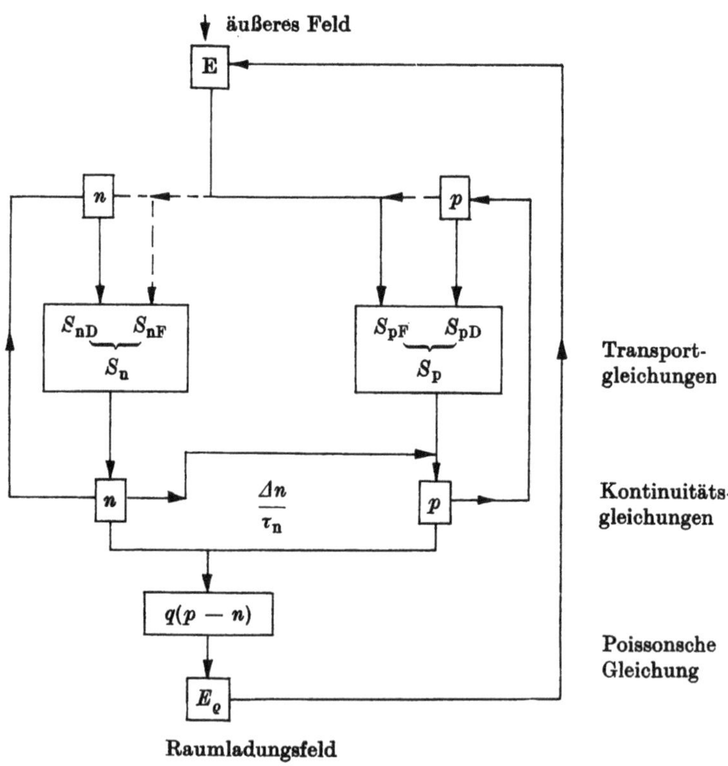

Bild 3. Verkopplung des Grundgleichungssystems beim p-Halbleiter unter Feldeinfluß

kann (Bild 3). Beispielsweise erhalten wir für die Minoritätsträger (z. B. Löcher im n-Basisgebiet) das vereinfachte Gleichungssystem unter Neutralbedingungen zu:

$$\boldsymbol{S}_p = qD_p \operatorname{grad} p \tag{1}$$

$$\frac{1}{q} \operatorname{div} \boldsymbol{S}_p + \frac{\Delta p}{\tau_p} - G_a = - \frac{\partial \Delta p_n}{\partial t}, \tag{2}$$

dazu kommen

$$\operatorname{div} \boldsymbol{D} = 0 \text{ (Quasineutralität)} \tag{3}$$

und

$$\boldsymbol{S} = \boldsymbol{S}_p + \boldsymbol{S}_n = \boldsymbol{S}_p + \varkappa_n \boldsymbol{E} + qD_n \operatorname{grad} n \approx \boldsymbol{S}_p\,. \tag{4}$$

Seine Anwendung setzt kleine Dichtestörungen (den Bereich der sog. Niederinjektion) voraus.
Transportvorgänge werden dann ausschließlich als Minoritätsdrift- und -diffusionsströme verstanden, die durch Dichtestörungen an den Rändern der Sperrschicht (mittels Boltzmann-Randbeziehungen) zustande kommen. Annahmen dieser Art führen auf das sog. Gleichstrommodell bei Niederinjektion bzw. auf das Niederinjektionswechselstrommodell des Transistors. Hier sind analytische Lösungen möglich. Die Vielzahl technischer Modelle (→ Ersatzschaltungen) sowie die meisten physikalischen Modelle haben diese beiden Grundannahmen zum Inhalt.

3. Bei steigender Stromdichte macht sich in den Bahngebieten allmählich die sog. Hochinjektion bemerkbar [3]. Es versagt die Entkopplung, da die Bahnfeldstärken so ansteigen, daß merkliche Majoritätsdrift- und -diffusionsströme auftreten. Analytische Näherungslösungen sind nur noch unter einschränkenden Spezialisierungen möglich und führen auf das Hochinjektionsgleichstrommodell. Liegt zusätzlich noch eine Signalspannung an, so muß weiter zwischen Klein- und Großsignalaussteuerung unterschieden werden. Für den letzten Fall stehen analytische Ergebnisse beim Transistor bis heute noch aus.
4. Bei noch höheren Stromdichten wird die Gebietsaufteilung des Transistors überhaupt fraglich und es sind ausschließlich numerische Behandlungen möglich. Hier, wie auch im Fall 3), kommen mit Erfolg numerische Verfahren zum Einsatz, wie etwa das von Gummel (s. u.) angegebene.

Unabhängig von dieser Grundproblematik treten noch Zusatzeffekte auf, die durch Injektions-, Strom-, Spannungs- oder Leistungsbelastung bedingt sind [4]. In den meisten Modellen werden sie a priori vernachlässigt bzw. später als korrigierender Störeffekt erfaßt. Beispiele dafür sind Earlyeffekt, Kirkeffekt, leistungsabhängige Sperrschichttemperatur, Stromeinschnürung, Emitterrandeffekt u. a. m. [5], [7].

1.2. Modelleinteilung

Aus dem Transistorwirkprinzip, quantitativ dargestellt durch das beschreibende Grundgleichungssystem unter vorgegebenen Anfangs- und Randwerten, läßt sich die Analysetechnik vom mathematischen Standpunkt her betrachtet einteilen in:

1. klassische Näherungsverfahren mit stark physikalischem Hintergrund. Hierzu zählen die physikalischen und technischen Modelle, physikalische und technische Ersatzschaltungen (s. u.). Vorteilhaft sind ihre Anschaulichkeit und einfache Handhabe vor allem für die Schaltungstechnik, nachteilig die begrenzte Gültigkeit und geringe Aussagekraft zu den Herstellungsbedingungen. Zu dieser Gruppe zählen die Modelle nach Ebers-Moll, Sparkes und Linvill.

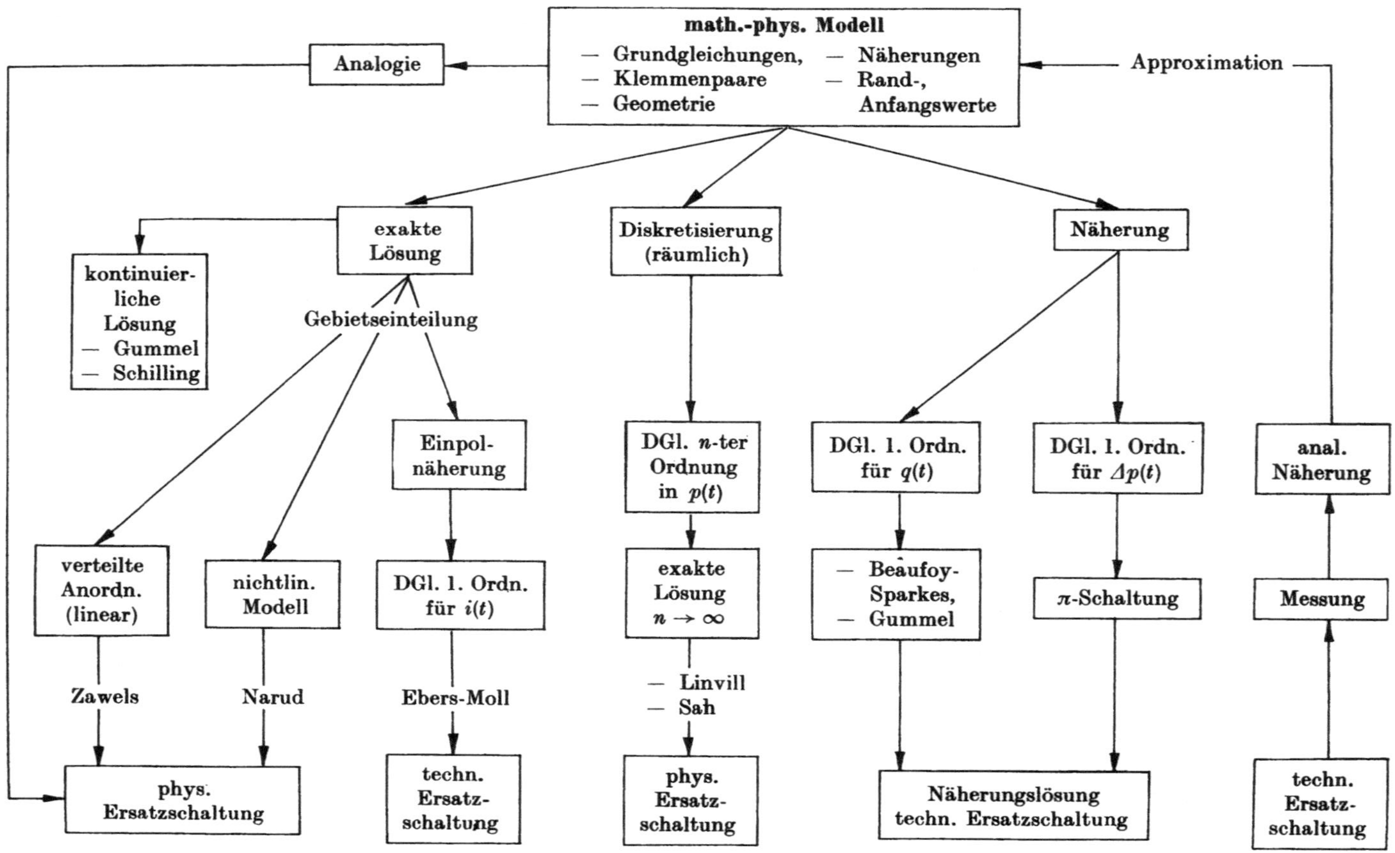

Bild 4. Modelleinteilung

2. rein analytische Computermodelle, die auf iterativen Lösungen des Grundgleichungssystems beruhen. Das bekannteste Lösungsverfahren wurde von Gummel (s. u.) angegeben.

3. gemischte Modelle aus 1. und 2., bei denen das typische Verhalten in größeren Raumbereichen computergestützt ermittelt wird [9]. Dieses Verfahren der „bereichsweise räumlichen Näherung" entstammt offenbar der Theorie raumladungsbegrenzter Ströme in Metall-Isolatoranordnungen und hat sich sehr bewährt.

In den klassischen Näherungsmethoden zeichneten sich bisher folgende typische Entwicklungen ab (Bild 4):

a) Exakte Lösung der Trägerverteilung in den Bahngebieten als Funktion der anliegenden Spannung U_{EB}, U_{CB} und Ermittlung der Klemmenströme daraus. Dieses Verfahren ist seiner Lösungsnatur nach auf den Niederinjektionsfall beschränkt und ergibt mit der schon erwähnten räumlichen Gebietseinteilung:

   α) durch Analogie zur Leitungsgleichung des RCG-Kabels, d. h. Darstellung der Diffusions-, Speicher- und Rekombinationsprozesse im Basisraum mittels äquivalenter, verteilter Leitungselemente die Ersatzschaltung nach Zawels.

   β) durch Einbezug nichtlinearer Effekte das Modell nach *Narud* [8]. Letzteres eignet sich auch für integrierte Transistoren mit Substrateinbezug.

   γ) durch Ersatz der exakten Dichteverteilung im interessierenden Frequenzbereich mittels einer Einpolnäherung das sog. Ebers-Moll-Modell. Es stellt die historisch erste und zugleich einfachste Ersatzschaltung dar. Dieses Modell wird seines einfachen Aufbaus wegen zu den technischen Ersatzschaltungen gerechnet. Durch Umformung resp. Frequenznäherung der exakten Lösungen geht aus der Ebers-Moll-Schaltung leicht die von Giacoletto angegebene π-Ersatzschaltung hervor.

b) Beim räumlicher Diskretisierung — meist des Basisraumes — und Anordnung von Ersatzschaltelementen für die typischen Prozesse entsteht das Linvill-Modell. Als Besonderheit wird hier zunächst der Zusammenhang Strom-Trägerdichte hergestellt, der in weit größerem Bereich linear ist als das für die Spannung zutrifft und erst zum Schluß zur Spannung übergegangen. Bei unendlich feiner Unterteilung der Gebiete geht dieses Modell in die von Zawels angegebene Form über.

c) Schließlich kann auch das mathematisch-physikalische Modell selbst angenähert werden. Das bekannteste Verfahren dieser Art basiert auf der Ladungsbilanzgleichung (Kontinuitätsgleichung) und der Verwendung der Basisüberschußladung als integrale Größe. Es handelt sich dann um das Ladungssteuermodell nach Beaufoy-Sparkes.

Im Ergebnis solcher Überlegungen ergeben sich entweder physikalische oder technische Ersatzschaltungen, die nach weiteren Gesichtspunkten untergliedert werden können (Bild 5), etwa nach

— der Geometrie in ein- und mehrdimensionale,
— dem Aufbau in solche mit verteilten oder diskreten Elementen,
— den Netzwerkeigenschaften in lineare und nichtlineare Anordnungen,
— der Art des Steuersignals in Gleich-, Wechselstrom und Impulsersatzschaltungen,
— der Netzstruktur in formale Vierpole oder Vierpolnetzwerke.

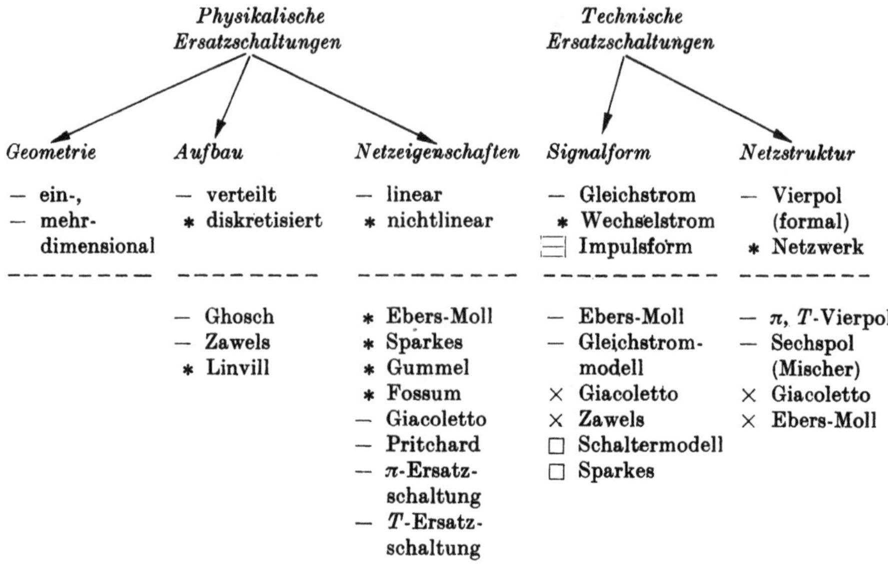

Bild 5. Einteilung der Ersatzschaltungen

Die Diskussion aller Varianten, die Aufzählung ihrer Vor- und Nachteile, möge hier aus Übersichtsgründen unterbleiben. Der folgende Abschnitt beschränkt sich vielmehr auf die Erläuterung der Grundeigenschaften typischer Modelle.

2. Wichtige Modelle

Nach den unter 1. genannten Grundüberlegungen läßt sich die Vielfalt der wichtigsten bis heute bekannt gewordenen Modelle näher analysieren: Ebers-Moll-Modell (Injektionsmodell), Sparkes-Modell, Gummel-Modell (Transportmodell), Anordnungen nach Fossum und Schilling, Linvill-Modell, verteilte Modelle (*Murphy*, *Gosh*), Analysemodelle.

2.1. Injektionsmodell

Dieses auf *Ebers* und *Moll* zurückgehende Modell ist seiner Herleitung nach ein Niederinjektionsmodell und basiert darauf, die Dichteverteilung im Basisraum als Überlagerung der Diffusionsschwänze zweier Dioden (Emitter- und Kollektordiode) aufzufassen, also von der Injektion an Randschichten auszugehen. Im Ergebnis solcher Überlegungen kann der Emitter- bzw. Kollektorstrom zusammengesetzt werden aus

- einem Stromanteil einer idealen Diode: Injektionsstrom in ein Basisgebiet,
- einem „Rückstrom", den eine am Ende des Basisgebietes liegende zweite Diode in dieses injiziert. Nach Abzug des Rekombinationsverlustes im Basisraum gelangt der Rest an den Anfang des Basisgebietes.

Demgemäß besteht die Ersatzschaltung (Bild 6) aus zwei idealen Dioden und zwei stromgesteuerten Stromquellen, in denen die Stromverstärkungen A_N, A_I auftreten.

Vom I-U-Zusammenhang her beurteilt liegt ein nichtlineares Gleichstrommodell für den Niederinjektionsbereich vor, das wegen seines einfachen Aufbaus leicht durch Einbezug neuer Effekte erweitert werden kann (beispielsweise Driftfelder in den Bahngebieten, Generation-Rekombination in den Sperrschichten, Bahnwiderstände).

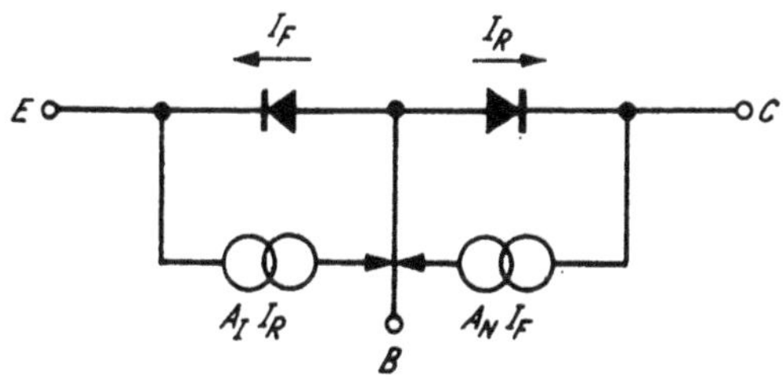

Bild 6. Ebers-Moll-Modell (Injektionsmodell);
Emitterinjektion:

$$I_F = I_{EF}\left(\exp\frac{U_{BE}}{U_T} - 1\right)$$

Kollektorinjektion:

$$I_R = I_{CR}\left(\exp\frac{U_{BC}}{U_T} - 1\right)$$

Verknüpfungen:

$$I_E = -\,I_F + A_I I_R$$
$$I_C = A_N I_F - I_R$$
$$I_B = (1 - A_N)\,I_F + (1 - A_I)\,I_R$$

An Vorteilen werden dem Modell zugeschrieben:

— es enthält nur Elemente mit leicht meßbaren Koeffizienten (I_{EF}, I_{CR}, A_N, A_I),
— die Überlagerung der Dichtedreiecke erlaubt eine bereichsweise gültige Vereinfachung der Ersatzschaltung und eine anschauliche Interpretation der physikalischen Vorgänge.
— es ist leicht auf Vierschichtstrukturen erweiterbar. Bild 7 zeigt dieses Prinzip. Man führt für das zweite Basisgebiet noch einen Basisstrom ein und stellt die

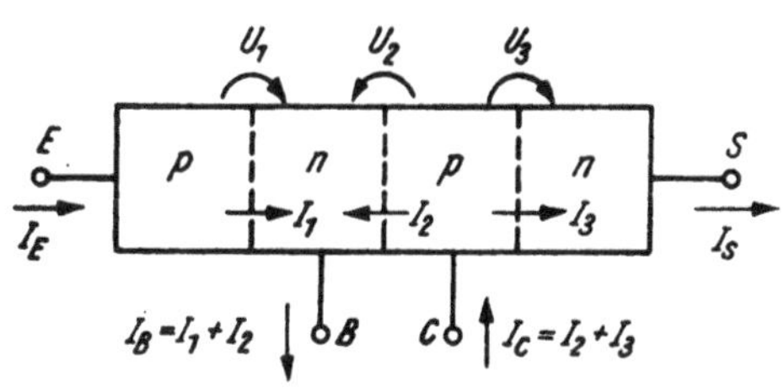

Bild 7. Erweiterung des Ebers-Moll-Modells auf eine Versichichtanordnung:

$$\begin{pmatrix} I_1 \\ I_2 \\ I_3 \end{pmatrix} = \begin{pmatrix} A_{11} & A_{12} & 0 \\ A_{21} & A_{22} & A_{23} \\ 0 & A_{32} & A_{33} \end{pmatrix} \cdot \begin{pmatrix} \exp\frac{U_1}{U_T} - 1 \\ \exp\frac{U_2}{U_T} - 1 \\ \exp\frac{U_3}{U_T} - 1 \end{pmatrix}$$

zugehörigen Ströme durch die jeweilige Sperrschicht als Funktion der Sperrschichtspannungen $U_1 \cdots U_3$ dar. Nach dem Knotensatz ergeben sich dann die äußeren Ströme als Funktion der Sperrschichtspannungen. In dieser Form wird das Modell für Vierschichtdioden, Thyristoren und integrierte Transistoren (d. h. Substrateinschluß) benutzt.

- Durch Einbezug des Frequenzganges der Stromverstärkung, der Sperrschicht- und Diffusionskapazitäten kann es leicht für höhere Frequenzen erweitert werden. Abhängig vom Grund der Frequenznäherung (Einpol-, Mehrpolnäherung) lassen sich daraus verschiedene Spezialisierungen ableiten. Die bekannteste dürfte die von *Hamilton, Lindholm* und *Narud* vorgeschlagene Anordnung sein [8], die sich vor allem für Vierschichtstrukturen bewährte. Erwähnenswert ist in diesem Rahmen eine gewisse Verallgemeinerung sowohl des Ebers-Moll- als auch Hamilton-Modells durch Benutzung von Pade-Näherungen in den Vierpolkoeffizienten [28].

An Nachteilen sind zu nennen:

- die zwar qualitativ anschauliche, doch quantitativ weniger gut zutreffende Beschreibung physikalischer Vorgänge vor allem im Bereich der Grenzbelastungen. Selbst solche Vorgänge wie der Earlaeffekt müssen nachträglich ins Modell eingefügt werden.
- die nur bedingt gut wiedergegebene Arbeitspunktabhängigkeit der Ersatzschaltelemente,
- die schlechte Anwendbarkeit des Modells auf Planartransistoren (wegen der mehrdimensionalen Transportprozesse). In seiner Ursprungsform wurde das Modell für vorwiegend eindimensionale Vorgänge entwickelt.
- die komplizierte Beschreibung des Schaltverhaltens im Sättigungsbereich.

2.2. Modell nach Beaufoy-Sparkes

Durch Integration der Minoritätskontinuitätsgleichung über das Basisgebiet erhalten Beaufoy und Sparkes eine Beziehung für den Transistor Basisstrom als Funktion der integralen Basisladung und deren zeitlicher Änderungen (Bild 8) [6]. Im Grunde handelt es sich durch den unmittelbaren Aufbau auf die Kontinuitätsgleichung um eine physikalische Interpretation des Basisgebietes, aufgefaßt als Stromknoten. Der Kollektorstrom wird proportional der Basisladung angesetzt, eine praktisch im allgemeinen zulässige, streng jedoch nicht gültige Annahme. Im Unterschied zum Injektionsmodell wird auf den genauen räumlich-zeitlichen

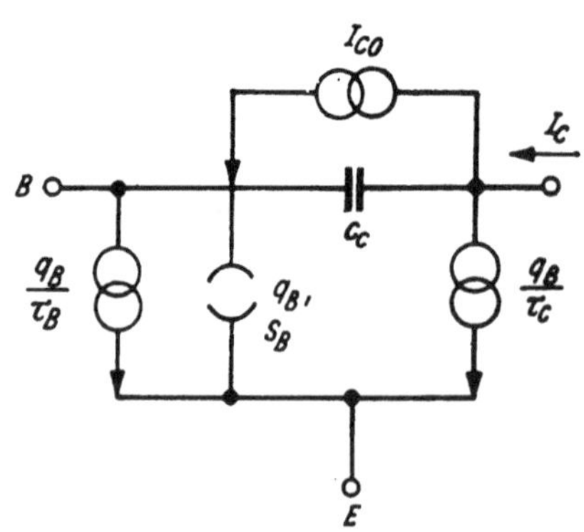

Bild 8. Ladungsmodell nach Beaufoy-Sparkes;

$$i_B = \frac{q_B}{\tau_B} + \frac{dq_B}{dt} + \frac{dq_{SC}}{dt} - I_{CO}$$

$$i_C = \frac{q_B}{\tau_C} - \frac{dq_{SC}}{dt} + I_{CO}$$

Dichteverlauf verzichtet. Daher fehlen auch direkte Aussagen über die örtliche Natur der Ströme, wie sie für eine genauere Bewertung etwa der Feldverhältnisse erforderlich sind.
Schwierigkeiten bereiten bei diesem Modell ferner:

— der Übergang vom Klemmenstrom zu den Klemmenspannungen, der vermöge der Boltzmann-Beziehung nichtlinear ist.
— der Einbezug von Generations- und Rekombinationseffekten in die Raumladungszonen, wie sie für eine genauere Beschreibung des Gleichstromverhaltens erforderlich sind.
— der Einbezug von Zusatzeffekten (z. B. Lawinenvervielfachung in der Kollektorsperrschicht).

Aus diesen Gründen kommt dieses Ladungssteuermodell weniger für die Analyse des Gleichstromverhaltens infrage, sondern vorrangig für den Impuls- und Schalterbetrieb selbst bei großen Aussteuerungen und komplizierteren Driftfeldverhältnissen im Basisgebiet. Dort gibt es noch eine brauchbare Interpretation von Meßergebnissen.
Die Vorzüge des Modells sind:

— der topologisch einfache Aufbau, der vor allem seine ingenieurmäßige Handhabe zur Beschreibung des Schaltverhaltens begründet,
— eine gewisse physikalisch-anschauliche Bedeutung der auftretenden Ersatzschaltelemente einschließlich ihrer bequemen Meßbarkeit.
— seine bequeme Handhabe beim stromgesteuerten Transistorschalter, vor allem im Sättigungsbereich.

Diese Vorteile waren Grund genug, Verbesserungen des Modells für das Schaltverhalten im zeitlichen Anfangsbereich anzubringen. In der Originalform gehorcht die Basisladung einer Differentialgleichung 1. Ordnung mit konstanten Koeffizienten (Zeitkonstanten). Verbesserungen des Zeitverhaltens durch Berücksichtigung höherer Glieder wurden vorgeschlagen.

2.3. Transportmodell (Gummelmodell)

Das Ebers-Moll-Modell wurde — dem historischen Anliegen nach — für Breitbasistransistoren entwickelt. Es erfaßt folglich in seiner üblichen Form beispielsweise nicht den Earlyeffekt, Generation und Rekombination in den Sperrschichten, die Leitfähigkeitsmodulation, den Kirkeffekt u. a. m. Diese Vorgänge lassen sich zwar nachträglich in eine rechnergestützte Auswertung des Modells einbeziehen, machen aber das Programm unhandlich. Diesen Grundnachteil vermeidet das von *Gummel* [12] vorgeschlagene sog. Transportmodell — gelegentlich auch als integrales Ladungsmodell bezeichnet — bereits vom Ansatz her.
Das Ebers-Moll-Modell basiert auf der Trägerinjektion in den Basisraum, wobei dort ein Teil der injizierten Minoritätsträger rekombiniert. Bei den modernen Transistoren erfolgt der Hauptteil der Rekombination jedoch nicht dort, sondern in den Raumladungszonen. Deshalb wird der Basisstrom zerlegt in einen „idealen" Teil, der den eigentlichen Transistor steuert, und einen „nichtidealen" Anteil, der etwa die Rekombinationsanteile u. a. m. umfaßt. Demzufolge steuert der „ideale" Teil des Basisstromes den überwiegenden Teil des Kollektorstromes I_C. Dieser gesteuerte Teil I_{CC} gehorcht einer Beziehung

$$I_{CC} = I_S \frac{Q_{BO}}{Q_B} (e^{U_{EB}/U_T} - 1) - (e^{U_{CB}/U_T} - 1) = I_F - I_R . \tag{5}$$

Der Sättigungsstrom I_S läßt sich experimentell leicht ermitteln (Achsenabschnitt der Darstellung $I_{CC} = f(U_{EB})$ für $U_{EB} = 0$ im aktiv normalen Zustand). Die Basisladung $Q_B(U_{EB}, U_{CB})$ unterscheidet sich allgemein von ihrem Nullwert Q_{BO} für $U_{EB} = U_{CB} = 0$. Ihre Arbeitspunktabhängigkeit wird nach den üblichen Vorstellungen der Ladungssteuertheorie interpretiert. Demzufolge enthält

$$Q_B = Q_{BO} + \underbrace{Q_{SCE} + Q_{SCC}}_{\text{Raumladung}} + \underbrace{\tau_F I_F + \tau_R I_R}_{\text{Diffusionsladung}} \tag{6}$$

im ersten Teil die „Nulladung", im zweiten die in den Sperrschichten gespeicherte Ladung (proportional zu den Sperrschichtkapazitäten c_{es}, c_{cs}) und im dritten die Diffusionsladung (ausgedrückt durch Zeitkonstanten und Fluß- und Rückwärtsströme (s. G. (5)). Im Gegensatz zur Ladungssteuertheorie nach *Beaufoy-Sparkes* wird hier zusätzlich zu Gl. (6) noch die nichtlineare Gl. (5) simultan verwendet (integrales Ladungsmodell). Dieser beträchtliche Vorteil verbessert vor allem die Wiedergabe der Arbeitspunktabhängigkeit der Elemente.

Bei der Modellierung der Basisladung läßt sich die Genauigkeit beliebig steigern. Im einfachsten Fall werden c_{es}, c_{ds}, τ_F, τ_R als Konstanten betrachtet. Dann gelingt es, die Ladung Q_B (*pnp*) der Form

$$Q_B = A - \sqrt{A^2 - Q_{BO}\, I_S \left\{\left(\tau_F(e^{U_E/U_T} - 1)\right) + \tau_R(e^{U_C} - 1)\right\}} \tag{7}$$

mit

$$A = \frac{Q_{BO} - c_{es}U_{EB} - c_c U_{CB}}{2}$$

anzusetzen.

Nach der Ladungstheorie setzt sich der totale Basisstrom I_B aus dem (stationären) Rekombinationsanteil I_{RR} und dem Verschiebungsstrom infolge der Ladungsänderung zusammen

$$I_B = I_{RR} + \frac{dQ_B}{dt}. \tag{8}$$

Da I_{RR} aus Anteilen der idealen Theorie und den Parasitärbeiträgen besteht, folgt im stationären Fall:

$$I_E = -\lambda\left(1 + \frac{1}{B_N}\right) I_N + \lambda I_I \tag{9a}$$

$$I_C = \lambda I_N - \lambda\left(1 + \frac{1}{B_I}\right) I_I \tag{9b}$$

$$I_B = -I_E - I_C \tag{9c}$$

mit

$$I_N = I_S(e^{U_{EB}/U_T} - 1) = \frac{I_F}{\lambda}, \qquad \lambda = \frac{Q_{BO}}{Q_B}, \tag{10}$$

$$I_I = I_S\left(e^{\frac{U_{CB}}{U_T}} - 1\right) = \frac{I_R}{\lambda}.$$

Die Arbeitspunktabhängigkeit von $\frac{\lambda}{B_N}$ bzw. $\frac{\lambda}{B_I}$ läßt sich durch Ansätze der Art

$$\frac{\lambda}{B_N} = \frac{I_1}{I_S} + \frac{I_2}{I_N} f\left(\frac{I_N}{I_S}, n_e\right), \qquad I_1, I_2 \text{ Konstanten,}$$

mit $f(x, n) = (1 + x)^{1/4} - 1$ genauer erfassen.

Im Ergebnis ergibt sich dann beispielsweise Gl. (7).

Die Ersatzschaltung (Bild 9) besteht demnach gemäß Gl. (5) aus zwei Stromquellen λI_I, λI_N, denen zwei Dioden zur Modellierung des nichtlinearen Ladungsanteiles und Kapazitäten parallelgeschaltet sind. Äußerlich gleicht die Ersatzschaltung der Anordnung von *Ebers-Moll*, jedoch unterscheiden sich die Ersatzschaltelemente größenmäßig.

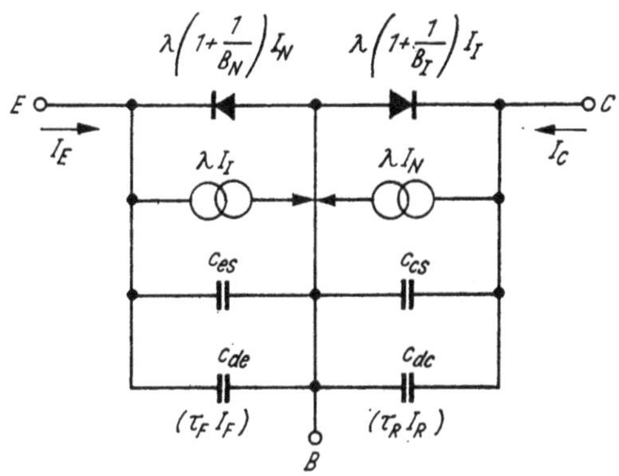

Bild 9. Transportmodell:

$$I_{CC} = I_S \cdot \frac{Q_{BO}}{Q_B}\left(\exp\frac{U_{EB}}{U_T} - \exp\frac{U_{CB}}{U_T}\right) = I_F - I_R$$

$$Q_B = Q_{BO} + Q_{SCE} + Q_{SCC} + \tau_F I_F + \tau_R I_R = f(U_{EB}, U_{CB})$$

Separate Komponenten:

$$I_{BE} = \frac{I_S}{B_N}\left(\exp\frac{U_{EB}}{U_T} - 1\right)$$

$$I_{BC} = \frac{I_S}{B_I}\left(\exp\frac{U_{CB}}{U_T} - 1\right)$$

Verknüpfungen:

$$I_E = -\,I_{CC} + I_{BE}$$

$$I_C = \quad I_{CC} + I_{CB}$$

$$I_B = -\,I_{BE} - I_{BC}$$

Der Vorteil dieser Anordnung besteht darin, daß sie eine Reihe typischer Effekte, wie den endlichen kollektorstromabhängigen Ausgangsleitwert infolge der Basisbreitenmodulation, Leitfähigkeitsmodulation im Basis- und Kollektorgebiet ($\lambda \neq 1$), Generation-Rekombination in den Sperrschichten u. a. m. leicht auszudrücken gestattet. Deswegen geht dieses Modell bei Vernachlässigung von Hochinjektionseffekten sowie mit der Annahme, daß der Basisstrom nur aus den Komponenten des idealen Modells besteht, in die Ersatzschaltung nach *Ebers-Moll* über.

2.4. Modell nach Fossum

Im Gegensatz zu den Grundgedanken des Injektions-, Transport- und Linvill-Modelles unterscheidet sich das auf *Fossum* [11] zurückgehende Modell durch die Berücksichtigung aller Vorteile der genannten Anordnungen, ohne aber ihre Nachteile mit zu übernehmen. Seinem Aufbau nach ist es „ausdehnbar" und besitzt zwei Grundeigenschaften:

1. Die physikalischen Grundprozesse werden individuell analytisch simuliert und kontinuierlich im Verlaufe des Rechenprogrammes durch Superposition eingearbeitet.
2. Das Modell steht in unmittelbarer Beziehung zum physikalischen Bauelementeprinzip, da jedes in ihm auftretende Element einen Grundvorgang darstellt.

Dem Grundgedanken nach besteht es in der Überlagerung einzelner Stromkomponenten (Bild 10), auf die die Einzelprozesse führen:

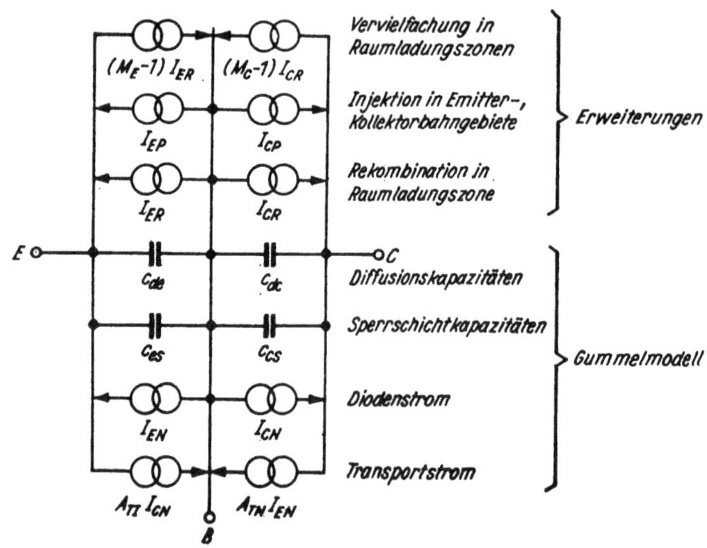

Bild 10. Modell nach Fossum

1. Die Stromquellen I_{EN}, I_{CN} resultieren von der Minoritätsinjektion in die Basis bei Hochinjektion. I_{EN} beträgt z. B.

$$I_{EN} = \frac{qA_E D_n n_i^2}{\int_0^{W_B} p\,dx} \cdot (e^{U_{BE}/U_T}) .$$

   Die Basisbreite $W_B = W_{BO} + W_{CIB}(I)$ besteht dabei aus dem stromunabhängigen Anteil W_{BO} und stromabhängigen Teil W_{CIB}, der durch den Kirkeffekt bedingt ist. Das Nennerintegral stellt die Löcherdichte dar, in die die Hochinjektion leicht einbezogen werden kann (s. [11]).
2. die Ströme I_{ER}, I_{CR} als Folge der Generation-Rekombination in den Sperrschichten.
3. dem Transport der injizierten Träger durch den Basisraum, dargestellt durch die Stromquellen $A_{TI}I_{CN}$ und A_{TN}, I_{EN}, wobei auch hier die Basisbreitenmodulation in A_{TI}, A_{TN} eingeschlossen ist.
4. der Minoritätsinjektion in die Emitter- und Kollektorgebiete, repräsentiert durch die Stromquellen I_{EP}, I_{CP}. Auf diese Weise sind Emitter- und Kollektorwirkungsgrad eingeschlossen.

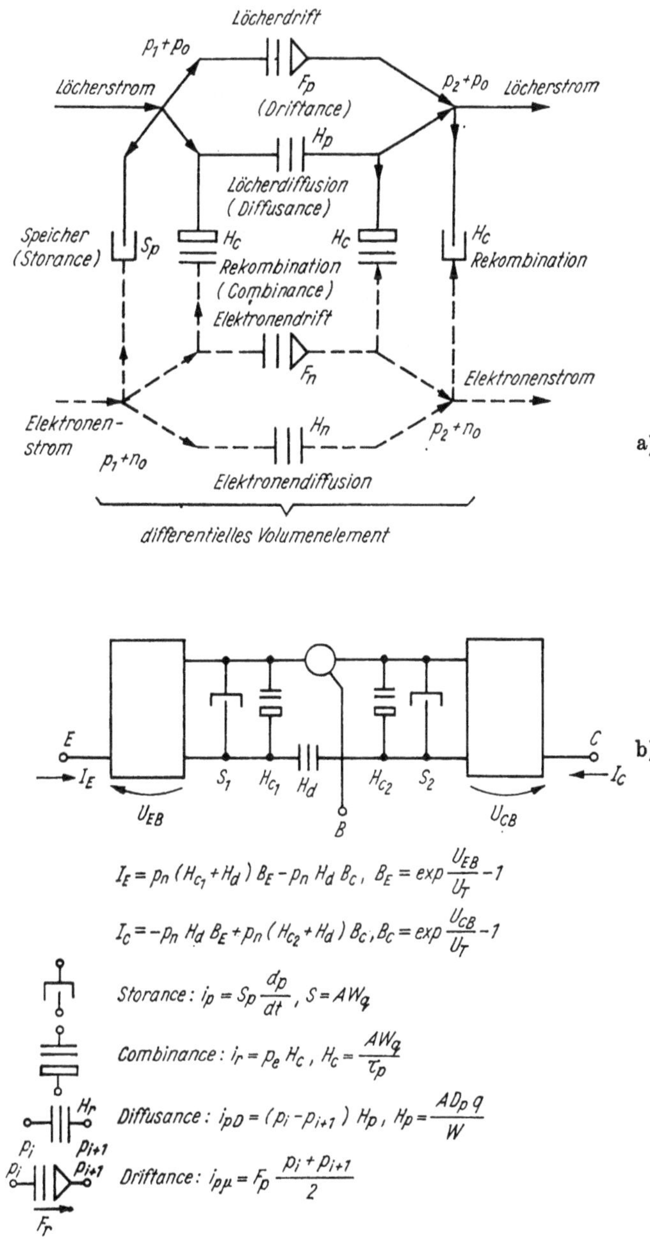

Bild 11. Linvill-Modell;

a) differentielles Element,
b) Transistorschaltung

2.5. Linvill-Modell

Dieses Modell basiert seinem Wesen nach darauf, die Grundgleichungen (vor allem die Kontinuitätsgleichung) räumlich zu diskretisieren und die einzelnen Räumbereiche durch Ersatzschaltungen (bzw. Ersatzschaltelemente) darzustellen (Bild 11). Weil in den Grundgleichungen nur Ströme und Trägerdichten auftreten, werden zunächst anstelle der Spannung in der Ersatzschaltung die Trägerdichten eingeführt. Dies erfordert eine Festlegung neuer Ersatzelemente für physikalische Grundprozesse (z. B. *Storance*, usw.), die wohl eigentümlichste Erscheinung des Linvill-Modells. Der Übergang zu der nichtlinear mit den Dichten zusammenhängenden Spannung erfolgt durch Transformationselemente.
Dem Prinzip nach stellt das Linvill-Modell eine physikalische Anordnung dar, die durch beliebig feine Unterteilung eines Raumgebietes (d. h. beliebige Gliederzahl der Ersatzschaltung) eine beliebig genaue Simulation der zugehörigen Grundgleichung gestattet. Dadurch steigt natürlich der Rechenaufwand. Vorteilhaft ist weiter der leichte Einbezug auch anderer physikalischer Grundprozesse, z. B. Lawinenvervielfachung, Rekombination in der Raumladungszone u. a.
An Nachteilen sind zu nennen:

— die Elemente des Modells lassen sich nicht unmittelbar messen.
— auf Grund der hohen Diskretisierung ist das Modell wenig programmfreundlich und für rechnergestützte Modellierung schlecht geeignet.

Aus solchen Gründen wurden drastisch vereinfachte Modelle mit wenigen Elementen vorgeschlagen und dafür Programme entwickelt [29], deren Genauigkeit dann schrittweise gesteigert werden kann [30].

2.6. Mehrdimensionale Modelle

Prinzipiell gelingt eine numerische Lösung der Halbleitertransportgleichungen auch ohne Gebietseinteilung in quasineutrale Bereiche und Raumladungsbereiche (übliche Nebenbedingungen) sowie die aus Lösungsgründen gewöhnlich gestellte Forderung nach konstanten Beweglichkeiten u. a., wie *Gummel* [12] durch ein sehr effektives eindimensionales (1*d*)-Lösungsverfahren zeigte. Grundsätzliche Erweiterungen vor allem für das Kleinsignal- und Schaltverhalten folgten [13]—[17].

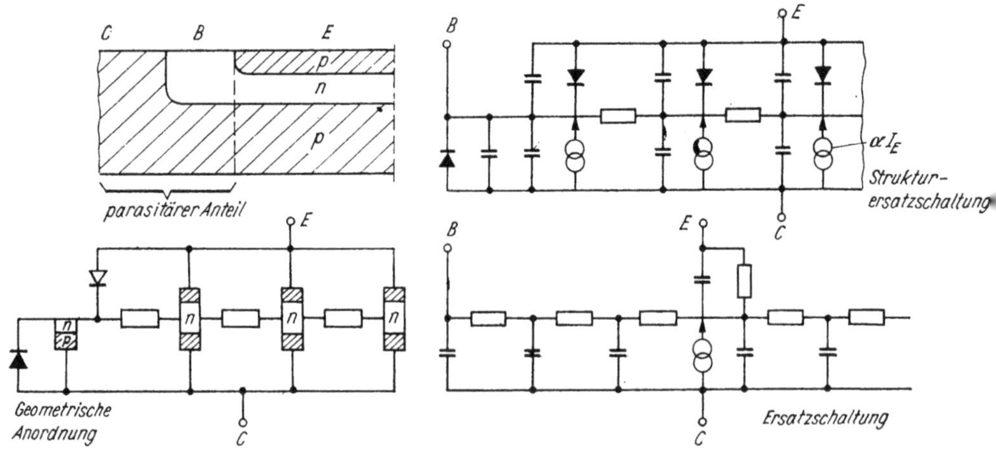

Bild 12. Quasizweidimensionale Ersatzschaltung

Diese Verfahren erlauben einen genauen Einblick in das elektronische Verhalten des Bauelementes bei unterschiedlichen Entwurfsbedingungen unter praxisnahen Betriebsverhältnissen.

Lateraleffekte, wie sie für die Geometrie heutiger Transistoren typisch sind, erfordern mindestens quasizweidimensionale (2*d*)-Modelle [18] [19] [27]. Diese bestehen in der Regel aus mehreren eindimensionalen Modellen, die über verteilte Basiswiderstände zusammenwirken. Sie erfassen also z. B. nicht die Emitter-Seiteninjektion der Planarstruktur und werden deswegen im Hochstrombetrieb problematisch [20] (Bild 12). Diesbezüglich rechnerorientierte Anordnungen liegen vor, wie z. B. das Modell IBIS [24]. Auch der Versuch, durch Aufteilung in Raumlade- und Neutralbereiche eine 2*d*-Behandlung durchzuführen [21], bringt wegen der oben genannten Einschränkung keinen grundsätzlichen Fortschritt.

Die genaue Behandlung hat daher vom Grundgleichungssystem (s. o.)

$$\left.\begin{aligned} \nabla^2\psi &= -\frac{q}{\varepsilon}(p - n + N_D - N_A) \\ \boldsymbol{S}_p &= -q\mu_p p\nabla\psi - qD_p\nabla p \\ \boldsymbol{S}_n &= -q\mu_n n\nabla\psi + qD_n\nabla n \\ \nabla\boldsymbol{S}_p + q\frac{\partial p}{\partial t} &= -qU^*_{th} \\ \nabla\boldsymbol{S}_n - q\frac{\partial n}{\partial t} &= +qU^*_{th} \end{aligned}\right\} \tag{11}$$

auszugehen oder in normierter Form [22]

$$\left.\begin{aligned} \nabla^2\psi &= n - p - N \\ \boldsymbol{S}_p &= -\gamma_p^{-1}(p\nabla\psi + \nabla p) \\ \boldsymbol{S}_n &= -\gamma_n^{-1}(n\nabla\psi - \nabla n) \\ \nabla\boldsymbol{S}_p &= -U_{th} \\ \nabla\boldsymbol{S}_n &= U_{th} \end{aligned}\right\} \tag{12}$$

mit den normierten Dichten $\gamma_p^{-1}, \gamma_n^{-1}$. Führt man weiter $\Phi_p = \exp\varphi_p$, $\Phi_n = \exp -\varphi_n$ mit den Quasiferminiveaus $\varphi_p = \psi + \ln p$, $\varphi_n = \psi - \ln n$ ein, so stellt

$$\nabla^2\psi = \Phi_n \exp\psi - \Phi_p \exp - \psi - N \tag{13}$$

$$\nabla\ \{\gamma_p^{-1}(\exp - \psi)\,\nabla\Phi_p\} = U_{th} \tag{14a}$$

$$\nabla\ \{\gamma_n^{-1}(\exp\psi\nabla\Phi_n)\} = U_{th} \tag{14b}$$

$$\boldsymbol{S}_p = -\gamma_p^{-1}(\exp - \psi)\,\nabla\Phi_p \tag{15a}$$

$$\boldsymbol{S}_n = -n^{-1}(\exp\psi)\,\nabla\Phi_n \tag{15b}$$

das Ausgangssystem in Form dreier gekoppelter elliptischer partieller Differentialgleichungen dar (Bild 13).

Die Lösung beginnt nach dem Gummel-Verfahren mit einer Diskretisierung in Maschen — zweckmäßig nicht äquidistant — und einer Linearisierung der Poissonschen Gleichung (Gl. 13), wobei Φ_p und Φ_n zunächst angenommen werden. Im nächsten Schritt werden mit diesen Näherungswerten die Kontinuitätsgleichungen (14a), (14b) gelöst, die lineare selbstadjungierende elliptische Differentialglei-

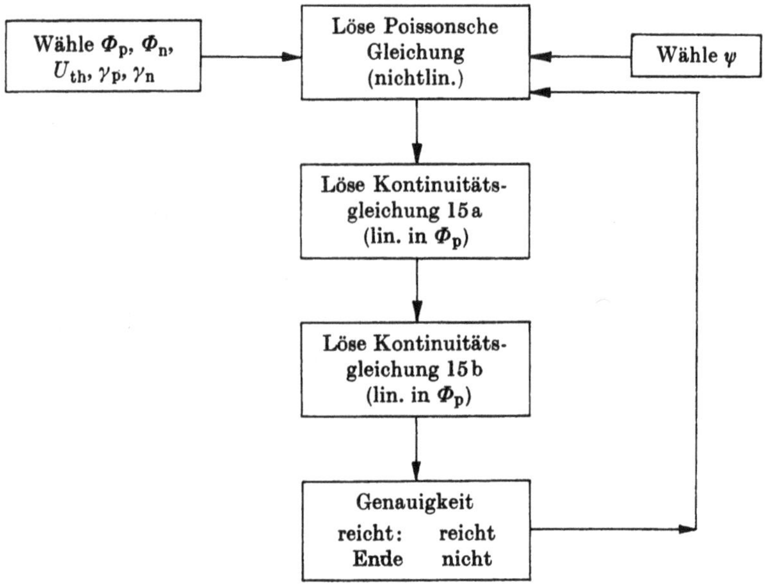

Bild 13. Prinzip des Gummelverfahrens

chungen in Φ_p, Φ_n sind. Im 1*d*-Verfahren kann die linearisierte Poissonsche Gleichung unmittelbar durch Gaußsches Eliminieren gelöst werden, die Kontinuitätsgleichungen durch numerische Integration. Das Verfahren wird bis zur Erreichung einer ausreichenden Genauigkeit wiederholt. Während es sich im 1*d*-Fall mathematisch relativ einfach handhaben läßt, steigt der Aufwand beim 2*d*-Verfahren [23] beträchtlich an. Der Aufwand bei der Lösung der partiellen DGL ist in sich gesehen nicht gering. Deswegen wurden rechnerische Verbesserungen vorgeschlagen, die z. B. zu einem rasch konvergierenden Verfahren für das Kleinsignalverhalten führten [25].
Problematisch wird das Gummel-Verfahren, wenn Bereiche mit starker Potentialänderung vorliegen, wie das z. B. im gesperrten *pn*-Übergang der Fall ist. Dann machen sich Verbesserungen im Rechenablauf erforderlich [22] [26].
Aus heutiger Sicht gesehen, stellt das Gummel-Verfahren eine rechnerisch sehr effektive Methode dar, die eine recht gute Bestimmung des Betriebsverhaltens von Transistoren unter üblichen Injektionsverhältnissen erlaubt.
Eine Abwandlung des Gummel-Verfahrens, vor allem des Gummelmodells (s. o.) schlägt *Schilling* [9] vor. Ausgang ist eine räumliche Diskretisierung. Der Transistor wird in Gebiete nach physikalisch dominierenden Grundprozessen eingeteilt, deren Randwerte durch selbstkonsistente Näherung festliegen. Basis-, Übergangsbereich und ohnmscher Kollektorbereich bestimmen das Gesamtverhalten des Transistors annähernd. Im Basisgebiet herrscht Quasineutralität. Dort erfolgt die Trägerbewegung durch Drift und Diffusion. Dabei gibt es nach der Übergangszone hin einen Punkt, in dem der Diffusionsstrom verschwindet.
Bei gegebenem Störstellenprofil können Feld- und Trägerdichten aus einem System nichtlinearer DGL erster Ordnung ermittelt werden. Sie sind einfacher lösbar als die Ausgangsgleichungen nach *Gummel.* Obwohl beide Modelle von gleichen Voraussetzungen ausgehen, unterscheiden sich die Endergebnisse etwas. Beispielsweise

ist die Konstante $Q_{BO}I_S$ nach dem Schilling-Modell stärker von Strom und Spannung abhängig als nach Gummels Annahmen.
Im Vergleich beider Modelle zeigt sich, daß das Gummel-Modell z. B. die Hochinjektionseffekte durch die Spannungsabhängigkeit der Ladung repräsentiert. Das Schilling-Modell liefert diese Vorgänge direkt. Ferner ist das Gummel-Modell für Bauelementeentwicklungsprobleme komplizierter zu handhaben, da es das Störstellenprofil nicht unmittelbar enthält. Demgegenüber geht die Störstellenverteilung beim Schilling-Modell unmittelbar in die einzelnen Bereiche mit ein.

Literaturverzeichnis

[1] *Hamilton, D. J., Lindholm, F. A., Marshak, A. M.*: Principles and applications of semiconductor device modelling. Rinehard & Winston Inc. New York 1971
[2] *Paul, R.*: Festkörperbauelemente Teil 2 (Dioden). Berlin: VEB Verlag Technik. Im Erscheinen
[3] *Webster, W. M.*: Proc. IRE **42** (1954), S. 914–920
[4] *Paul, R.*: Transistoren. Berlin: VEB Verlag Technik 1969, Abschn. 8
[5] *Logan, J.*: BSTJ **50** (1971), S. 1105–1146
[6] *Koehler, D.*: BSTJ. **46** (1967), S. 523–576
[7] *Hamilton, D. J.* u. a.: Proc. IEEE **52** (1964), S. 239–248
[8] *Lindholm, F. A.*: Sol. State El. **12** (1969), S. 831–840
[9] *Schilling, R. B.*: RCA Rev. **32** (1971), S. 339–371
[10] *Gummel, H. K.*: Bell Syst. Tech. J. **49** (1970), S. 115–120
[11] *Fossum, J. G.*: IEEE Trans. **ED--20** (1973), S. 582–593
[12] *Gummel, H. K.*: IEEE Trans. **ED-11** (1964), S. 455–465
[13] *Graham, E. D., Hauser, J. R.*: Sol. State El. **15** (1972), S. 303–310
[14] *Arandjelovic, V.*: Int. J. Electron. **27** (1969), S. 459–478
[15] *Gokhale, B. V.*: IEEE Trans. **ED-17** (1970), S. 594–602
[16] *Hachtel, G. D., Joy, R. C.* u. a.: Proc. IEEE **60** (1972), S. 86–98
[17] *Kurata, M.*: IEEE Trans. **ED-18** (1971), S. 200–210
[18] *Gosh, H. N.* u. a.: Sol. State El. **10** (1967), S. 705–726
[19] *Paul, R.*: Wiss. Zeitschrift TU Dresden **13** (1964), S. 177–180
[20] *Graff de, H. C.*: Sol. State El. **16** (1973), S. 587–600
[21] *Calzolari, P. U., Graffi, S.*: Alta Frequenza **38** (1969), S. 126–134
[22] *de Mari, A.*: Sol. State El. **11** (1968), S. 33–58, 1021–1053
[23] *Slotboom, J. W.*: Electron. Lett. **5** (1969), S. 677–678
[24] *Rey, G., Lemaire, H., Baibbe, J. P.*: L'Onde Electr. **50** (1970), S. 3–15
[25] *Blue, L. L.*: Bell Syst. Techn. J. **51** (1972), S. 889–902
[26] *Arandjelovič, V.*: Sol. State El. **13** (1970), S. 865–871
[27] *Archer, J. A.*: Sol. State El. **15** (1972), S. 249–258
[28] *Engl, W. A., Kionstelidis, J. A.*: Sol. State El. **12** (1969), S. 239–246
[29] *Hamilton, D. J., Lindholm, F. A., Narud, F. A.*: Trans. IEEE **CT-18** (1971) 122–128
[30] *Drobish, W. E.*: IEEE J. Sol. State Circ. **SC-7** (1972), S. 208. 211

Das Modell des MIS-Feldeffekt-Transistors

Von *R. Brumme*

Technische Hochschule Karl-Marx-Stadt, Sektion Physik-Elektronische Bauelemente

0. Einleitung

In den vergangenen Jahren hat der MIS-Feldeffekttransistor (MISFET) vor allem in der Anwendung in integrierten Digitalschaltungen an Bedeutung gewonnen. Deshalb wurde der Untersuchung seines Gleichstromverhaltens und der Großsignaleigenschaften integrierter Anordnungen besondere Aufmerksamkeit geschenkt. Im folgenden sollen einige Voraussetzungen und Ergebnisse dieser Untersuchungen zusammengestellt werden.

1. Physikalische Modelle

Die elektronischen Vorgänge im MISFET lassen sich zunächst unter Ausschluß innerer und äußerer Magnetfelder und Temperaturänderungen durch

$$\begin{aligned}
&\text{Poissonsche Gleichung} && \operatorname{div} \boldsymbol{D} = \varepsilon_{\mathrm{H}}\varepsilon_0 \operatorname{div} \boldsymbol{E} = \varrho \,, \\
&\text{Transportgleichungen} && \boldsymbol{S} = \boldsymbol{S}_{\mathrm{n}} + \boldsymbol{S}_{\mathrm{p}} \\
& && \boldsymbol{S}_n = q\mu_{\mathrm{n}} n \boldsymbol{E} + qD_n \operatorname{grad} n \\
& && \boldsymbol{S}_p = q\mu_{\mathrm{p}} p \boldsymbol{E} - qD_p \operatorname{grad} p \,, \qquad (1) \\
&\text{Kontinuitätsgleichungen} && \frac{\partial n}{\partial t} = (G - R)_n + \frac{1}{q} \operatorname{div} \boldsymbol{S}_n \\
& && \frac{\partial p}{\partial t} = (G - R)_p - \frac{1}{q} \operatorname{div} \boldsymbol{S}_p
\end{aligned}$$

beschreiben. (Formelzeichen siehe 5. Abschnitt)
Sieht man einmal davon ab, daß das vorliegende Gleichungssystem mit weiteren Voraussetzungen vereinfacht werden kann, so lassen sich zwei unterschiedliche Lösungswege verfolgen:

1. Die Raumladungsdichte $\varrho = q\,(p - n + N_{\mathrm{D}} - N_{\mathrm{A}})$ läßt sich mit Hilfe der Gatespannung und Oxidladung über der im Oxid verbundenen Influenzladung berechnen.

2. Die die Raumladungsdichte ϱ beeinflussenden Anreicherungs- bzw. Verarmungsvorgänge im Transistorkanal werden durch das Bändermodell beschrieben.

Während der erste Weg vor allem zur Ermittlung der elektronischen Eigenschaften (z. B. Gleichstromverhalten, dynamisches Verhalten) des MISFET verwendet wurde, diente der zweite Weg zur Charakterisierung der MIS-Kapazität. Daraus folgende Ergebnisse führen bei der Anwendung auf die elektronischen Eigenschaften des MISFET zu sehr komplizierten formelmäßigen Zusammenhängen, wodurch deren Auswertung sehr erschwert wird.

1.1. Vereinfachende Voraussetzungen

Man bezieht sich z. B. auf eine durch ein kartesisches Koordinatensystem bestimmte Struktur. Damit läßt sich für einen n-Kanal-Anreicherungs-Transistor Bild 1 angeben.

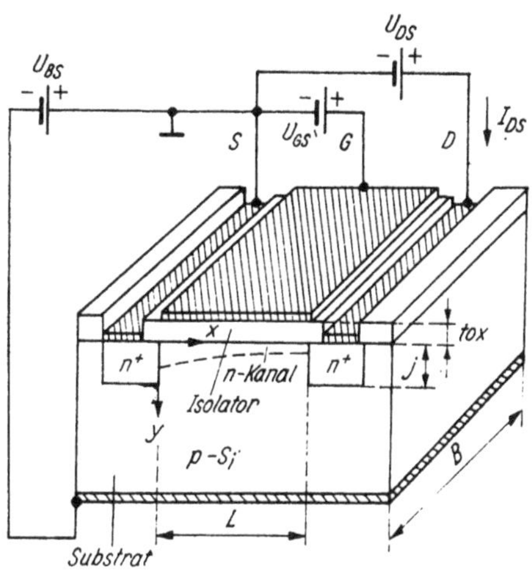

Bild 1. n-Kanal-Anreicherungs-MISFET

Zur vereinfachten Berechnung der elektronischen Eigenschaften dienen folgende Voraussetzungen:

1. Im Transistorkanal fließt ein unipolarer, eindimensionaler Strom (Ausschluß von Generations- und Rekombinationsvorgängen).
2. Die Beweglichkeit der Ladungsträger im Kanal ist für alle Betriebsbedingungen konstant.
3. Es gilt die Shockley'sche Gradual-Näherung $\frac{\partial \boldsymbol{E}}{\partial x} \ll \frac{\partial \boldsymbol{E}}{\partial y}$ (die Feldstärkeänderung in Richtung des Kanals ist viel kleiner als die senkrecht zum Kanal, so daß die Kanalladung durch Isolatorkapaizität und effektive Steuerspannung bestimmt wird; Felder und Feldänderungen in z-Richtung treten nicht auf).
4. Der Stromtransport erfolgt nur durch die Feldkomponente in Kanalrichtung (die Diffusionskomponente wird vernachlässigt).
5. Es tritt kein Spannungsabfall über dem Kanal auf (die Kanaldicke muß viel geringer sein als die Isolatordicke).
6. Die Eigenschaften des MIS-Systems werden in der Schwellspannung U_T zusammengefaßt.
7. Es wird ideale Gate-Isolation vorausgesetzt (keine Leck-, Tunnel- oder raumladungsbegrenzten Ströme).
8. Parasitäre Schaltelemente (Bahnwiderstände, Streukapazitäten) bleiben unberücksichtigt.

Auch das Substrat bleibt im folgenden zur besseren Übersicht im allgemeinen unberücksichtigt; sein Einfluß wird nur in wenigen Fällen diskutiert. Es wird vorausgesetzt, daß es sich um ein homogen dotiertes, vollständig ionisiertes und nicht entartetes Substrat handelt, bei dem der Übergang zwischen Kanal und Substrat abrupt verlaufen soll.

1.2. Influenzladungstheorie: Ermittlung der statischen und dynamischen MISFET-Eigenschaften

Aus dem Gleichungssystem (1) entsteht mit den angegebenen Voraussetzungen unter Verwendung von Bild 1 die Differential-Gleichung [1]

$$\frac{1}{\mu(U_{\mathrm{GS}} - U_{\mathrm{T}})} \cdot \frac{\partial \varphi(x,t)}{\partial t} = \frac{1}{2} \frac{\partial^2 [\varphi(x,t)]^2}{\partial x^2} \tag{2}$$

mit der normierten Kanalspannung

$$\varphi(x,t) = \frac{U_{\mathrm{G}}(x,t) - U_{\mathrm{T}} - v(x,t)}{U_{\mathrm{GS}} - U_{\mathrm{T}}}.$$

1.2.1. Statisches Verhalten

Unter Ausschluß der Zeitabhängigkeit wird nach [2] der Drainstrom in Abhängigkeit von den Elektrodenspannungen in zwei Bereichen gewonnen:

unterhalb der Abschnürung $(U_{\mathrm{GS}} - U_{\mathrm{T}}) > U_{\mathrm{DS}}$

$$I_{\mathrm{DS}} = \frac{\mu C_{\mathrm{ox}} B}{L} \left[(U_{\mathrm{GS}} - U_{\mathrm{T}})\, U_{\mathrm{DS}} - \frac{U_{\mathrm{DS}}^2}{2} \right] \tag{3}$$

oberhalb der Abschnürung $(U_{\mathrm{GS}} - U_{\mathrm{T}}) \leqq U_{\mathrm{DS}}$

$$I_{\mathrm{DSS}} = \frac{\mu C_{\mathrm{ox}} B}{2L} (U_{\mathrm{GS}} - U_{\mathrm{T}})^2 . \tag{4}$$

An dieser Stelle soll erwähnt werden, daß die Beweglichkeit unterhalb und oberhalb der Abschnürung nicht unabhängig von den durch die angelegten Spannungen hervorgerufenen Feldern anzusetzen ist. Für sehr kleine Drainspannungen ergibt sich ein bedeutender Einfluß der Substratspannung auf die Ladungsträgerbeweglichkeit im Kanal [25], während die Gatespannung nicht so stark eingeht. Oft erfolgt die Berücksichtigung des Gate- und Drainfeldes mit Hilfe experimentell gewonnener Zusammenhänge [19], [26], [27].

Die Berücksichtigung des Substrateinflusses auf die Kennliniengleichungen geschieht in einfacher Weise nach [3], [4]. Die in Gl. (3) angegebenen Spannungsabhängigkeiten lassen sich durch ein statisches Ersatzschaltbild darstellen [5]. Der Drainstrom ist als Funktion der Drain-Gate-Spannung U_{DG} und der Gate-Source-Spannung U_{SG} in der Form

$$I_{\mathrm{DS}} = I_{\mathrm{DS1}}\,(U_{\mathrm{DG}}) - I_{\mathrm{DS2}}(U_{\mathrm{SG}})$$

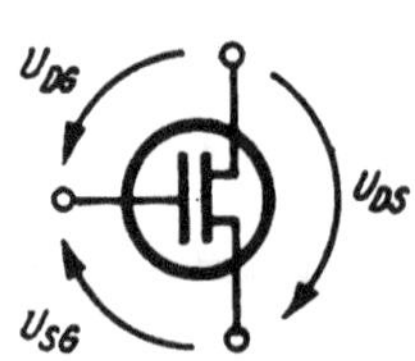

Bild 2. Spannungen am MISFET

darstellbar. Mit Bild 2 entsteht

$$I_{\mathrm{DS}} = \underbrace{\frac{\mu C_{\mathrm{ox}} B}{L}\left[-U_{\mathrm{T}}\,U_{\mathrm{DG}} - \frac{U_{\mathrm{DG}}^2}{2}\right]}_{I_{\mathrm{DS1}}} - \underbrace{\frac{\mu C_{\mathrm{ox}} B}{L}\left[-U_{\mathrm{T}}\,U_{\mathrm{SG}} - \frac{U_{\mathrm{SG}}^2}{2}\right]}_{I_{\mathrm{DS2}}} \quad . \tag{5}$$

I_{DS1} und I_{DS2} stellen Ströme durch „Feldeffekt-Dioden" dar. Mit

$$I_{\mathrm{G}} = 0$$
$$I_{\mathrm{DS}} = I_{\mathrm{DS1}} - I_{\mathrm{DS2}}$$
$$I_{\mathrm{DS}} = -\,I_{\mathrm{SS}}$$

entsteht das statische Ersatzschaltbild (Bild 3). Für Anreicherungstransistoren ist eine Modifizierung des Ersatzschaltbildes zu verwenden [5].

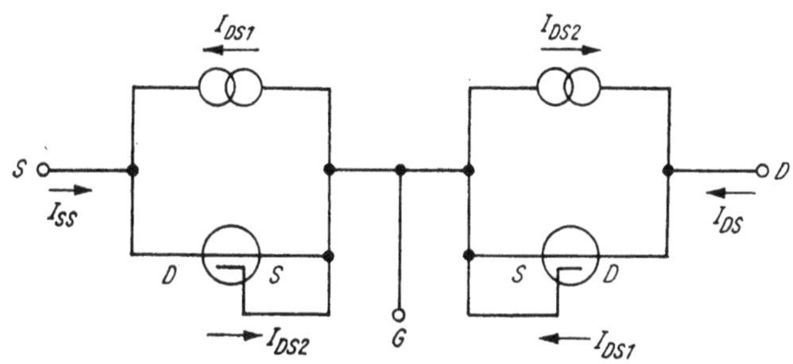

Bild 3. Statisches Ersatzschaltbild

I_{DS1} — Strom in Gl. (3), wenn $U_{\mathrm{GS}} = 0$, $U_{\mathrm{DS}} = U_{\mathrm{DG}}$

I_{DS2} — Strom in Gl. (3), wenn $U_{\mathrm{GS}} = 0$, $U_{\mathrm{DS}} = U_{\mathrm{SG}}$

Das in Bild 3 angegebene Ersatzschaltbild entspricht der äußeren Form nach dem von *Ebers-Moll*, das für bipolare Transistoren abgeleitet wurde. Hieraus folgt auch seine Bedeutung für rechnergestützte Schaltungsanalysen. Die Berücksichtigung des Substrateinflusses ist bei dem hier beschriebenen Weg schwierig, aber mit Vernachlässigungen zu erreichen.

1.2.2. Quasistatisches Verhalten

Aus den Gln. (3) und (4) einerseits und der Ladungsbilanz im Kanal andererseits lassen sich nach [2] die quasistatischen NF-Parameter berechnen.

unterhalb der Abschnürung

$$g_{21}\big|_{f\to 0} = \frac{\mu C_{\mathrm{ox}} B}{L}\,U_{\mathrm{DS}}$$

$$g_{22}\big|_{f\to 0} = \frac{\mu C_{\mathrm{ox}} B}{L}\,(U_{\mathrm{GS}} - U_{\mathrm{T}} - U_{\mathrm{DS}})$$

$$c_{11}\big|_{f\to 0} = C_{\mathrm{ox}} BL \left[1 - \frac{U_{\mathrm{DS}}^2}{3\,[2(U_{\mathrm{GS}} - U_{\mathrm{T}}) - U_{\mathrm{DS}}]^2}\right] \tag{6}$$

$$c_{22}\big|_{f\to 0} = \frac{2}{3}\,C_{\mathrm{ox}} BL \left[1 - \frac{(U_{\mathrm{GS}} - U_{\mathrm{T}})^2}{4\,(U_{\mathrm{GS}} - U_{\mathrm{T}})^2 - 4\,(U_{\mathrm{GS}} - U_{\mathrm{T}})\,U_{\mathrm{DS}} + U_{\mathrm{DS}}^2}\right]$$

oberhalb der Abschnürung

$$
\begin{aligned}
g_{21}|_{f\to 0} &= \frac{\mu C_{\text{ox}} B}{L} (U_{\text{GS}} - U_{\text{T}}) \\
g_{22}|_{f\to 0} &= 0 \\
c_{11}|_{f\to 0} &= \frac{2}{3} C_{\text{ox}} BL \\
c_{22}|_{f\to 0} &= 0 \,.
\end{aligned}
\tag{6}
$$

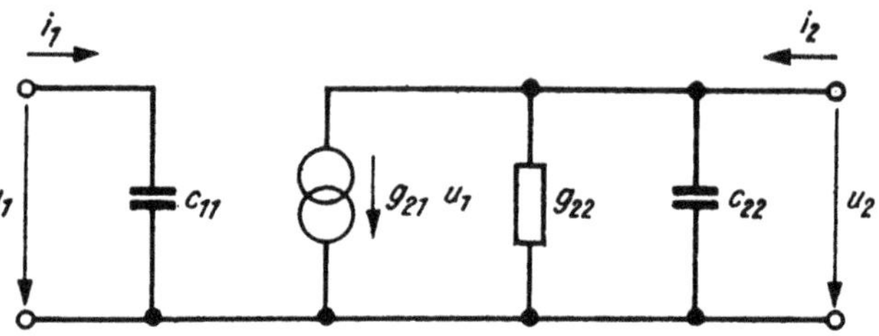

Bild 4. NF-Ersatzschaltbild (unterhalb der Abschnürung)

Aus den quasistatischen Kleinsignal-Parametern entsteht ein NF-Ersatzschaltbild (Bild 4). Dieses Ersatzschaltbild kann durch die äußeren Elektrodenkapazitäten (sowie die Substratkapazität) und Bahnwiderstände erweitert werden. Bei Annahme eines bestimmten Kanalverkürzungsmechanismusses (Kap. 2.4., 2.5.) läßt sich auch ein Ersatzbild für den Bereich oberhalb der Abschnürung ableiten [9], bei dem g_{22} und c_{22} nicht verschwinden. Berücksichtigt man, daß das Substrat ebenfalls als Steuerelektrode verwendet werden kann, dann lassen sich weitere Parameter ableiten [3], [7].

1.2.3. HF-Kleinsignalverhalten

Die Differentialgleichung (2) kann im Zeitbereich linearisiert (Überlagerung kleiner Wechselspannungen zu den großen Elektroden-Gleichspannungen) und gelöst werden [6]. Aus dieser Lösung — Drainstrom in Abhängigkeit vom zeitlichen sinusförmigen Verlauf der Elektrodenspannnungen — entstehen die Vierpolparameter y_{11}, y_{12}, y_{21}, y_{22}, aus denen ein Ersatzschaltbild abgeleitet wird, das hinsichtlich des gültigen Frequenzbereichs vereinfacht werden kann.
Der MISFET kann auch als ladungsgesteuertes Element betrachtet werden [8], um die y-Parameter näherungsweise zu ermitteln. Eine Drainstromänderung ist hierbei mit den Elektrodenspannungsänderungen durch

$$
\triangle I_{\text{DS}} = \left.\frac{\mathrm{d}I_{\text{DS}}}{dU_{\text{GS}}}\right|_{U_{\text{DS}}} \cdot \triangle U_{\text{GS}} + \left.\frac{\mathrm{d}I_{\text{DS}}}{\mathrm{d}U_{\text{DS}}}\right|_{U_{\text{GS}}} \cdot \triangle U_{\text{DS}}
$$

verbunden, wodurch aus Gl. (3) folgt

$$
\triangle I_{\text{DS}} = \frac{\mu C_{\text{ox}} B}{L} [U_{\text{DS}} \triangle U_{\text{GS}} + (U_{\text{GS}} - U_{\text{T}} - U_{\text{DS}}) \triangle U_{\text{DS}}] \,.
$$

Die gesamte Kanalladung besteht aus den durch Gatespannung und Drainspannung gesteuerten Teilen

$$
\triangle Q = \varDelta Q_{\text{G}} + \varDelta Q_{\text{D}} \,,
$$

und es gilt näherungsweise

unterhalb der Abschnürung

$$\Delta Q = C_{ox}BL\left(\Delta U_{GS} - \frac{1}{2}\Delta U_{DS}\right),$$

$$\Delta I_{DS} = \frac{\mu}{L^2}\left[U_{DS}\,\Delta Q_G - (U_{GS} - U_T - U_{DS})\,\Delta Q_D\right],$$

oberhalb der Abschnürung (7)

$$\Delta Q = \frac{2}{3}C_{ox}BL\,\Delta U_{GS},$$

$$\Delta I_{DSS} = \frac{3}{2}\frac{\mu}{L^2}(U_{GS} - U_T)\,\Delta Q_G.$$

Außerdem ist

$$\Delta I_G = \frac{d\Delta Q}{dt}.$$

Hieraus entstehen unter Beachtung der jeweiligen Spannungsbedingungen die y-Parameter für einen beschränkt gültigen Frequenzbereich.

Für den Bereich unterhalb der Abschnürung entsteht ein Ersatzschaltbild nach [8] (Bild 5), das durch Bahnwiderstände und Elektrodenkapazitäten zu erweitern ist.

$$y_{11} = \frac{j\omega C_{ox}BL}{1 + j\omega\dfrac{\tau}{2(1+\eta)}}, \qquad y_{21} = \frac{C_{ox}BL}{\tau}(1-\eta)\cdot\frac{1 - \dfrac{j\omega\eta\tau}{1-\eta^2}}{1 + \dfrac{j\omega\tau}{2(1+\eta)}},$$

$$y_{12} = -\frac{j\omega C_{ox}BL}{2\left(1 + j\omega\dfrac{\tau}{6\eta}\right)}, \qquad y_{22} = \frac{C_{ox}BL}{\tau}\eta\cdot\frac{1 + j\omega\dfrac{\tau}{2\eta}}{1 + j\omega\dfrac{\tau}{6\eta}}, \tag{8}$$

$$\eta = 1 - \frac{U_{DS}}{U_{GS} - U_T}, \qquad \tau = \frac{L^2}{\mu(U_{GS} - U_T)}.$$

Oberhalb der Abschnürung verschwinden die Parameter y_{12} und y_{22}. Bei Berücksichtigung eines bestimmten Kanalverkürzungsmechanismusses (vgl. Kap. 2.4., 2.5.) entstehen Vierpolparameter und Ersatzschaltbild, die auch oberhalb der Abschnürung gelten [9].

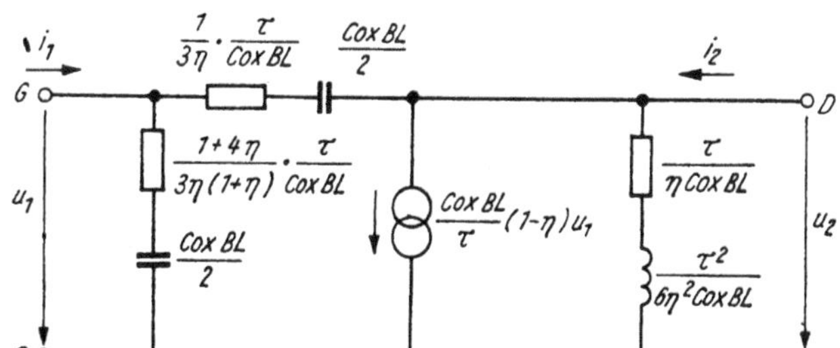

Bild 5. HF-Ersatzschaltbild (unterhalb der Abschnürung)

Der oben vernachlässigte Substrateinfluß läßt sich gleichstrommäßig in die Rechnung prinzipiell einbeziehen. Genauer ist eine Rechnung, die auch die Hochfrequenzeigenschaften der Substratsteuerung berücksichtigt; dies führt zur Berechnung einer Doppel-RC-Leitung nach [10].

1.2.4. Großsignal-Schaltverhalten

Die Lösung der Differentialgleichung (2) für große Aussteuerung ist analytisch nicht geschlossen möglich. Hier werden durch zweckentsprechende Linearisierungen [11], [12], [13] prinzipielle Aussagen über die Schaltparameter des MISFET getroffen, ohne die zeitlichen Vorgänge bei beliebigen Generator- und Lastwiderständen genügend genau zu erfassen. Deshalb wurden schon frühzeitig Analogrechner [15] und Digitalrechner [14], [15], [16], [17] zur Lösung verwendet. In diesem Rahmen kann auf Verfahren und Ergebnisse solcher Rechnungen nicht eingegangen werden.

Die Hauptanwendung der MISFET liegt in digitalen integrierten Anordnungen. In hergestellten Schaltungen spielen parasitäre Kapazitäten (Überlappungskapazitäten zwischen Drain und Kanal) und hochohmige Lastwiderstände (im Abschnürbereich betriebene MISFET als Widerstände) eine solche Rolle, daß sie das Schaltverhalten maßgeblich bestimmen (die Eigenanstiegszeit der MISFET ist viel kleiner als die durch Streukapazität und Lastwiderstand bestimmte Zeitkonstante). Deswegen lag das Schwergewicht der Untersuchungen auf dem mit parasitären Elementen erweiterten statischen Großsignal-Ersatzschaltbild, wobei

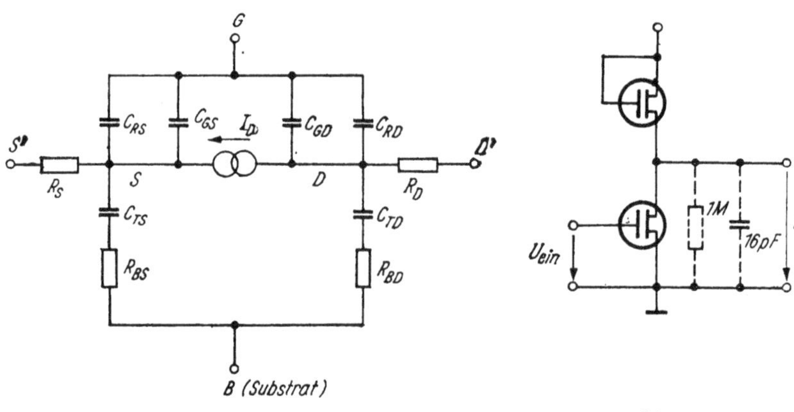

Bild 6. Großsignal-Ersatzschaltbild
a) MISFET-Ersatzschaltung
b) Inverterstufe

hier eine rechnergestützte Analyse der Schaltung mit Hilfe einer geeigneten Programmierung erfolgt [18], [19], [20], [41], [42], [43], [44]. Als Beispiel einer solchen Untersuchung sei [19] angegeben (Bild 6). In diesem Bild sind

R_{BS} und R_{BD}: Widerstände der Substrat-Source- bzw. Substrat-Drain-Dioden

$$R_{BS} \approx \sigma \cdot \frac{D}{\sqrt{S \cdot S_S}}\,; \qquad R_{BD} \approx \sigma \cdot \frac{D}{\sqrt{S \cdot S_D}} \tag{9}$$

C_{TS} und C_{TD}: Substrat-Source- bzw. Substrat-Drain-Sperrschicht-Kapazitäten

$$C_{TS} \approx \frac{C_{TO} S_S}{\left(1 + \frac{U_{BS}}{U_\varphi}\right)^{\frac{1}{n_C}}}; \qquad C_{TD} \approx \frac{C_{TO} S_D}{\left(1 + \frac{U_{BS}}{U_\varphi}\right)^{\frac{1}{n_C}}}; \qquad 2 \leqq n_C \leqq 3 \tag{10}$$

C_{GS} und C_{GD}: Gate-Source- bzw. Gate-Drain-Kapazitäten, die in vereinfachter Form aus Gl. (6) entstehen

Unterhalb der Abschnürung — *oberhalb der Abschnürung*

$$C_{GS} \approx \frac{C_{ox} BL}{2} \left(1 + \frac{1}{3} \frac{U_{DS}}{U_{GS} - U_T}\right), \qquad C_{GS} = \frac{2}{3} C_{ox} BL$$

$$C_{GD} \approx \frac{C_{ox} BL}{2} \left(1 - \frac{U_{DS}}{U_{GS} - U_T}\right), \qquad C_{GD} = 0 \tag{11}$$

C_{RS} und C_{RD}: Elektrodenüberlappungskapazitäten

$$C_{RS} = C_{ox}\, Be_S; \qquad C_{RD} = C_{ox}\, Be_D\,. \tag{12}$$

Außerdem wird konstante Trägerbeweglichkeit und vernachlässigbarer Sperrstrom über die Source-Substrat- bzw. Darin-Substrat-Dioden vorausgesetzt. Im allgemeinen werden die Ergebnisse solcher Untersuchungen als $U_{aus}(U_{ein})$ und $U_{aus}(t)$ dargestellt

1.3. Theorie unter Verwendung der Eigenschaften der Halbleiteroberfläche: Ermittlung statischer und quasistatischer MISFET-Eigenschaften

Da sich die Anreicherungs- bzw. Verarmungsvorgänge des MISFET-Kanals an der Oberfläche eines Halbleiters abspielen, liegt der Gedanke nahe, zur Beschreibung dieser Vorgänge das Bändermodell heranzuziehen [21] und die Lösung der Poissonschen Gleichung in der Form

$$\frac{d^2\varphi}{dy^2} = -\frac{q}{\varepsilon_H \varepsilon_0}(p - n + N_D - N_A)$$

mit der Löcherdichte

$$p = n_i \cdot e^{u_p - u},$$

der Elektronendichte

$$n = n_i \cdot e^{u - u_n}$$

und der Differenz der Akzeptor- und Donator-Dichten

$$N_A - N_D = n_i\,(e^{u_F} - e^{-u_F})$$

vorzunehmen (es werden also im Gegensatz zu Voraussetzung 1. Löcher und Elektronen zur Leitung zugelassen: an Stelle der Forderungen 3. und 5. tritt eine Aussage über den Inversionszustand an der Halbleiter-Oberfläche und die Eigenschaften des MIS-Systems werden in u_s erfaßt).
Das Bild 7 zeigt das Bändermodell für einen Ort $0 \leqq x \leqq L$ des nicht abgeschnürten n-Kanals auf p-Substrat.
Für den Fall einer schwachen Inversion

$$e^{u_p} \gg e^{u_S - u_p} \tag{13}$$

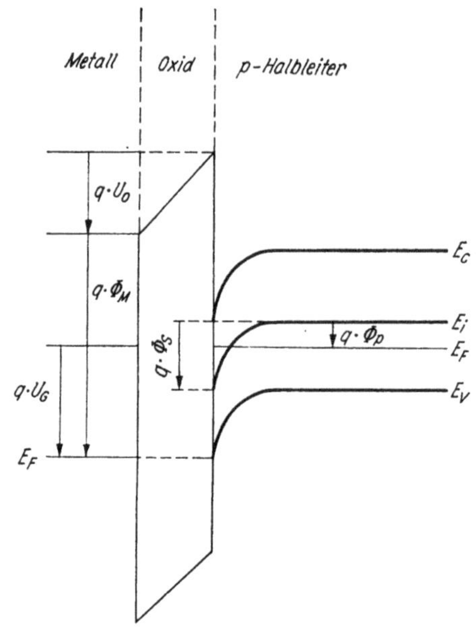

Bild 7. Energiebanddiagramm (nach [2])

ist die Trägerdichte im Kanal

$$N_C \approx -\frac{n_i L_D\, e^{-u_n}}{(u_s - 1)^{1/2}} e^{u_s - \frac{u_p}{2}},$$

und der Driftstrom

$$I_{DS} = q \cdot \mu \cdot B \cdot N_C \cdot \frac{KT}{q} \cdot \frac{d(u_n - U_p)}{dx}$$

erhält für

$$(u_n - u_p)_{x = L} = u_D$$

die Form

$$I_{DS} = q \cdot \mu \cdot \frac{B}{L} \cdot \frac{KT}{q} \cdot \frac{n_i \cdot L_D}{(u_s - 1)^{1/2}} \cdot e^{u_s - \frac{3}{2} u_p} \left(1 - e^{-\frac{q}{KT} U_{DS}}\right). \tag{14}$$

Gl. (14) gilt in dem Gatespannungsbereich ($\rightarrow u_s$) und Drainspannungsbereich ($\rightarrow u_s, u_D$), in dem Gl. (13) erfüllt ist, also auch noch im Sättigungsbereich der Kennlinie. Die Schwierigkeit besteht darin, zwischen der äußeren Spannung U_{GS} und der Oberflächenspannung u_s einen gültigen Zusammenhang zu finden (Einfluß der örtlichen Verteilung der Oxidladungen). Solche Untersuchungen liefern Ergebnisse, die recht gute Übereinstimmung mit Messungen an realen MISFET-Strukturen zeigen (das betrifft vor allem die Gate- und Drainspannungsabhängigkeit der Gate-Source-Kapazität – „MIS-Kapazität") [22], [23], [24].

2. Stromsättigungsmechanismen

Alle MISFETs zeigen im Sättigungsbereich ein mehr oder weniger starkes Ansteigen der Kennlinien mit der Drainspannung, für das Ursachen gesucht wurden.

2.1. Drain-Kanal-Rückkopplung

Nach [28] laufen infolge des Drainfeldes Feldlinien vom Drain zum Kanal, wodurch eine zusätzliche Steuerung des Kanalquerschnitts eintritt. Die hochdotierte Drainzone wirkt als zusätzliche Steuerelektrode. Dieser Rückkopplungseffekt hängt sehr wesentlich von der Substratdotierung und dem Verhältnis Oxid-Dicke zu Kanallänge ab. Ein hochdotiertes Substrat schirmt den Kanal vom Drain ab. Für den Ausgangsleitwert im Sättigungsbereich wird

$$g_{22} \approx \frac{\mu C_{\mathrm{ox}} B}{L} \cdot \frac{\varepsilon_{\mathrm{H}}}{\varepsilon_{\mathrm{ox}}} \cdot \frac{t_{\mathrm{ox}}}{L} (U_{\mathrm{GS}} - U_{\mathrm{T}}) \tag{15}$$

angegeben, wobei für übliche Bauelemente $\frac{t_{\mathrm{ox}}}{L} \approx 10^{-2}$ ist und damit der geringe Einfluß der Drain- und Kanal-Rückkopplung verdeutlicht wird.

2.2. Sättigung der Trägergeschwindigkeit

Das Anwachsen der Drainspannung führt im Bereich vor dem Drain infolge der hohen Feldstärke zu starken Wechselwirkungen der Ladungsträger untereinander und mit den Gitterbausteinen. Die Folge ist eine Sättigung der Trägergeschwindigkeit

$$v = \mu \cdot E \tag{16}$$

auf Grund der sinkenden Beweglichkeit. Die Trägergeschwindigkeit bleibt dadurch konstant. Untersuchungen von [29] zeigen, daß bei MISFET mit Substratdotierungen $< 10^{15}\ \mathrm{cm}^{-3}$ eine Berücksichtigung der Trägergeschwindigkeitssättigung gute Übereinstimmung mit den Meßergebnissen liefert.

2.3. Multiplikationseffekt

Es ist möglich, daß eine hohe Feldstärke vor dem Drain zu einem Multiplikationseffekt führt, da hohe Geschwindigkeiten (Energien) der Ladungsträger einen Ionisationsvorgang hervorrufen können. Bei kurzen Kanallängen ($L < 5\ \mu\mathrm{m}$) ist dies gerechtfertigt [19], während bei Kanallängen ($L > 10\ \mu\mathrm{m}$) der Multiplikationseffekt für die Erklärung des endlichen Ausgangsleitwertes bei MISFET, die in Sättigung betrieben werden, nicht in Frage kommt [22].

2.4. Bildung eines *pn*-Übergangs vor dem Drain

Bei der Beschreibung des Kennlinienverhaltens oberhalb der Abschnürung wird von der modellmäßigen Vorstellung ausgegangen, daß bis zu einem Punkt L' im Kanal die in 1.1. genannten Voraussetzungen gelten (und damit Gl. (3) angewandt werden kann), am Punkt L' selbst die Gl. (4) Gültigkeit hat und die Verschiebung des Punktes L' in Richtung Source in Abhängigkeit von der Drainspannung ($U_{\mathrm{DS}} > U_{\mathrm{GS}} - U_{\mathrm{T}}$) erfolgt. Damit wird die technologische Kanallänge L auf L' „gekürzt“, und für das Ansteigen der Kennlinien gilt

$$I_{\mathrm{DS-sat}} = \frac{I_{\mathrm{DSS}}}{1 - \frac{\Delta l}{L}} \tag{17}$$

Δl in Abhängigkeit von den Spannungen wird mit unterschiedlichen Methoden bestimmt.

Eine Erklärung findet Δl durch die Annahme eines abrupten *pn*-Übergangs vor dem Drain [30]

$$\Delta l_{pn} = \left(\frac{2\varepsilon_0 \varepsilon_H [U_{DS} - (U_{GS} - U_T)]}{q \cdot N_A} \right)^{1/2}, \tag{18}$$

was bei hochdotierten Substraten zureffen soll [29].

2.5. Raumladungsbegrenzter Stromfluß vor dem Drain

Im Abschnürbereich müssen die Ladungsträger vor dem Drain eine hochohmige Strecke durchlaufen, woraus die Möglichkeit eines raumladungsbegrenzten Stromflusses resultiert. Die Länge dieses Gebietes ist nach [31]

$$\Delta l_{SCL} = L \cdot \left(\frac{9\, \varepsilon_H\, y_{itox}}{4\, \varepsilon_{OX}\, L^2} \right)^{1/3} \cdot \left(\frac{U_{DS}}{U_{GS} - U_T} - 1 \right)^{2/3} \tag{19}$$

für eine endliche Tiefe y_i des Kanals. In [32] wird aber nachgewiesen, daß bei einem raumladungsbegrenzten Stromfluß zwischen „messerförmigen“ Kontakten eine Abhängigkeit

$$\Delta l_{SCL-dünn} = \text{Konst.} \cdot [U_{DS} - (U_{GS} - U_T)] \tag{20}$$

existiert.
Die doppelt-logarithmische Darstellung des Zusammenhanges

$$1 - \frac{I_{DSS}}{I_{DS-sat}} = f(U_{DS-sat} - U_{DSS})$$

ergibt Geraden, die beim Zutreffen der

Gl. (18) einen Anstieg von $\frac{1}{2}$ haben sollten, oder der
Gl. (19) einen Anstieg von $\frac{2}{3}$ haben sollten, oder der
Gl. (20) einen Anstieg von 1 haben sollten.

Messungen zeigen, daß die meisten MISFET durch Exponenten zwischen $\frac{1}{2}$ und < 1 charakterisiert werden, so daß eine befriedigende Erklärung des Sättigungsverhaltens hiermit nicht gegeben werden kann (vgl. auch Kap. 3., 4.), wenn auch das reale Verhalten der Transistoren mit Hilfe der Gln. (19) und (20) recht gut beschrieben werden kann.

3. Zweidimensionale Modelle

Im Draingebiet ist bei Spannungen $U_{DS} > (U_{GS} - U_T)$ die Shockleysche Gradual-Näherung nicht mehr anwendbar. Deswegen wurde im Draingebiet die Poissonsche Gleichung zweidimensional (numerisch) gelöst, wodurch man Aufschluß über die Potentialverteilung in der Transistorstruktur, besonders für kurzkanalige Transistoren, erhielt ([33] bis [37]).

4. Angepaßte Modelle

Einige Autoren geben ohne festen Bezug auf physikalische Erscheinungen im MISFET Kennliniennäherungen für große Gate- und Drainspannungsbereiche an. Sie werden in den Arbeiten [38—40] behandelt.

5. Formelzeichen

C_{ox}	$= \frac{\varepsilon_0 \varepsilon_{ox}}{t_{ox}}$ flächenbezogene Oxidkapazität
C_{To}	flächenbezogene Diodenkapazität bei $U_{BS} = 0$
$\boldsymbol{D}$	Verschiebungsdichte
D	Wafer-Dicke
D_n, D_p	Diffussionskoeffizient der Elektronen bzw. Löcher
$\boldsymbol{E}$	elektrische Feldstärke
e_D, e_S	Gate-Diffusions-Überlappung
I_{DS}	Drainstrom unterhalb der Abschnürung
I_{DSS}	Drainstrom bei Abschnürung
$I_{DS-sät}$	Drainstrom oberhalb der Abschnürung
k	Boltzmann-Konstante
L_D	Debye-Länge
n, p	Elektronen- bzw. Löcherdichte
q	Elektronenladung
S	Wafer-Fläche
$\boldsymbol{S}_n$, $\boldsymbol{S}_p$	Stromdichte der Elektronen bzw. Löcher
S_D, S_S	Drain- bzw. Source-Fläche
T	Temperatur
t	Zeit
U_{GS}, U_{DS}, U_{DG}	Elektroden-Gleichspannungen
U_T	Schwellspannung
U_φ	Diffusionsspannung
u	normiertes Potential $\left(\text{Normierung } \frac{kT}{q}\right)$, bezogen auf das Eigenleitungs-Fermi-Niveau
u_D	normierte Drainspannung
u_n, u_p	normiertes Quasi-Fermi-Potential der Löcher bzw. Elektronen
u_s	normiertes Potential der Halbleiteroberfläche
$v(x, t)$	Kanal-Potential
ε_0	Dielektrizitätskonstante des Vakuums
ε_H	relative Dielektrizitätskonstante des Halbleiters
ε_{ox}	relative Dielektrizitätskonstante des Isolators
μ_n, μ_p	Beweglichkeit der Elektronen bzw. Löcher
σ	spezifischer Substratwiderstand

Literaturverzeichnis

[1] *Paul, R.*: „Feldeffekttransistoren" Berlin, VEB Verlag Technik, 1972 S. 345
[2] *Sah, C. T.*: IEEE Transact. **ED-11** (1964) 7, 324
[3] *van Nielen, J. A.*: Philips Res. Repts. 22 (1967) 2, 55
[4] *Paul, R.* [1], S. 282
[5] *Wedlock, B. D.*: Proc. IEEE 58 (1970) 4, 593
[6] *Paul, R.*: [1], S. 349
[7] *Paul, R.*: [1], S. 283
[8] *Huang, J. S.*: IEEE Transact. **ED-16** (1969) 9, 775
[9] *Brumme, R.*: WZ der TH Karl-Marx-Stadt **12** (1970) 5, 547
[10] *Das, M. B.*: IEEE Transact. **ED-16** (1969) 12, 1049
[11] *Möschwitzer, A.*: WZ der TU Dresden **15** (1966) 4, 739

[12] *Lunze, K.*: WZ der Elektrotechnik 8 (1966), 1
[13] *Paul, R.*: [1], S. 421
[14] *O'Reilly, T. J.*: Solid State Electronics 8 (1965), 947
[15] *Landgraf-Dietz, D.*: Nachrichtentechnik **18** (1968) 8, 296
[16] *Goser, K.*: AEÜ **24** (1970), 21
[17] *Grimmer, F.*: AEÜ **26** (1972), 197
[18] *Bellmann, S.*: Nachrichtentechnik **20** (1970) 7, 251
[19] *Merckel, G.*: IEEE Transact. **ED-19** (1972) 5, 681
[20] *McGuffin, R. W.*: Electronics Letters **5** (1969)
[21] *Ohwada, A.*: Japanese Journ. Appl. Phys. 7 (1968) 8, 862
[22] *Pao, H. C.*: Ph. D. Dissertation, University of Illinois, 1966
[23] *Pao, H. C.*: Solid State Electronics **9** (1966) 10, 927
[24] *Sah, C. T.*: IEEE Transact. **ED-13** (1966) 4, 393
[25] *Brumme, R.*: Nachrichtentechnik **19** (1969) 7, 251
[26] *Frohman-Bentchkoski, D.*: IEEE Transact. **ED-16** (1969) 1, 108
[27] *Das, M. B.*: Solid State Electronics **12** (1969) 5, 305
[28] *Hofstein, S. R.*: Proc. IEEE **51** (1963) 9, 1190
[29] *Baum, G.*: IEEE Transact. **ED-17** (1970) 6, 481
[30] *Baum, G.*: AEÜ **22** (1968), 1
[31] *Wright, G. T.*: Solid State Electronics 7 (1964) 2, 167
[32] *Geurst, J. A.*: phys. stat. sol. **15** (1966), 107
[33] *Schroeder, J. E.*: IEEE Transact. **ED-15** (1968) 12, 954
[34] *Armstrong, G. A.*: Electronics Letters **5** (1969), 406
[35] *Armstrong, G. A.*: ebenda, 633
[36] *Armstrong, G. A.*: Electronics Letters **6** (1970), 313
[37] *Loeb, H. W.*: Electronics Letters **4** (1968), 352
[38] Попов, В. П.: Рад. узлектр. **11** (1966) 12, 2088
[39] *Schmidt, A.*: Nachrichtentechnik **19** (1969) 11, 423
[40] *Kotani, M.*: Proc. IEEE **58** (1970) 12, 1967
[41] *Meyer, J. E.*: RCA Rev. **32** (1971) 1, 42
[42] *Kalinowski, J. J.*: Proc. IEEE **60** (1972) 8, 1000
[43] *Shichman, H.*: IEEE Journ. Solid-State Circ. **SC-3** (1968), 285
[44] *Frohman-Bentchkowski, D.*: IEEE Journ. Solid-State Circ. **SC-4** (1969), 57

Über die Analyse nichtlinearer Netzwerke

Von *A. Reibiger*

Technische Universität Dresden

1. Einleitung

Über die Bedeutung, die der rechnergestützte Entwurf für die Entwicklung mikroelektronischer Schaltkreise hat, braucht an dieser Stelle nicht mehr allzuviel gesagt zu werden. Seine Bedeutung wird mit wachsendem Integrationsgrad weiter steigen.
Die rechnergestützte Dimensionierung nichtlinearer Schaltungen ist dem Wesen nach ein iterativer Prozeß. Die Analyse gegebener Schaltungen spielt bei dieser Art des Entwurfs eine zentrale Rolle. In der einfachsten Form tritt das Rechenprogramm an die Stelle der „klassischen“ Brettschaltung. Durch wiederholte Analysen eines auf Grund von Erfahrungen und Überschlagsrechnungen gewonnenen ersten Entwurfs versucht man herauszufinden, wie die Werte der Schaltelemente zu ändern sind, damit die Schaltung den vorgegebenen Anforderungen genügt. Im Idealfall ist das Analyseprogramm mit einem Optimierungsprogramm gekoppelt. Dadurch wird es möglich, den gegebenen ersten Entwurf ohne zusätzliche äußere Eingriffe so zu verbessern, daß ein als Zielfunktion vorgegebenes Entwurfskriterium möglichst gut erfüllt wird.
Die Hauptnachteile der bei uns z. Z. verfügbaren Prohramme zur Analyse nichtlinearer Netzwerke sind die zu langen Rechenzeiten, ihr großer Speicherplatzbedarf und das häufige Auftreten numerischer Schwierigkeiten. Dadurch wird der rechnergestützte Entwurf unökonomisch oder überhaupt undurchführbar.
Die erwähnten Mängel haben verschiedene Ursachen. In der Regel basieren diese Programme auf den sogenannten *Zustandsgleichungen* (vgl. Abschn. 2.), deren Auswertung bei nichtlinearen Netzwerken sehr langwierig ist. Bei der Berechnung von Gleichstromlösungen (Arbeitspunkte, Übertragungskennlinien, ...) treten oftmals Konvergenzschwierigkeiten auf. Infolge des *Zeitkonstantenprobleme* (vgl. Abschn. 3.2.) ergeben sich bei der Berechnung von Einschwingvorgängen sehr lange Rechenzeiten. In allen diesen Programmen wird die schwache Besetztheit der Jacobimatrizen der Netzwerkgleichungen nicht ausgenutzt. Ein grundsätzlicher Mangel dieser Programme ist ihre geringe Flexibilität, ihre Allgemeinheit wird durch Schwerfälligkeit erkauft.
Der vorliegende Beitrag hat das Ziel, eine Übersicht über Methoden und Probleme der nichtlinearen Netzwerkanalyse zu geben. Vor allem soll aufgezeigt werden, wie man effektivere Analyseprogramme entwickeln kann. Das ist durch die in den letzten Jahren erzielten Fortschritte in der Entwicklung der *Technik der schwachbesetzten Matrizen* [1] (vgl. Abschn. 3.1.) und spezieller *impliziter Integrationsverfahren* [2], [3] (vgl. Abschn. 3.2.) möglich geworden. Erste eigene Untersuchungen, die an der Arbeitsstelle für Molekularelektronik Dresden [4] und an der Sektion Informationstechnik der TU Dresden [5], [6], [7] durchgeführt worden sind, haben diese Vermutungen bestätigt. Eine ausführlichere Darstellung des in diesem Beitrag behandelten Problemkreises findet man in dem Übersichtsartikel [8].

2. Gleichungssysteme zur Netzwerkanalyse

Aufgabe der Netzwerkanalyse ist die Berechnung der Ströme und Spannungen eines durch seinen Graphen und die u-i-Relationen seiner Zweige gegebenen Netzwerks. Ohne wesentliche Einschränkung der Allgemeinheit lassen sich diese u–i-Relationen durch ein implizites Differentialgleichungssystem (DGS) des Typs

$$\boldsymbol{f}\left(\boldsymbol{u}, \boldsymbol{i}, \frac{\mathrm{d}}{\mathrm{d}t}\boldsymbol{u}, \frac{\mathrm{d}}{\mathrm{d}t}\boldsymbol{i}, t\right) = 0 \tag{2.1}$$

darstellen. Die Anzahl der Komponenten der Vektoren $\boldsymbol{u}$, $\boldsymbol{i}$ und $\boldsymbol{f}$ in (2.1) ist gleich der Anzahl der Zweige des Netzwerks. Aus den beiden Kirchhoffschen Sätzen erhält man das System

$$\boldsymbol{B}\boldsymbol{u} = 0 \tag{2.2}$$

der Maschengleichungen und das System

$$\boldsymbol{A}\boldsymbol{i} = 0 \tag{2.3}$$

der Knotengleichungen.

Die oben formulierte Aufgabenstellung der Netzwerkanalyse läßt sich demnach auf die Berechnung aller Lösungen eines Gleichungssystems zurückzuführen, das aus den Teilsystemen (2.1), (2.2) und (2.3) besteht.

Faßt man die Vektoren $\boldsymbol{u}$ und $\boldsymbol{i}$ in einem Vektor $\boldsymbol{x}$ zusammen, so läßt sich dieses Gleichungssystem als Sonderfall eines impliziten DGS des Typs

$$\boldsymbol{G}(\boldsymbol{x}, \dot{\boldsymbol{x}}, t) = 0 \tag{2.4}$$

ansehen.

Das DGS (2.4) ist in der Regel nicht geschlossen lösbar. Man ist deshalb auf die Anwendung numerischer Verfahren angewiesen. Die als Standardverfahren bekannten Algorithmen zur numerischen Lösung eines DGS setzen voraus, daß dieses DGS in der expliziten Normalform

$$\dot{\boldsymbol{z}} = \boldsymbol{F}(\boldsymbol{z}, t) \tag{2.5}$$

gegeben ist.

Wie man aus (2.2) und (2.3) sofort sieht, hängen bei dem uns interessierenden impliziten DGS des Typs (2.4) nicht einmal alle Komponenten des Vektors $\boldsymbol{G}$ von dem Vektor $\dot{\boldsymbol{x}}$ ab. Deshalb kann man dieses implizite DGS nicht einfach dadurch in die explizite Normalform bringen, indem man es nach $\dot{\boldsymbol{x}}$ auflöst. Vielmehr ist es nur mit einem verhältnismäßig komplizierten *Normalform-Algorithmus* [9], [10] möglich, dem aus den Teilsystemen (2.1), (2.2) und (2.3) bestehenden System der Netzwerkgleichungen ein explizites DGS zuzuordnen. Ein mit einem solchen Algorithmus gewonnenes explizites DGS wird als *Zustandsgleichungssystem* bezeichnet.

Für ein nichtlineares Netzwerk läßt sich ein Zustandsgleichungssystem in der Regel nicht in geschlossener Form angeben, weil der Normalform-Algorithmus auf die Berechnung der allgemeinen Lösung eines unterbestimmten nichtlinearen Gleichungssystems und die Inversion einer Matrix führt, deren Elemente Funktionen des Zustandsvektors $\boldsymbol{z}$ sind. Diese Aufgaben erfordern wiederum die Anwendung numerischer Verfahren und können deshalb nur punktweise gelöst werden. Dadurch wird die Analyse nichtlinearer Netzwerke auf der Basis der Zustandsgleichungen sehr aufwendig. Durch die Anwendung neuer Integrationstechniken ist es möglich, ein implizites DGS des Typs (2.4) auch direkt (d. h. ohne vorherige Transformation auf eine Normalform) zu integrieren. Um dabei die Vorteile, die die Technik der schwachbesetzten Matrizen bietet, möglichst weitgehend auszunutzen, erweist es sich als zweckmäßig [1], [5], [6], der Netzwerkanalyse nicht das aus den Teilsystemen (2.1), (2.2) und (2.3) bestehende Gleichungssystem zugrunde zu legen, sondern von dem Gleichungssystem

$$\begin{aligned} \boldsymbol{A i} &= \mathbf{0}\,, \\ \boldsymbol{u} - \boldsymbol{A}^t \boldsymbol{u}^{\varnothing} &= \mathbf{0}\,, \\ \boldsymbol{f}\left(\boldsymbol{u}, \boldsymbol{i}, \frac{\mathrm{d}}{\mathrm{d}t}\boldsymbol{i}, \boldsymbol{t}\right) &= \mathbf{0} \end{aligned} \tag{2.6}$$

auszugehen. In dem in der zweiten Zeile von (2.6) stehenden Teilsystem werden die Zweigspannungen durch Knotenspannungen ausgedrückt. Dieses Teilsystem ist eine allgemeine Lösung der Maschengleichungen (2.2).

Im Unterschied zu den Zustandsgleichungen hat das Gleichungssystem (2.6) eine sehr einfache Struktur. Diese Tatsache läßt sich ausnutzen, um dieses Gleichungssystem mit Hilfe eines übergeordneten Programms für jedes spezielle Beispiel als symbolisches Programm zu erzeugen [4], [5]. Dadurch kann das Netzwerkanalyseprogramm den speziellen Gegebenheiten eines bestimmten Beispiels angepaßt werden.

3. Methoden zur Auflösung der Netzwerkgleichungen

3.1. Numerische Verfahren zur Lösung transzendenter Gleichungssysteme

Die Berechnung der Gleichstromlösungen eines nichtlinearen Netzwerks führt unmittelbar auf ein transzendentes Gleichungssystem. Auch die Anwendung impliziter Integrationsverfahren erfordert die Auflösung transzendenter Gleichungssysteme. Insbesondere die Berechnung der Gleichstromlösungen hat sich als ein außerordentlich hartnäckiges Teilproblem der nichtlinearen Netzwerkanalyse erwiesen.

Im folgenden soll nur auf das *Newtonsche Iterationsverfahren* näher eingegangen werden. Nach wie vor gehören das Newtonverfahren und die daraus gewonnenen Varianten zu den wichtigsten Verfahren zur Auflösung eines transzendenten Gleichungssystems

$$\boldsymbol{f}(\boldsymbol{x}) = \mathbf{0}\,, \tag{3.1}$$

das aus N Gleichungen $f_1(\boldsymbol{x}), f_2(\boldsymbol{x}), \ldots, f_N(\boldsymbol{x})$ mit den in dem Vektor $\boldsymbol{x}$ zusammengefaßten Unbekannten $x_1, x_2, \ldots, x_N$ besteht.

Eine systematische Darstellung von Verfahren zur Auflösung transzendenter Gleichungssysteme findet man in [11]. Diese Monographie ist ein Standardwerk auf diesem Gebiet.

Beim Newtonverfahren wird, ausgehend von einer hinreichend guten Anfangsnäherung $\boldsymbol{x}^0$, nach der Iterationsvorschrift

$$\boldsymbol{x}^{i+1} = \boldsymbol{x}^i + \Delta\boldsymbol{x}^i \qquad (i = 0, 1, 2, \ldots) \tag{3.2}$$

mit

$$\boldsymbol{J}(\boldsymbol{x}^i)\,\Delta\boldsymbol{x}^i = \boldsymbol{f}(\boldsymbol{x}^i) \tag{3.3}$$

und

$$\boldsymbol{J}(\boldsymbol{x}^i) = \left(\frac{\partial \boldsymbol{f}_m(\boldsymbol{x}^i)}{\partial x_n}\right) \qquad m, n = 1, 2, \ldots, N \tag{3.4}$$

eine Folge $(\boldsymbol{x}^i)$ von Näherungswerten berechnet, die unter gewissen Voraussetzungen für $i \to \infty$ gegen eine Lösung des Gleichungssystems (3.1) konvergiert.
Für die praktische Anwendung hat das Newton-Verfahren eine Reihe offensichtlicher Nachteile, da bei jedem Iterationsschritt die Auflösung eines linearen algebraischen Gleichungssystems erforderlich ist und bei jedem Iterationsschritt die N^2-Elemente der Jacobimatrix $\boldsymbol{J}(\boldsymbol{x}^i)$ berechnet werden müssen. Ein Vorteil des Newtonverfahrens ist seine quadratische Konvergenz.
In vielen Fällen kann die Funktion $\boldsymbol{f}(\boldsymbol{x})$ aus (3.1) nur numerisch ausgewertet werden, so daß die partiellen Ableitungen in (3.4) durch Differenzenquotienten ersetzt werden müssen, oder die Funktionsvorschrift für $\boldsymbol{f}(\boldsymbol{x})$ ist so kompliziert, daß von einer geschlossenen Berechnung dieser partiellen Ableitungen abgesehen werden muß. (Werden die erwähnten Differenzenquotienten mit einer von Anfang an festgelegten konstanten Schrittweite berechnet, so ist das Newtonverfahren nur noch linear konvergent [11].) Durch verschiedene Modifikationen versucht man, den für jeden Iterationsschritt erforderlichen Rechenaufwand herabzusetzen. Eine allgemein bekannte Variante ist das *vereinfachte Newtonverfahren*, bei dem in (3.3) die Jacobimatrix $\boldsymbol{J}(\boldsymbol{x}^i)$ für $i = 1, 2, 3, \ldots$ durch $\boldsymbol{J}(\boldsymbol{x}^0)$ ersetzt wird. Andere Varianten findet man z. B. in [11], [12] und [13].
Bei schwachbesetzten Jacobimatrizen läßt sich der für die Auflösung des linearen Gleichungssystems (3.2) erforderliche Rechenaufwand durch die Anwendung der *Technik schwachbesetzter Matrizen* wseentlich herabsetzen. Die Technik der schwach besetzten Matrizen liefert nämlich Strategien, mit denen man weitgehend optimale Programme zur Auflösung linearer algebraischer Gleichungssysteme aufstellen kann. Das geschieht im wesentlichen so, daß durch einen auf ihrer Grundlage geschriebenen Compiler jeweils ein Geradeausprogramm erzeugt wird, das dem zu lösenden Gleichungssystem im Sinne gewisser Kriterien optimal angepaßt ist. In einem solchen Programm wird nur mit den von Null verschiedenen Koeffizienten dieses Gleichungssystems gearbeitet. Das Programm ist ferner so aufgebaut, daß während der Auflösung des Gleichungssystems möglichst wenig neue von Null verschiedene Elemente entstehen. Wegen weiterer Einzelheiten sei auf [5] verwiesen.
Bei einer technisch interessanten Schaltung sind von den Elementen der Jacobimatrix des diese Schaltung beschreibenden Gleichungssystems (2.6) im Duchschnitt nur 5 bis 10% von Null verschieden. Oftmals ist der Prozentsatz noch geringer. Wenn man bedenkt, daß während der iterativen Berechnung der Lösung der Netzwerkgleichungen mit dem Newtonverfahren bei jedem Iterationsschritt lineare algebraische Gleichungssysteme aufzulösen sind, deren Koeffizientenmatrix stets an den gleichen Plätzen mit von Null verschiedenen Elementen belegt sind, so liegt auf der Hand, daß sich auf diese Weise erhebliche Einsparungen sowohl an Rechenzeit als auch an Speicherplatz ergeben.
Ein grundsätzlicher Nachteil der bekannten Iterationsverfahren zur Auflösung transzendenter Gleichungssysteme ist die Tatsache, daß ihre Konvergenz nur gesichert werden kann, wenn der Startwert $\boldsymbol{x}^0$ bereits in einer (in der Regel unbekannten) hinreichend kleinen Umgebung der gesuchten Lösung liegt. Weitere Schwierigkeiten ergeben sich, wenn das Gleichungssystem (3.1) mehere Lösungen hat. Zur Ermittlung geeigneter Anfangsnäherungen können die sogenannten *Einbettungsverfahren* [14], [15], [16], [11] herangezogen werden, bei denen die Auflösung des Gleichungssystems (3.1) auf die Lösung eines gewissen Anfangswertproblems und damit auf die numerische Integration eines Differentialgleichungssystems zurückgeführt wird. Mit der von *Branin* [15] angegebenen Variante des Verfahrens von *Dawidenko* [14] lassen sich u. U. sogar alle Lösungen eines nicht

eindeutig lösbaren trenszendenten Gleichungssystems berechnen (vgl. aber auch [16]).
Die Berechnung der Gleichstromlösungen eines Netzwerks läßt sich auch dadurch auf die Lösung eines DGS zurückführen, daß man diese Lösung als Grenzwert eines geeigneten Einschwingvorganges auffaßt. Vor allem bei Netzwerken mit mehreren Gleichstromlösungen empfiehlt es sich, zur Berechnung von Anfangsnäherungen die u-i-Kennlinien der nichtlinearen Zweige zunächst stückweise linear zu approximieren (vgl. [10], [17] und die dort angegebene Literatur).

3.2. Numerische Verfahren zur Lösung nichtlinearer Differentialgleichungssysteme

Wie schon im Abschnitt 2. gesagt worden ist, können die DGS, auf die man bei der Analyse nichtlinearer Netzwerke geführt wird, in der Regel nicht geschlossen gelöst werden. Mit Hilfe eines numerischen Verfahrens lassen sich zu den Punkten $t_n = a + nh$ $\left(n = 0, 1, 2, \ldots, m \leqq (b-a)/h\right)$ des interessierenden Integrationsintervalls $[a, b]$ Näherungswerte $\boldsymbol{X}_n$ für die Funktionswerte $\boldsymbol{x}(t_n)$ der exakten Lösung berechnen.
Eine Reihe einfacher Integrationsverfahren erhält man, indem man den Differentialquotienten

$$\dot{\boldsymbol{x}}(t) = \lim_{\Delta t \to 0} \frac{\boldsymbol{x}(t + \Delta t) - \boldsymbol{x}(t)}{\Delta t} \tag{3.5}$$

durch einen Differenzenquotienten approximiert. Z.B. erhält man auf diese Weise mit Hilfe von *vorwärtsgreifenden* bzw. *rückwärtsgreifenden Differenzen* die Näherungsformeln

$$\dot{\boldsymbol{x}}(t_n) \approx \left(\boldsymbol{x}(t_{n+1}) - \boldsymbol{x}(t_n)\right)/h\,, \tag{3.6}$$

$$\dot{\boldsymbol{x}}(t_{n+1}) \approx \left(\boldsymbol{x}(t_{n+1}) - \boldsymbol{x}(t_n)\right)/h\,. \tag{3.7}$$

Für die Integration des expliziten DGS

$$\dot{\boldsymbol{x}} = \boldsymbol{F}(\boldsymbol{x}, t) \tag{3.8}$$

erhält man aus (3.6) die *Euler-vorwärts-Regel*

$$\boldsymbol{X}_{n+1} = \boldsymbol{X}_n + h\boldsymbol{F}(\boldsymbol{X}_n, t_n) \tag{3.9}$$

und aus (3.7) die *Euler-rückwärts-Regel*

$$\boldsymbol{X}_{n+1} = \boldsymbol{X}_n + h\boldsymbol{F}(\boldsymbol{X}_{n+1}, t_{n+1})\,. \tag{3.10}$$

Unabhängig von den Eigenschaften der das DGS (3.8) definierenden Funktion $\boldsymbol{F}(\boldsymbol{x}, t)$ liefert (3.9) eine explizite Vorschrift zur Berechnung des Wertes X_{n+1}. Die Euler-vorwärts-Regel gehört deshalb zur Klasse der expliziten Integrationsverfahren. Ist die rechte Seite des DGS (3.8) eine nichtlineare Funktion ihres ersten Arguments, so führt die Vorschrift (3.10) dagegen auf ein nichtlineares Gleichungssystem zur Berechnung von $\boldsymbol{X}_{n+1}$. Die Euler-rückwärts-Regel gehört deshalb zur Klasse der impliziten Integrationsverfahren.
Ausgehend von (3.7) läßt sich die numerische Integration des impliziten DGS

$$\boldsymbol{G}(\boldsymbol{x}, \dot{\boldsymbol{x}}, t) = \boldsymbol{0} \tag{3.11}$$

auf die Lösung der (im allgemeinen nichtlinearen) Gleichungssysteme

$$\boldsymbol{G}(\boldsymbol{X}_{n+1}, \boldsymbol{X}_{n+1}/h - \boldsymbol{X}_n/h, t_{n+1}) = \boldsymbol{0} \qquad (n = 0, 1, 2, \ldots, m-1) \tag{3.12}$$

zurückführen.

Wie man sofort sieht, ist es nicht möglich, auf der Basis von (3.6) eine zu (3.12) analoge Formel zur direkten Integration des impliziten DGS (3.11) herzuleiten.
Für das Verständnis einer Reihe von numerischen Schwierigkeiten, die gerade bei der Integration von Netzwerkgleichungen auftreten können, ist der Begriff der numerischen Stabilität eines Integrationsverfahrens von grundlegender Bedeutung. Wir wollen uns diesen Begriff am Beispiel der numerischen Integration der linearen homogenen Differentialgleichung

$$\dot{x} = -\frac{1}{\tau} x \tag{3.13}$$

veranschaulichen.
Für den Anfangswert $x(0) = x_0$ hat (3.13) die Lösung

$$x(t) = x_0 e^{-t/\tau} . \tag{3.14}$$

Für alle $\tau > 0$ ist die Lösung von (3.13) im Intervall $[0, +\infty)$ beschränkt. Mit anderen Worten, für alle $\tau > 0$ ist die Differentialgleichung (3.13) stabil.
Aus (3.4) erhält man die Beziehung

$$x(t_n) = (e^{-h/\tau})^n \, x_0 . \tag{3.15}$$

Mit Hilfe von (3.9) bzw. (3.10) erhält man anstelle von (3.15) die Ausdrücke

$$X_n = (K_{\mathrm{EV}})^n \, x_0$$

mit

$$K_{EV} = 1 + h/\tau \tag{3.16}$$

bzw.

$$X_n = (K_{ER})^n \, x_0$$

mit

$$K_{ER} = \frac{1}{1 + h/\tau} . \tag{3.17}$$

Weil für alle $h, \tau > 0$ die Ungleichung

$$0 < K_{ER} < 1 \tag{3.18}$$

gilt, konvergiert die Folge (X_n) der mit der Euler-rückwärts-Regel berechneten Näherungswerte für alle $\tau > 0$ bei festgehaltener (positiver) Schrittweite h für $n \to \infty$ monoton gegen Null.
Die mit verschiedenen Schrittweiten nach der Euler-vorwärts-Regel berechneten Folgen (X_n) zeigen dagegen ein ganz anderes Verhalten. Hier gilt nämlich unter der generellen Voraussetzung $h, \tau > 0$ nur für $h < 2\tau$ die Ungleichung

$$-1 < K_{EV} < +1 , \tag{3.19}$$

die notwendig und hinreichend dafür ist, daß die durch (3.16) definierte Folge eine Nullfolge ist. Die zu (3.18) analoge, schärfere Einschließung

$$0 < K_{EV} < 1 \tag{3.20}$$

gilt dagegen nur für $h < \tau$. Für $h > \tau$ zeigt demnach die durch (3.16) definierte Folge ein oszillierendes Verhalten.
Für $h > 2\tau$ wächst die nach (3.16) berechnete Folge der Näherungswerte für $n \to \infty$ dem Betrage nach unbeschränkt, obgleich die Folge der exakten Werte (3.15) eine Nullfolge ist. Dieser Sachverhalt ist ein einfaches Beispiel einer numerischen Instabilität. Offensichtlich ist bei diesem Beispiel die numerische Instabilität nicht auf ein Auflaufen der Rundungsfehler zurückzuführen.

Mit einigen Hilfsmitteln aus der linearen Algebra und der Funktionentheorie lassen sich diese Überlegungen sofort auf den Fall der Integration linearer DGS mit konstanten Koeffizienten übertragen. Sind speziell alle Eigenwerte eines solchen DGS negativ reell, so kann man zeigen, daß aus Gründen der numerischen Stabilität bei der Integration mit der Euler-vorwärts-Regel die Schrittweite an allen Punkten des Integrationsintervalls kleiner als $2\tau_{\min}$ sein muß, auch dann, wenn die zu $\tau_{\min}$ gehörende Eigenschwingung längst abgeklungen ist. Da die Länge des Integrationsintervalls in der Regel in der Größenordnung von $\tau_{\max}$ liegt, ist die Euler-vorwärts-Regel für die Integration eines DGS mit sehr großem Zeitkonstantenverhältnis wenig geeignet.
Unter den gleichen Voraussetzungen tritt diese Schwierigkeit bei der Integration mit der Euler-rückwärts-Regel nicht auf. Hier wird die Schrittweite an allen Punkten des Integrationsintervalls lediglich durch den lokalen Fehler der numerischen Integration bestimmt. Deshalb kann bei der Integration eines DGS mit stark unterschiedlichen Zeitkonstanten die Schrittweite dann wesentlich vergrößert werden, wenn die der Zeitkonstante $\tau_{\min}$ entsprechende Eigenschwingung abgeklungen ist. Wegen weiterer Einzelheiten (komplexe Eigenwerte, Verfahren zur Schrittweitensteuerung, numerische Stabilität bei der Integration nichtlinearer DGS) sei auf [18], [19], [8] verwiesen.
Leider zeigt die Mehrzahl der klassischen Integrationsverfahren, die bisher in der numerischen Mathematik vorrangig untersucht worden sind (etwa die expliziten *Rnnge-Kutta*-Verfahren, die Verfahren von *Adams-Bashforth*, *Adams-Moulton* oder von *Nyström*) ein für die Integration von DGS mit weit auseinanderliegenden Eigenwerten ähnlich ungünstiges Stabilitätsverhalten wie die Euler-vorwärts-Regel [18], [19]. Das Dilemma, daß bei diesen Verfahren aus Gründen der numerischen Stabilität die maximale Schrittweite stets in der Größenordnung von $\tau_{\min}$ liegen muß, während die Lösung in einem Intervall berechnet werden muß, das in der Größenordnung von $\tau_{\max}$ liegt, wird in der technischen Literatur als *Zeitkonstantenproblem* bezeichnet.
Diese Tatsache ist für den rechnergestützten Schaltungsentwurf von einschneidender Bedeutung, denn für viele technisch wichtige Schaltungen sind große Zeitkonstantenunterschiede typisch ($\tau_{\max}/\tau_{\min} > 10^6$ und mehr). Das ist insbesondere dann der Fall, wenn man versucht, das Netzwerkmodell den praktischen Gegebenheiten möglichst gut anzupassen, indem man Streukapazitäten, Verlustwiderstände, Zuleitungsinduktivitäten u. ä. berücksichtigt.
Verfahren, mit denen man auch DGS mit weit auseinanderliegenden Zeitkonstanten mit vertretbarem Rechenaufwand integrieren kann, sind erst in den letzten Jahren entwickelt worden (vgl. z.B. [18], [19]). Zu ihnen gehören die Euler-rückwärts-Regel, die Trapezregel, die sogenannten *Rückwärts-Differentiations-Formeln* [2], [19], [20], [21], und gewisse implizite Runge-Kutta-Verfahren [18], [19]. Die Euler-rückwärts-Regel ist der einfachste Sonderfall der Rückwärts-Differentiations-Formeln. Die Trapezregel gehört zur Klasse der *impliziten Runge-Kutta-Verfahren.* Mit Hilfe der Rückwärts-Differentiations-Formeln läßt sich die direkte Integration eines impliziten DGS auf ähnliche Weise wie mit der Euler-rückwärts-Regel auf die Auflösung transzendenter Gleichungssysteme zurückführen. Für die Auflösung dieser Gleichungssysteme hat sich das vereinfachte Newtonverfahren bewährt [2], [19], [21].
Alle diese Integrationsverfahren erfordern bei jedem Integrationsschritt die Auflösung eines nichtlinearen Gleichungssystems. Deshalb ist ihre Anwendung erst durch die Entwicklung der Technik schwachbesetzter Matrizen sinnvoll möglich geworden.

4. Schlußbemerkung

An dieser Stelle möchte ich Herrn Dr.-Ing. *W. Franke* von der Arbeitsstelle für Molekularelektronik Dresden sowie den Herren Dipl.-Ing. *R. Boneß*, Dipl.-Ing. *G. Elst*, Dipl.-Ing. *F. Schmidt* und Dipl.-Ing. *B. Straube* von der Sektion Informationstechnik der TU Dresden für Literaturhinweise und viele anregende Diskussionen danken, die wir während der Ausarbeitung dieses Berichts geführt haben.

Literaturverzeichnis

[1] *Hachtel, G. D., R. K. Brayton, F. G. Gustavson*: "The sparse tableau approach to network analysis and design". IEEE Trans. Circuit Theory, **CT-18** (1971), 101–113

[2] *Gear, C. W.*: "Simultaneous numerical solution of differential-algebraic equations". IEEE Trans. Circuit Theory **CT-18** (1971), 89–95

[3] *Allen, R. H.*: "Fast computer aided analysis of nonlinear electronic circuits", Proc. 2-nd Biennial Cornell Electrical Engineering Conf., Cornell University 1969. S. 326–345

[4] *Franke, W.*: „Netzwerkanalyseprogramm STADYNET II" (unveröffentl.)

[5] *Elst, G.*: „Über die Auflösung schwachbesetzter linearer algebraischer Gleichungssysteme und ihre Anwendung bei der Analyse elektrischer Netzwerke", Diss., TU Dresden 1974

[6] *Elst, G.*: „Die Lösung linearer algebraischer Gleichungssysteme mit schwach besetzten Koeffizientenmatrizen und ihre Anwendung bei der Analyse elektrischer Netzwerke". Vortrag. 6. Fachkolloquium „Informationstechnik". Dresden, 17. 4.–19. 4. 1973

[7] *Boneß, R.*: „Numerische Verfahren zur dynamischen Analyse nichtlinearer Netzwerke", Vortrag, 6. Fachkolloquium „Informationstechnik", Dresden, 17. 4.–19. 4. 1973

[8] *Elschner, H., A. Möschwitzer, A. Reibiger*: „Rechnergestützte Analyse in der Elektronik". Berlin,Verlag Technik, 1976

[9] *Chua, L. O., R. A. Rohrer*: "On the dynamic equations of a class of nonlinear RLC networks". IEEE Trans. Circuit Theory **CT-12** (1965), 475–489

[10] *Chua, L. O.*: "Computer-sided analysis of nonlinear networks", in *Kuo, F. F., W. G. Magnuson* (editor) "Computer oriented circuit design", Englewood Cliffs, N.J., Prentice-Hall, Inc., 1969

[11] *Ortega, J. M., W. C. Rheinboldt*: "Iterative solution of nonlinear equations in several variables", New York, Academic Press, 1970

[12] *Broyden, C. G.*: "A class of methods for solving nonlinear simultaneous equations", Math. Comp. **19** (1965), 577–593

[13] *Broyden, C. G.*: "A new method of solving nonlinear simultaneous equations". Comp. Journ. **12** (1969), 94–99

[14] *Dawidenko, D. F.*: „Über eine neue Methode für die numerische Lösung nichtlinearer Gleichungssysteme" (russ.). Dokl. Akad. Nauk SSSR **88** (1953), 601–602

[15] *Branin, F. H.*: "Widely convergent method for finding multiple solutions of simultaneous nonlinear equations". IBM Journ. Res. and Develop. **16** (1972), 504–522

[16] *Brent, R. P.*: "On the Davidenko-Branin method for solving simultaneous nonlinear equations". IBM Journ. Res. Develop. **16** (1972), 434–436

[17] *Straube, B.*: „Über die Analyse von Schalternetzwerken, Diss., TU Dresden 1974

[18] *Lapidus, L., J. H. Seinfeld*: "Numerical solution of ordinary differential equations". New York, Academic Press, 1971

[19] *Gear, C. W.*: "Numerical initial value problems in ordinary differential equations". Englewood Cliffs, N. J. Prentice-Hall, 1971

[20] *Odeh, F., W. Liniger*: "A note on unconditional fixed-h stability of linear multistep formulae". Computing **7** (1971), 240–253

[21] *Brayton, R. K., Gustavson, F. G., Hachtel, G. D.*: A new efficient algorithm for solving differential-algebraic systems using implicit backward differentiation formulas, Proc. IEEE **60** (1972) 1, 98–108

Einsatz von Teststrukturen bei der Festkörperschaltkreis-Fertigung

Von *G. Posdziech*

Arbeitsstelle für Molekularelektronik

Der vorliegende Aufsatz behandelt die Notwendigkeit und die verschiedenen Möglichkeiten des Einsatzes von Teststrukturen bei der FKS-Fertigung. Ausgehend von allgemeineren Überlegungen im Zusammenhang mit der Prozeßsteuerung und Verfahrensentwicklung werden Erfahrungen über günstige Einsatzmöglichkeiten, Entwurfskriterien und Messung von elektrischen Teststrukturen mitgeteilt, die besonders bei der Verfahrensentwicklung für bipolare FKS Anwendung finden. Dabei wird die Kenntnis des Silizium-Epitaxie-Planar-Prozesses vorausgesetzt.

1. Einleitung

Jede Technologie zur Herstellung bestimmter Produkte hängt von einer Reihe unterschiedlicher Einflußgrößen ab, die eingestellt bzw. eingehalten werden müssen. Bei der Technologie zur Herstellung von FKS sind jedoch nicht alle Einflußgrößen bekannt oder es existieren noch keine exakten Meßvorschriften. Es gibt auch Teilschritte, bei denen wichtige Einflußgrößen aufgrund mangelnder apparativer Voraussetzungen nicht reproduzierbar eingehalten werden können. Dies hat zur Folge, daß das Ergebnis einzelner Teilschritte nicht vollständig determiniert ist und damit Abweichungen vom Nominalwert zu erwarten sind. Diese Abweichungen können so groß sein, daß die Funktion der FKS in Frage gestellt ist. Das trifft besonders für die Epitaxie- und Diffusionsprozesse zu. Kritisch sind hierbei die Dicke der Epitaxieschicht, die Ausdiffusion des niederohmig begrabenen Gebietes im Kollektorraum, die Basisweite und die aktive Goldkonzentration. Weitere Einflußgrößen sind der Schichtwiderstand des niederohmig begrabenen Gebietes, des Emitters, der Basis und des Isolierrahmens sowie die Widerstände der Metall-Halbleiterkontakte und der metallischen Leitbahnen. Schließlich spielt besonders bei MSI-Schaltungen die Dichte von Punktdefekten eine wesentliche Rolle.
Man kann also feststellen, daß bestimmte Informationen über das Diffusionsprofil zur Steuerung des technologischen Prozesses benötigt werden. Hierzu ist es notwendig, diese Informationen bereits während der technologischen Prozesse zu erhalten, um eine entsprechende Steuerung bzw. Korrektur des gleichen oder eines folgenden Teilschritts durchführen zu können. Dieses Problem wird in folgendem jedoch nur gestreift werden.
Informationen über das Diffusionsprofil und anderer Eigenschaften werden aber auch nach Beendigung aller technologischen Teilschritte einschließlich der Leitbahn benötigt. Dies tritt bei der Verfahrensentwicklung sogar in den Vordergrund, da die Zusammenhänge zwischen den Profileigenschaften und den elektrischen Eigen-

schaften der FKS zu ermitteln sind. Nur durch die vollständige Kenntnis der Zusammenhänge in einem breiten Variationsbereich ist es möglich

1. das Profil bezüglich elektrischer Eigenschaften und die Ausbeute der FKS zu optimieren und
2. Ausfallkriterien festzulegen, bei deren Überschreitung die geforderten elektrischen Eigenschaften nicht erreicht werden.

Von der Lösung dieser Aufgabe hängt es wesentlich mit ab, ob der Produzent allein aus den Profileigenschaften auf die elektrischen Eigenschaften der Schaltungen bzw. deren Ausfallursachen schließen kann oder gar die Ausbeute vorherzusagen in der Lage ist. Für die Bestimmung des Störstellenprofils einschließlich der Oxidschichtdicken und der Dicke metallischer Leitbahnen werden optische, physikalische und elektrische Meßmethoden angewendet. Im vorliegenden Aufsatz wird nur auf den Einsatz elektrischer Meßmethoden eingegangen, bei denen spezielle *Halbleiter-Teststrukturen* eingesetzt werden. Diese Halbleiter-Teststrukturen werden in folgendem auch als *Testfelder* bezeichnet.
Das Ziel dieses Aufsatzes ist, neben theoretischen Gesichtspunkten auch praktische Erfahrungen über den Einsatz von Testfeldern mitzuteilen.

2. Einsatzmöglichkeiten

Die elektrischen Testfelder können in verschiedener Weise eingesetzt werden. Dazu werden im vorliegenden Abschnitt einige Möglichkeiten zusammengestellt. Die Art der Testfelder hängt wesentlich von ihrem Verwendungszweck ab.

1. Teststrukturen, die für eine Prozeßsteuerung benötigt werden, enthalten makroskopische Elemente, die ohne besondere Hilfsmittel einer elektrischen Messung zugänglich sind. In diesem Falle werden die Teststrukturen auf gesonderten Testscheiben, die gemeinsamen mit den Schaltungsscheiben bis zum Zeitpunkt der Messung alle technologischen Teilschritte durchlaufen, aufgebracht.
2. Es können aber auch auf der Schaltungsscheibe spezielle Testchips mit Mikrostrukturen geführt werden. Die Messung dieser Strukturen ist jedoch erst nach dem Aufbringen der metallischen Leitbahnen möglich. Es ist auch üblich, Mikrostrukturen auf gesonderten Testscheiben aufzubringen, z.B. gemeinsam mit Makrostrukturen.
3. Es ist weiterhin möglich, spezielle Testelemente auf die Schaltungschips mit unterzubringen. Der Testumfang ist hier natürlich sehr gering. Man beschränkt sich oft auf einen Testtransistor mit einer den Bauelementen der Schaltung vergleichbaren Geometrie.
4. In Ausnahmefällen können bestimmte Punkte der Schaltung mit Hilfe einer speziellen Leitbahn angeschlossen und damit einer elektrischen Messung zugänglich gemacht werden.

Die Entscheidung für eine bestimmte Art von Testfeldern hängt von einer Reihe von Faktoren ab, über die kaum allgemeine Aussagen gemacht werden können. Bei der FKS-Fertigung wird man auf eine Prozeßsteuerung und -überwachung Wert legen und sich damit für die Art 1. evtl. in Verbindung mit Mikrostrukturen entschließen. Man wird nach Möglichkeit den organisatorischen Ablauf störende oder flächenintensive Teststrukturen vermeiden. Weiterhin spielt die Korrelation zwischen Schaltung und Testfeldern eine wesentliche Rolle (siehe Abschnitt 4.).

3. Steuerung der Technologie mit Hilfe von Testfeldern

Nachdem die verschiedenen Möglichkeiten zusammengestellt worden sind, in welcher Weise man Testfelder einsetzen kann, sollen nun die Möglichkeiten der Steuerung anhand der Meßergebnisse erörtert werden. (Über die Art der Messungen werden in den folgenden Abschnitten noch detaillierte Angaben gemacht werden.) Die größte Steuerwirkung besitzt eine direkte Steuerung. Es werden die Testmessungen bereits während eines Teilprozesses durchgeführt und damit z.B. die Prozeßdauer gesteuert. Der Durchführung von Zwischenmessungen stellen sich jedoch oft große technische Schwierigkeiten entgegen. Diese Steuerart ist daher trotz ihrer Effektivität nicht gebräuchlich.
Eine ebenfalls große Steuerwirkung besitzt die Steuerung mit Vorfühler. Hier wird der Teilschritt an einer Teststruktur, die alle vorhergehenden Prozesse gemeinsam mit den Schaltungsscheiben durchlaufen hat, vorher gesondert ausprobiert. Das läßt sich vorteilhaft bei der Steuerung der Emittereindringtiefe bzw. der Basisweite einsetzen. Da die Diffusionszeit für die Emitterdiffusion verhältnismäßig klein ist, wird die Durchlaufzeit nicht wesentlich erhöht.
Die Einstellung der Basisweite kann auch dadurch gesteuert werden, daß vor der Emitterdiffusion die Basiseindringtiefe z.B. mittels eines Schrägschliffs bestimmt wird, um die anzustrebende Emittereindringtiefe festzulegen. Man bezeichnet das als Emitternachstellung. Aber nicht nur die Basisweite, sondern auch Schwankungen der Epitaxieschichtdicke können im Zusammenhang mit dem niederohmig begrabenen Gebiet zu erheblichen Schwankungen der elektrischen Eigenschaften führen. Das könnte durch eine Nachstellung der Basisdiffusion ausgeglichen werden.
In der Verfahrensentwicklung werden die Ergebnisse der Testmessungen weniger für eine unmittelbare Steuerung des technologischen Prozesses, sondern für eine Optimierung der Profilparameter verwendet. Die Testmessungen werden erst nach Beendigung aller Teilschritte einschließlich der Leitbahnerzeugung durchgeführt. Die Ergebnisse wirken sich erst auf den nächsten Durchlauf aus, abgesehen von der Möglichkeit einer Vorherbestimmung der Ausbeute.

4. Aussagekraft der Testmessungen

Es ist bisher stillschweigend von der Voraussetzung ausgegangen worden, daß die Testmessungen an von der Schaltung räumlich getrennten Teststrukturen Aussagen machen über das Profil am Ort der Schaltungen. Dies ist jedoch nicht ohne weiteres erfüllt. Es hängt vom Ausmaß der Profilschwankungen innerhalb einer Charge oder einer Scheibe ab. Die Homogenität wird besonders durch Randeffekte gestört. In einem Diffusionsrohr sind auf einem Scheibenträger 10 bis 200 Scheiben in einer bestimmten Anordnung aufgebracht. Dabei bilden sich Gasströmungen aus, die durch Scheibenträger und Scheiben beeinflußt werden. So werden die Randscheiben einer anderen Strömung ausgesetzt sein als die Scheiben im mittleren Teil. Es kann sich auch der Einfluß der Wände der Diffusionsrohrs bemerkbar machen.
Bei kleinen Chargen in der Größenordnung von 10 Scheiben hat fast jede Scheibe eine exponierte Stellung und verbietet den Einsatz von gesonderten Testscheiben. Hier müssen Testfeldchips eingesetzt werden, die sich in einer bestimmten Anordnung auf der Scheibe befinden. Dabei zeigt aber auch jede Scheibe für sich unabhängig von der Größe der Charge Randeffekte und man wird daher den

Scheibenrand für Testfeldchips meiden. Eine gebräuchliche Anordnung zeigt (c) Bild 1. Vom Standpunkt der Korrelation zu den Schaltungen sind Testelemente oder Schaltungsanzapfungen am günstigsten. Ihr Meßumfang ist jedoch gering, so daß man sich nur auf die entscheidendsten elektrischen Eigenschaften, wie z.B. die Transistoreigenschaften, beschränken muß.

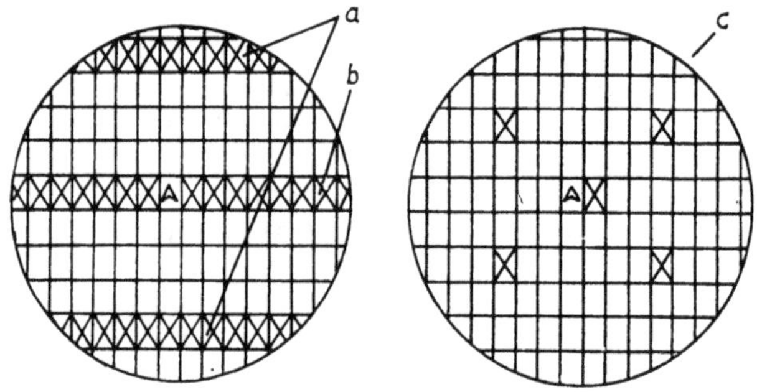

Bild 1. Verschiedene Testfeldchip-Verteilungen

Die Frage der Korrelation kann allgemein positiv beantwortet werden, wenn beim Einsatz der Teststrukturen die Randeffekte in einer Charge bzw. auf einer Scheibe vermieden bzw. berücksichtigt werden. Man kann dann durch Messungen an einigen wenigen verteilten Punkten innerhalb einer Charge oder einer Scheibe eine Profilfläche durch Interpolation zwischen den Meßpunkten ermitteln. Die Funktion einer Schaltung und die Scheibenausbeute wird jedoch nicht nur durch die Eigenschaften des Profils, sondern auch durch das Auftreten von Punktdefekten im Halbleiter, durch Poren im Oxid und Leitbahnunterbrechungen beeinflußt. Die bisher in Beispielen genannten Aufgaben der Teststrukturen zur Profilsteuerung und Optimierung reichen also nicht aus, um Aussagen über die Ausbeute zu machen. Es sind also weitere Teststrukturen notwendig, die eine Aussage über die Häufigkeit von Punktdefekten geben. Im Gegensatz zu den Teststrukturen zur Profilbestimmung, die man als *technologisches Testfeld* bezeichnen kann, muß sich eine Teststruktur zur Bestimmung der Häufigkeit von Punktdefekten statistischer Methoden bedienen. Es wird hierfür der Begriff des *statistischen Testfeldes* verwendet. Das statistische Testfeld erhält eine zunehmende Bedeutung bei der Stabilisierung der Technologie und der Ausbeuteabschätzung bei MSI-Schaltungen.

5. Testfeldentwurf

Nachdem in den vorangegangenen Abschnitten einige allgemeine Aussagen über den Einsatz und die Notwendigkeit von Teststrukturen gemacht worden sind, folgen nun detailliertere Informationen zum Entwurf und Inhalt der Testfelder.

5.1. Entwurfskriterien

An den Strukturen eines technologischen Testfeldes soll es möglich sein, elektrische Eigenschaften zu messen, aus denen man auf das Profil und die Eigenschaften der Bauelemente schließen kann. Die Auswahl der Testelemente ist daher abhängig von der Technologie, z. B. Bipolar- oder Unipolartechnik. Es werden daher vorerst einige allgemeine Überlegungen über die Kriterien der geometrischen Auslegung der Testelemente angestellt.

Es wird im allgemeinen eine hohe Meßgenauigkeit angestrebt. Dazu ist es vorteilhaft, die lateralen Ausdehnungen der Testelemente groß zu wählen, so daß die Schwankungen der lateralen Ausdehnungen infolge Schwankungen im photolithographischen Prozeß oder durch einen nicht exakt angebbaren Diffusionsrand vernachlässigbar klein sind. Fordert man z. B. einen geometrischen Fehler von maximal 1%, dann gelangt man zu lateralen Abmessungen von 200 bis 1000 μm. Große Strukturen haben auch Nachteile, der Platzverbrauch ist hoch und die Wahrscheinlichkeit für einen Ausfall durch Kurzschlüsse wird groß. Man muß sich daher auch fragen, ob die Meßgenauigkeit und die Korrelation zu den Schaltungseigenschaften eine hohe geometrische Genauigkeit rechtfertigen.

Eine weitere Frage betrifft die Zahl der verschiedenen Testelemente. Gewöhnlich kann durch ein bestimmtes Testelement eine bestimmte Eigenschaft getestet werden. Nun sind aber nicht alle Eigenschaften für die Funktion der Schaltung gleich wichtig. So kommt es z. B. bei der Diffusion für die Bauelementeisolation (Isolierrahmen) lediglich darauf an, daß eine minimale Diffusionstiefe überschritten wird. Wenn dieser Isolierrahmen mit genügender Sicherheit erzeugt wird, kann man auf den regelmäßigen Test verzichten, es sei denn, der Isolierrahmen übernimmt weitere Funktionen. Besonders beim Einsatz von Testfeldchips wird man sich oft auf einige wenige Testelemente beschränken müssen, da das Testfeldchip in das Rastermaß der Schaltung passen muß. Will man ein bestimmtes Testfeldchip bei allen in der Entwicklung oder Produktion befindlichen Schaltungen einsetzen, dann muß die Größe des Testfeldchips auf die kleinste Schaltung abgestimmt sein.

Der elektrische Anschluß der Testelemente erfolgt über metallische Leitbahnen mit größeren Metallflächen, auf die die Spitzen des Waferprobers aufsetzen können (Testerinseln). Ihre Zahl ist aus Platz- und Kapazitätsgründen des Waferprobers beschränkt. Es ist deshalb üblich, mehrere Testelemente über die gleichen Testerinseln anzuschließen. Diese Kopplung kann jedoch auch Nachteile haben, da sich im ungünstigen Fall eine Störung in einem Testelement auch auf ein anderes Testelement auswirken kann. Es zeigen sich schwer zu übersehende Effekte und der Nichtspezialist könnte zu falschen Aussagen gelangen.

Schließlich scheinen einige Gedanken zur Dimensionierung der Testelemente erwähnenswert. Wie im nächsten Abschnitt noch genauer ausgeführt wird, stellt ein großer Teil der Testelemente Widerstandsstrukturen dar, deren einzige Eigenschaft der Gesamtwiderstand R ist. R läßt sich beliebig einstellen durch die Wahl eines bestimmten Längen-zu-Breiten-Verhältnisses l/b. Die für die einzelnen Diffusionsarten charakteristischen Schichtwiderstände sind jedoch stark unterschiedlich. Man wird nun R zweckmäßigerweise so dimensionieren, daß R im Vergleich zu Halbleiter- und Spitzenkontaktwiderständen so groß ist, daß sie vernachlässigt werden können oder daß wenigstens deren Schwankungen nicht ins Gewicht fallen.

Es ergeben sich weitere Rücksichten aus meßtechnischen Gründen. Die Messung wird gewöhnlich am automatischen Tester mit programmierbaren Strom- und Spannungsquellen durchgeführt. Dann ist es günstig, wenn die Zahl der verschiedenen Widerstandswerte klein ist und die verschiedenen Widerstandswerte den möglichen Strom- und Spannungswerten des automatischen Testers angepaßt sind. Beim Entwurf in Bild 2 sind Widerstandswerte von etwa 30 Ω, 300 Ω, 3 kΩ verwendet worden. Bei Strömen von 10 mA, 1 mA und 0,1 mA erhält man Ausschläge von etwa 0,3 V. (Geringe Belastung des pn-Übergangs!)

Eine letzte Bemerkung zur Testerinselverteilung: Sie spielt eine nicht ganz unwesentliche Rolle, da das Einrichten der Testerspitzen ein zeitraubendes Problem ist. Man wird daher versuchen, das Umrüsten von Testerspitzen nach Möglichkeit zu vermeiden. Man muß daher bestrebt sein, eine Einheitlichkeit in der Testerinselverteilung zu wahren.

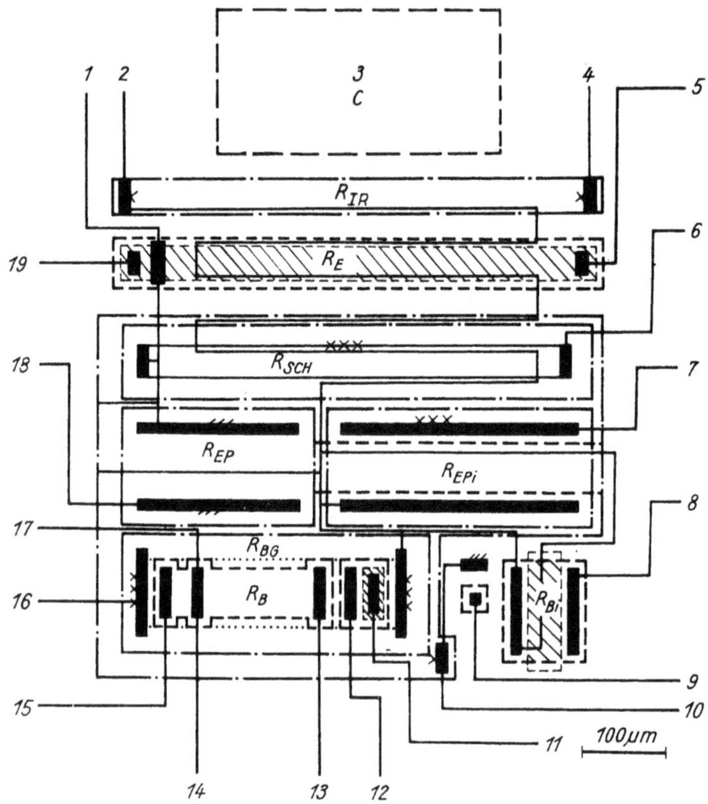

Bild 2. Teststruktur zur Bestimmung der Profilparameter

In Ausnahmefällen kann die Zahl der notwendigen Testerinseln größer sein als die Zahl der vorhandenen Spitzen, und man ist genötigt, zwei getrennte Meßläufe mit verschiedenen Spitzenverteilungen durchzuführen. (Die Testelemente müssen dann entsprechend in 2 Gruppen aufgeteilt sein.) Durch geeignete Testerinselverteilung entsprechend Bild 3 kann man jedoch erreichen, daß die beiden Testerinselverteilungen nur durch eine Parallelverschiebung auseinander hervorgehen.

5.2. Auswahl der Testelemente

Die Auswahl der Testelemente ist abhängig von der Technologieart und von ihrem Status. So werden im allgemeinen in einer laufenden Produktion weniger Testelemente benötigt als bei der Verfahrensentwicklung. Die folgenden Ausführungen beziehen sich auf die Silizium-Epitaxialtechnik in der Entwicklungsphase. Die

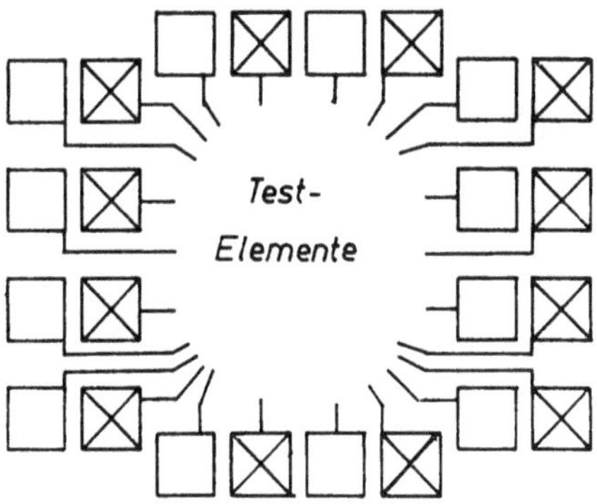

Bild 3. Parallelverschiebung von Testerinselverteilungen

Testelemente sind in folgende Elemente zu gliedern:

1. Technologisches Testfeld:

   a) Widerstandsstrukturen mit

   - Emitterwiderstand,
   - Basiswiderstand,
   - innerer Basiswiderstand (pinch resistor),
   - Epitaxiewiderstand,
   - Epitaxiewiderstand unterhalb der Basis,
   - Widerstand des niederohmig begrabenen Gebietes,
   - Schwachtwiderstand,
   - Isolierrahmenwiderstand,
   - Widerstand der Leitbahn

   b) Strukturen zur Messung des Kontaktwiderstandes:

   - Kontaktwiderstand auf p-Material
   - Kontaktwiderstand auf n^+-Material

   c) Transistoren

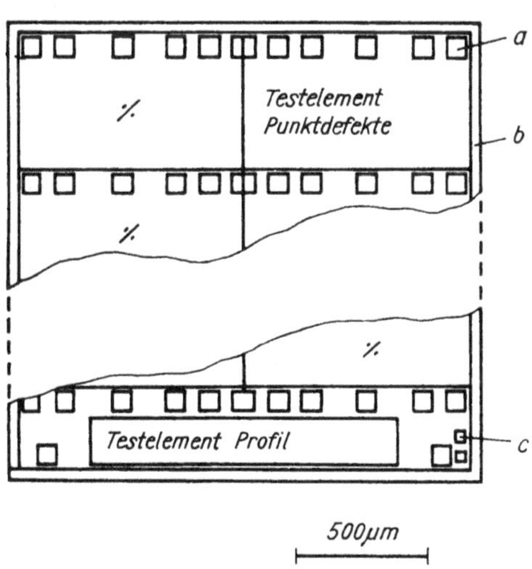

Bild 4. Testchip für Ausbeute-Berechnung (Übersicht)

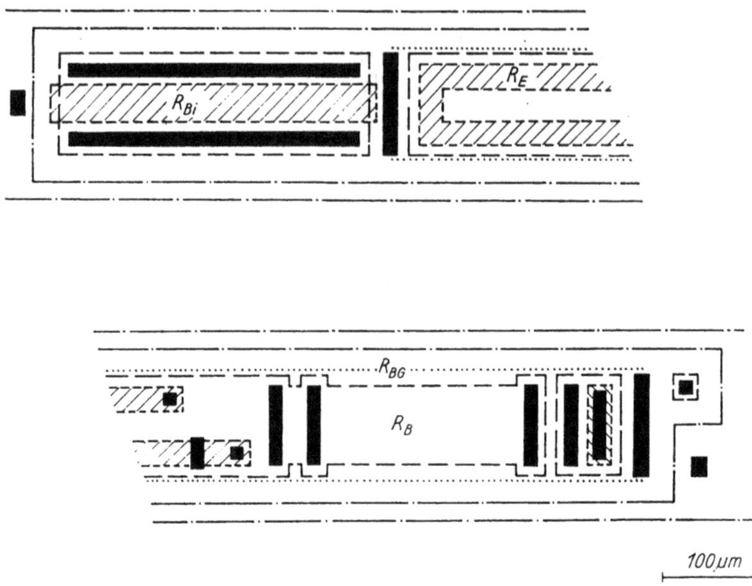

Bild 5. Testelement zur Bestimmung der Profilparameter

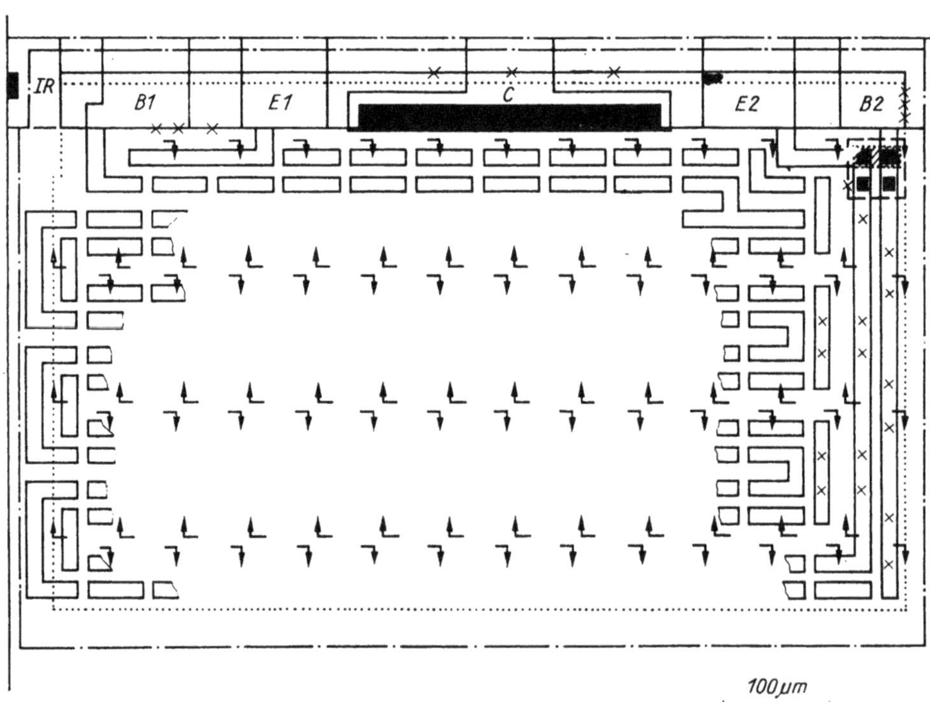

Bild 6. Testelement zur Bestimmung der Häufigkeit von Punktdefekten

2. Statistisches Testfeld:

   Strukturen zur Bestimmung der Häufigkeit von

   a) Kurzschlüssen
   b) Unterbrechungen
   c) Poren im Oxid.

Den Entwurf eines technologischen Testfeldes zeigt Bild 2. Die Chipgröße beträgt etwa $1 \times 1\ mm^2$. Die Bedeutung der einzelnen Diffusionen für die elektrischen Eigenschaften der Schaltung (statisch und dynamisch) wird als bekannt vorausgesetzt.
Den Entwurf einer Kombination zwischen technologischen und statistischem Testfeld, wie er als Chip bei MSI-Schaltungen eingesetzt werden könnte, zeigen Bild 4 bis 6. Hier liegen jedoch noch keine praktischen Erfahrungen vor. Von der Firma Motorola ist bekannt, daß sie zur Bestimmung der Häufigkeit von Kurzschlüssen einen Vielfachemitter-Transistor mit 100 Emittern verwendet [1].

5.3. Zur Bestimmung des Schichtwiderstandes und des spezifischen Kontaktwiderstandes

Das Ziel der Messungen an den Testelementen ist die Ermittlung allgemeiner elektrischer Profileigenschaften wie den Schichtwiderstand und den spezifischen Kontaktwiderstand. Es ist daher notwendig, die Testelemente durch geeignete Ersatzschaltungen darzustellen, die die allgemeinen Profileigenschaften enthalten.
Die Bestimmung des Schichtwiderstandes R_S erfolgt über eine Widerstandsmessung. R_S ist über den Widerstand der Halbleiterschicht R_B folgendermaßen definiert:

$$R_B = \varrho \cdot \frac{l}{F} = \frac{\varrho}{x_j} \frac{l}{b} = R_S \cdot \frac{l}{b}. \tag{1}$$

Dabei ist ϱ ein auf die Eindringtiefe der Halbleiterschicht x_j bezogener mittlerer spezifischer Widerstand. (Es kann also über den Profilverlauf keine Aussage gemacht werden.) Die Größen l und b sind die Länge bzw. die Breite der Widerstandsbahn.
Bezeichnet man den Kontaktwiderstand zwischen Metall und Halbleiter mit R_K und den Spitzenkontaktwiderstand mit R_{SP}, dann erhält man für den Widerstand einer Widerstandsstruktur:

$$R = R_S \cdot \frac{l}{b} + 2R_K(R_S) + 2R_{SP}\,. \tag{2}$$

Dabei ist R_{SP} unabhängig von den inneren Eigenschaften des Testelementes. Durch zweimaliges Messen an verschieden großen Widerstandsstrukturen könnte R_K eliminiert werden. Dieses Verfahren ist jedoch zu aufwendig und auch nicht erforderlich.
Stattdessen wählt man den Bahnwiderstand so groß, daß Kontakt- und Spitzenkontaktwiderstand entweder vernachlässigt oder nur in Form einer konstanten Korrektur berücksichtigt werden können. Eine Abschätzung für den Basiswiderstand ergibt folgendes Bild: Der Spitzenkontaktwiderstand beträgt etwa 1—2 Ohm. Der Kontaktwiderstand beträgt bei einer Kontaktgröße von $10 \times 50\ \mu m^2$ und einem spezifischen Kontaktwiderstand von $0{,}8 \cdot 10^3\ \Omega/\mu m^2$ [2] etwa

$$R_K \approx 7 \cdots 8\ \Omega$$

bei einer Änderung des Schichtwiderstandes von

$$R_S = 120 \cdots 180\ \Omega\,.$$

Die Schwankung des Schichtwiderstandes im Toleranzbereich des Schichtwiderstandes beträgt also etwa 1 Ohm, die des Spitzenkontaktes ebenfalls 1 Ohm. Die Gesamtschwankung beträgt, da die Kontakte doppelt vorhanden sind,

$$R = 4\ \Omega\,.$$

Diese Unsicherheit kann aber vernachlässigt werden, wenn für den Bahnwiderstand ein Wert von einigen hundert Ohm verwendet wird. Die Bestimmung des spezifischen Kontaktwiderstandes kann mit einer Potentialsonde durchgeführt werden [3].
Auf detaillierte Ausführungen muß hier verzichtet werden.

6. Messung und Auswertung

Der größte Teil der Testelemente kann so ausgelegt werden, daß eine Messung mit automatischen Testern möglich ist, d. h., es werden keine komplizierten Meßschaltungen benötigt. Gewöhnlich genügt die Programmierung von Strom- und Spannungsquellen. Der größte Teil der Testelemente zeigt lineares Verhalten (z.B Widerstände, Kontaktwiderstände), oder es werden nur Informationen über markante Punkte benötigt (z. B. Durchbruchspannungen). Es genügt oft die Aufnahme eines einzigen Punktes. Bei der Stromverstärkungsmessung werden jedoch wegen der ausgeprägten Stromabhängigkeit mehrere Meßpunkte aufgenommen. In Ausnahmefällen müssen auch Kurvenverläufe ermittelt werden.
Die Messung der einzelnen Testelemente kann jedoch nicht kritiklos hingenommen werden, denn es existiert stets eine gewisse Ausfallwahrscheinlichkeit. Deshalb gehört zu jeder Messung eine geeignete Testmessung zur Ermittlung der Funktionstüchtigkeit des Testelements. Bei der Transistormessung zur Ermittlung von Stromverstärkungen, Ausgangsspannungen, Flußspannungen und Durchbruchspannungen muß auf Kurzschluß und Unterbrechung getestet werden. Bei der Messung der Sondenspannung muß auf Unterbrechung getestet werden, denn vom automatischen Tester wird nicht angezeigt, ob der Meßstrom tatsächlich fließt oder nicht. Bei der Messung an Widerstandsstrukturen muß auf die Isolierfähigkeit des pn-Übergangs zur Widerstandswanne geprüft werden, damit das Meßergebnis nicht durch einen Nebenschluß verfälscht wird. Der Test kann jedoch unterbleiben, wenn der Schichtwiderstand der Umgebung groß ist gegenüber dem Schichtwiderstand der Bahn. Dies gilt z.B. für die Messung des Emitterwiderstandes. Die Messungen werden gewöhnlich nur als 2-Spitzenmessung durchgeführt. Vier Spitzen werden nur bei der Messung von Metallwiderständen, oder wenn die Spitzen unmittelbar auf Halbleitermaterial aufsetzen müssen, eingesetzt.
Beim Einsatz eines automatischen Testers können die Meßergebnisse automatisch registriert werden als Klarschriftausgabe oder/und in maschinell lesbarer Form. Die von der technischen Realisierbarkeit einfachste Lösung ist der Lochstreifen. Die Daten können dann maschinell verdichtet werden. Die maschinelle Verdichtung ist selbst bei geringen Datenmengen eine erhebliche Erleichterung. Es können sofort die Meßdaten, die aufgrund der Testmessung auf ein funktionsuntüchtiges Testelement schließen lassen, ausgesondert werden. Sie werden umgerechnet entsprechend der gewünschten Maßeinheit und mit Meßparameterbezeichnung versehen. Es erfolgt schließlich eine statistische Verdichtung in Form von Mittel-

werten, Streuungen und Verteilungen mit Angabe von Toleranzabweichungen. Bei fehlerhaften Transistoren kann mit Hilfe eines Bestimmungsschlüssels die Art des Fehlers angegeben werden.

7. Schlußbemerkungen

Die Notwendigkeit des Einsatzes von Teststrukturen wird allgemein anerkannt, in der Praxis jedoch oft vernachlässigt. Dafür gibt es verschiedene Gründe. Bei den noch verhältnismäßig einfach zu überschauenden logischen Grundschaltungen kann man noch mit gewisser Sicherheit aus den elektrischen Schaltungsdaten auf einen Fehler in der Technologie schließen. Das ist sicher für den Schaltkreisentwickler, der sich eingehend mit den Zusammenhängen zwischen dem Profil und den elektrischen Schaltungseigenschaften beschäftigt hat, richtig. Es führt jedoch dazu, daß die Schaltungsentwicklung nicht immer mit objektiven Maßstäben, als die man die Testfelder bezeichnen kann, geführt wird. Es besteht die Gefahr, daß die Zusammenhänge zwischen Testfeldern und Schaltungen nicht umfassend genug aufgedeckt werden.
Dieser Mangel führt dazu, daß der Produzent keine objektiven Maßstäbe für die Beurteilung seiner Technologie hat. Er wird also wiederum versuchen, den Erfolg des technologischen Ablaufs unmittelbar anhand der Schaltungsergebnisse zu beurteilen, um so auf Fehler zu schließen. In diesem Stadium angelangt, wird eine Unmenge von Daten registriert und verdichtet und der Einsatz von Teststrukturen wird geradezu als behindernd angesehen. Die tatsächlichen Informationen sind jedoch bereits bei den Grundschaltungen gering, von Schaltungen komplexerer Art ganz zu schweigen. Das verhindert aber den Aufbau einer stabilen, reproduzierbaren Technologie. Es sei abschließend erwähnt, daß von den hier dargestellten Ausführungen kein Anspruch auf Allgemeingültigkeit und internationalen Stand erhoben wird, sondern sie spiegeln die Erfahrungen in einem mehr oder weniger eng begrenzten Bereich und den Stand bis 1972 wider.

Literaturverzeichnis

[1] *Barone, F. J.*, u. *C. F. Myers*: Electronics **41** Nr. 15 (1968), S. 84
[2] *D'Andrea, G.*, u. *H. Murrmann*: IEEE Trans. Electr. Dev. **ED-17** (1970), S. 484
[3] *Berger, H. H.*: Solid-St. Electron. **15** Nr. 2 (1972), S. 145

Operationsverstärker und ihre Anwendung in linearen Schaltungen

Von *R. Böhme*

VEB RFT Meßelektronik „Otto Schön" Dresden

1. Einleitung

Die modernen Integrationstechnologien fanden zunächst auf dem Gebiet der digitalen Schaltungen günstigere Einsatzmöglichkeiten. Jedoch fehlte es nicht — mit der besseren Beherrschung der technologischen Prozesse — auch an zahlreichen Versuchen zur Erschließung analogtechnischer Anwendungen. Zu nennen sind hier

- Universelle Transistor-Anordnungen, Differenz-Verstärker,
- Hörhilfen-Verstärker,
- Funktionsblöcke der Unterhaltungselektronik für Am-, FM- und Fernsehempfänger,
- Funktionsblöcke der Phase-locked-loop-Technik,
- Multiplikatoren

u. a. Den offenbar größten Anteil in der Analogtechnik gewann aber die Familie der Operationsverstärker, die von einem Schattendasein in der Spezialdisziplin Analogrechentechnik zu einem alle Gebiete der elektronischen Informationsverarbeitung beeinflussenden Hilfsmittel und Arbeitsprinzip aufwuchsen. Nicht nur technisch-ökonomisch (der wertmäßige Anteil der Operationsverstärker an der Gesamtproduktion integrierter Schaltkreise soll über 10% betragen [1]), sondern auch theoretisch hat der Operationsverstärker entscheidend zum modernen Bild der Elektronik beigetragen. Das funktionsorientierte Denken, das Denken in Baugruppen und Systemen ist wesentlich gefördert worden. Die Arbeit des Entwicklers elektronischer Systeme wurde von vieler Kleinarbeit entlastet.

Das gemeinsame Kennzeichen aller Operationsverstärker ist die Verstärkung bis zur Frequenz 0, also einschließlich Gleichspannung, und die sehr hohe Verstärkung. Ein weiteres Kennzeichen ist der Frequenzgang der Verstärkung, der oberhalb einer ersten Grenzfrequenz mit $1/f$ oder nur wenig steiler bis zur Erreichung der Verstärkung 1 verläuft und damit die Stabilität auch bei starker Gegenkopplung sichert. In der technischen Ausführung unterscheidet man Differenzverstärker mit zwei Eingängen, die im Prinzip nur auf die Spannungsdifferenz zwischen den Eingängen reagieren, und Verstärker mit einem meist invertierenden Eingang gegen Masse. Der Ausgang arbeitet gewöhnlich niederohmig gegen Masse, seltener sind Gegentaktausgänge. Bild 1 zeigt die zugehörigen Schaltbilder.

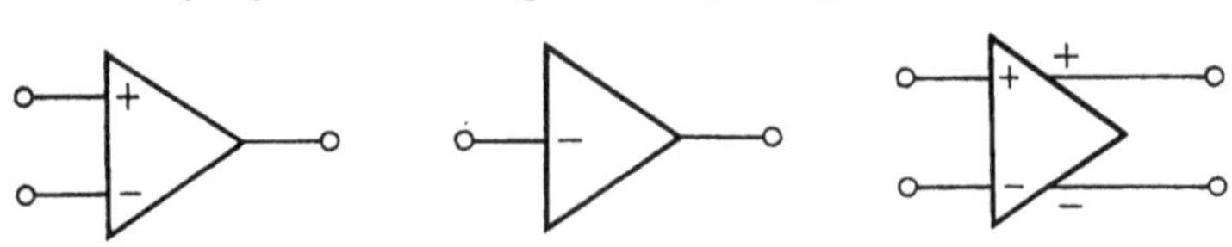

Bild 1. Schaltbilder der Operationsverstärkertypen

In der technischen Ausführung dominiert der bipolare Funktionsblock, der durch die verwendete Schaltungstechnik und die technologische Ausführung verschiedenen Anwendungsschwerpunkten angepaßt wird. Durch Zusätze, wie FET-Eingangsstufe oder Zerhackerverstärker, werden spezielle Eigenschaften hochgezüchtet. Nur in Sonderfällen lohnt sich der konventiell ausgeführte Verstärker mit vorwiegend diskreten Elementen, bei dem gewisse Nachteile der integrierten Technik vermieden werden können. Man darf also Operationsverstärker in Modulform, wie z.B. die im VEB RFT Meßelektronik Dresden entwickelten Typen MOV 101 und MOV 201, die jetzt im VEB Steremat Berlin produziert werden, nicht einfach als überholt oder veraltet bezeichnen.
Man unterscheidet Operationsverstärker (OV) für

- Universelle Anwendungen,
- Kleinste Driften durch
  a) hochwertige Eingangstransistoren,
  b) Chopperstabilisierung,
- Hochohmigen Eingang
  a) FET-Eingang,
  b) Varaktor-Brücken-Eingang,
- Batteriebetrieb (Mikro-power),
- Hohe Ausgangsspannung oder -Leistung,
- Breitbandbetrieb

u. a. Die rasch voranschreitende Technik führt zu vielen Neuentwicklungen in schneller Folge, während ältere Typen noch weiterproduziert werden. Eine vor etwa 2 Jahren angestellte Recherche ergab, daß mehrere Firmen über 50 Operationsverstärkertypen im Programm haben.

2. Schaltungssammlung

Im Rahmen eines kurzen Vortrages ist es unmöglich, über das breite Gebiet der Schaltungen mit Operationsverstärkern einen annähernd umfassenden Überblick zu geben. Wir werden uns deshalb auf die Betrachtung einiger ausgewählter Beispiele beschränken. Vorangestellt wird der Versuch einer Systematik der OV-Schaltungen, aus der die Breite des Gebietes ersichtlich wird.

2.1. Systematik der Operationsverstärkerschaltungen

Operationsverstärker dienen in erster Linie der Erzeugung erwünschter Eingangs-Ausgangsbeziehungen. Erster Gesichtspunkt der Systematik ist deshalb die Art der Übertragung. Man wird auf folgende Unterteilung geführt (Bild 2).
Die weitere Unterteilung der 5 Hauptgruppen ist in den Bildern 3 bis 7 dargestellt.

2.2. Betrachtung einiger Schaltungen im einzelnen

Ein besonders aufschlußreiches Beispiel ist die Widerstandsmessung mit DVM, aus der Gruppe 1.4. der Gliederung [2]. Das Prinzip zeigt Bild 8. Der ideal angenommene Operationsverstärker OV 2 hat unendlich hohe Verstärkung, somit müssen bei endlicher Ausgangsspannung Eingangsspannung und Eingangsstrom

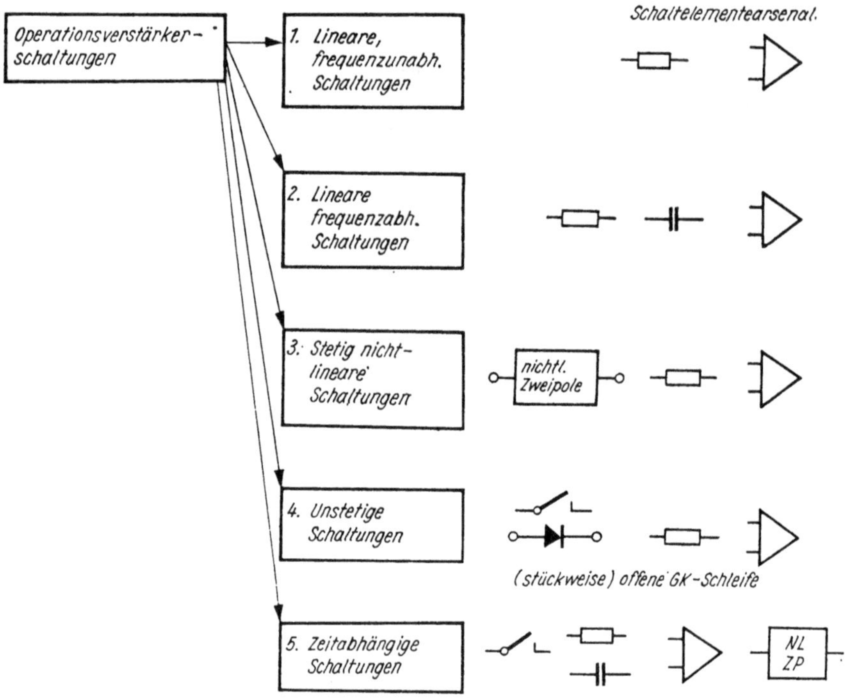

Bild 2. Systematik der OV-Schaltungen

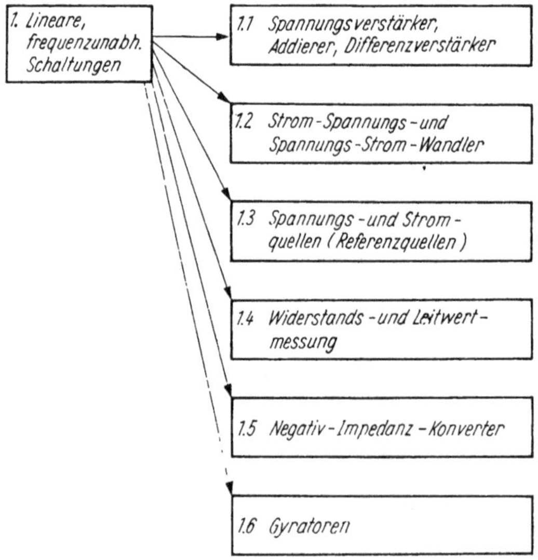

Bild 3. Gliederung für lineare, frequenzunabhängige Schaltungen

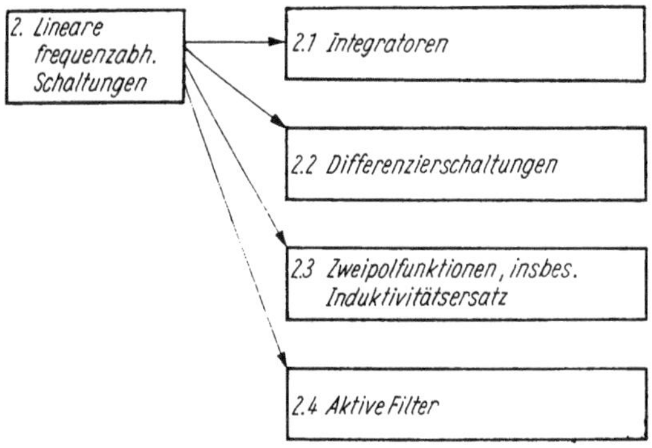

Bild 4. Gliederung für lineare, frequenzabhängige Schaltungen

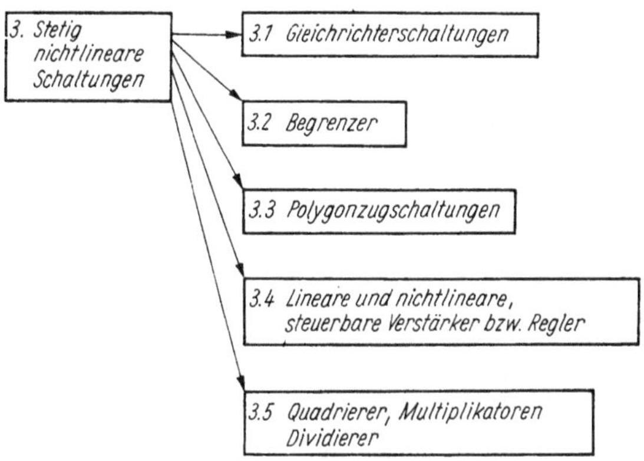

Bild 5. Gliederung für stetig nichtlineare Schaltungen

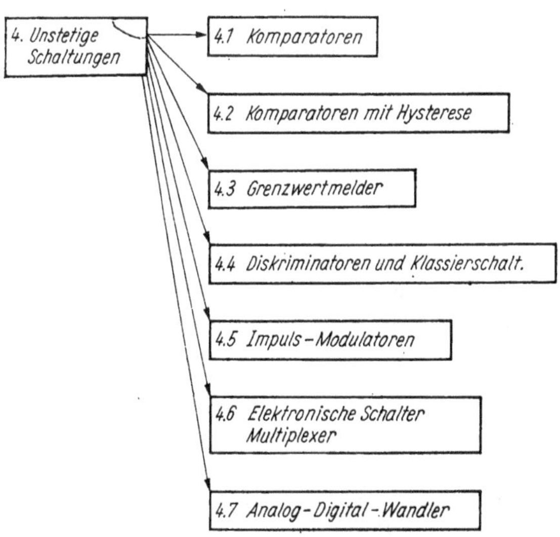

Bild 6. Gliederung für unstetige Schaltungen

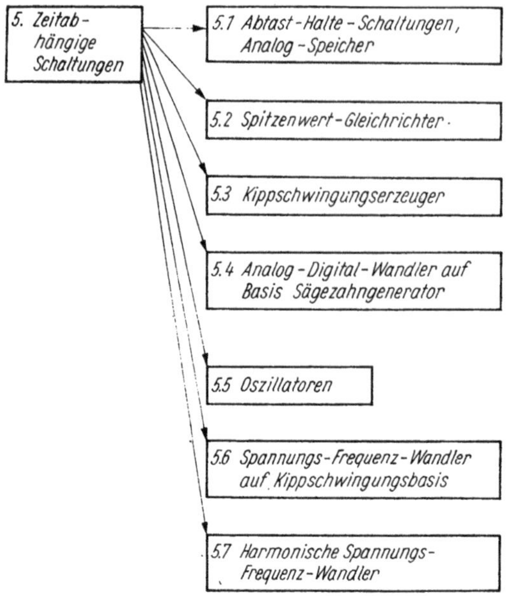

Bild 7. Gliederung für zeitabhängige Schaltungen

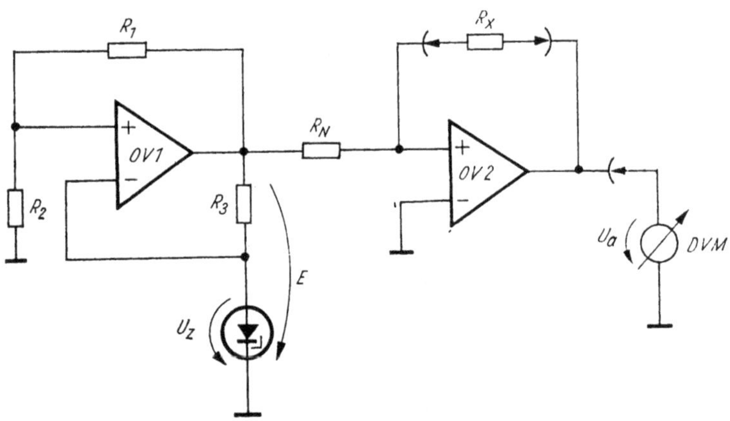

Bild 8. Widerstands-Spannungs-Wandler

verschwinden. Die angelegte Spannung E fällt über R_N ab und erzeugt den Strom E/R_N, der über R_x weitergeleitet wird. Die Ausgangsspannung ist folglich

$$U_a = - E \frac{R_x}{R_N},$$

und bei geeignet gewähltem E und R_N kann die Spannung am DVM direkt in mOhm, Ohm, kOhm usw. abgelesen werden. OV 1 dient der Erzeugung der Referenzspannung, die Schaltung gehört zur Gruppe 1.3. Bezeichnet man die Spannung am Minus-Eingang mit U_- und die am Plus-Eingang mit U_+ (jeweils gegen Masse), so muß bei unendlicher Verstärkung wieder die Bedingung $U_+ = U_-$ erfüllt sein. Nun gilt aber

$$U_+ = U_z$$

und

$$U_- = E\frac{R_2}{R_1 + R_2},$$

und man erhält

$$E = U_z\left(1 + \frac{R_2}{R_1}\right).$$

Man erkennt daraus, daß $|E|$ stets größer als $|U_z|$ ist, folglich kann die Versorgung der Zenerdiode aus der stabilisierten Spannung E abgeleitet werden. Zu erwähnen ist noch, daß auch in Durchlaßrichtung der Zener-Diode ein stabiler Arbeitspunkt entsteht, man muß also durch weitere Hilfsmittel dafür sorgen, daß die Schaltung im Einschaltmoment zum erwünschten Arbeitspunkt einläuft.

Etwas eingehender mögen nun einige aktive RC-Schaltungen der Gruppe 2.4 betrachtet werden. Im Interesse der Praxis beschränkt sich die Auswahl auf solche Typen, die vielfach erprobt, sparsam im Aufwand und möglichst leistungsfähig sind. Grundlage der Synthese ist das bekannte Prinzip der Kettenschaltung von Filterblöcken 2. Ordnung, es werden deshalb nur Filterblöcke 2. Ordnung betrachtet.

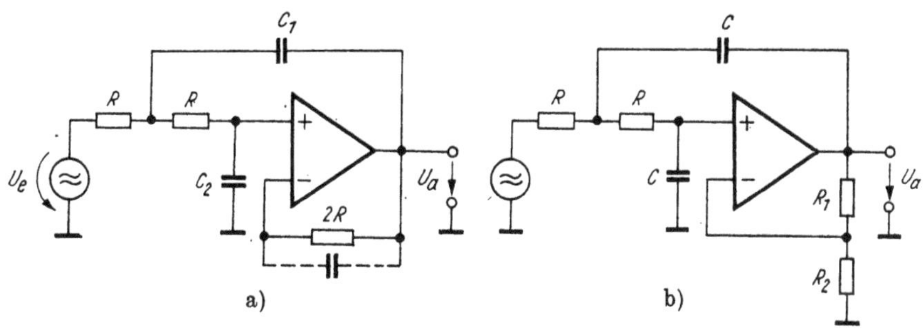

Bild 9. Tiefpaßstrukturen

Tiefpässe (Bild 9)

Gegeben:

$$\frac{U_a}{U_e} = \frac{H}{1 + \frac{1}{Q}\frac{p}{\omega_0} + \left(\frac{p}{\omega_0}\right)^2}$$

H = Übertragungskonstante

Q = Polgüte

ω_0 = Polfrequenz

p = $j\omega$ komplexe Frequenz

Schaltung Bild 9a:

$$H = 1$$

Wähle geeignet R (Die Wahl wird bestimmt durch die Gesichtspunkte

a) Belastung von U_e,
b) Drift durch Eingangsströme des OV,
c) zweckmäßige Größe der Kapazitäten C_1, C_2).

Berechne und dimensioniere

$$C_1 = \frac{1}{2Q\omega_0 R} \qquad C_2 = \frac{2Q}{\omega_0 R}.$$

Schaltung Bild 9b:
Die Schaltung ist gedacht für solche Fälle, in denen gleiche Kapazitäten erforderlich sind. Sie ist aber weniger stabil und für Polgüten über 5 kaum noch zu gebrauchen. Wähle geeignet R (Gesichtspunkte wie oben)

$$C = \frac{1}{\omega_0 R}, \qquad R_1 = 2R\left(3 - \frac{1}{Q}\right), \qquad R_2 = 2R\frac{3Q-1}{2Q-1},$$

$$H = 3 - \frac{1}{Q}.$$

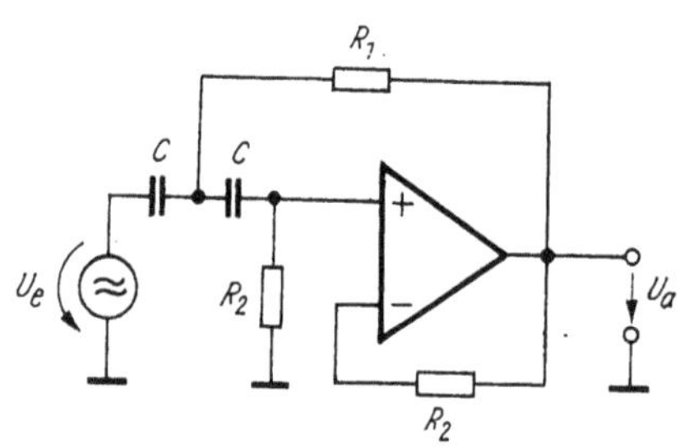

Bild 10. Hochpaßstruktur

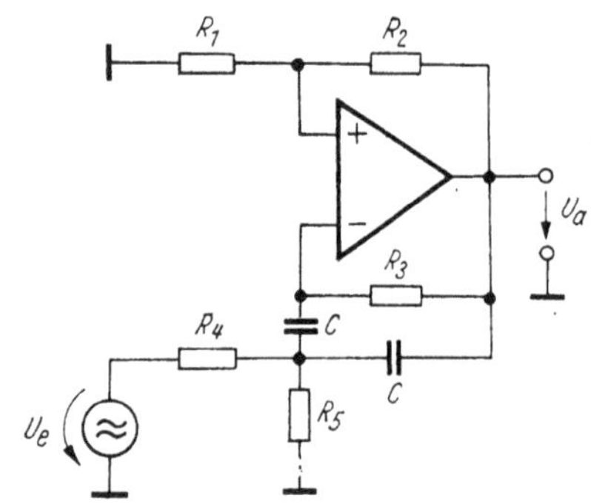

Bild 11. Bandpaßstruktur

Hochpässe (Bild 10)
Gegeben:

$$\frac{U_a}{U_e} = \frac{(p/\omega_0)^2}{1 + \frac{1}{Q}\frac{p}{\omega_0} + \left(\frac{p}{\omega_0}\right)^2}.$$

Wähle C (Gesichtspunkte ähnlich wie bei Tiefpässen). Berechne und dimensioniere

$$R_1 = \frac{1}{2Q\omega_0 C}, \qquad R_2 = \frac{2Q}{\omega_0 C}.$$

Bandpässe (Bild 11)
Gegeben:

$$\frac{U_a}{U_e} = -H\frac{p/\omega_0}{1 + \frac{1}{Q}\frac{p}{\omega_0} + \left(\frac{p}{\omega_0}\right)^2},$$

a) $Q \lessapprox 20$

Wähle den „Impedanzpegel" $R = 1/\omega_0 C$ (Richtwert bei universellen Operationsverstärkern $R = 10$ kOhm, für $\omega_0 > 2\pi \cdot 10$ kHz weniger, für $\omega_0 < 2\pi\, 100$ Hz mehr). Setze $R_1 = R_3$ (oder $R_1 = 0$, entsprechend einem Verstärker nur mit Minus-Eingang) und $R_2 = \infty$.
Berechne und dimensioniere

$$C = \frac{1}{\omega_0 R}, \qquad R_3 = 2QR, \qquad R_4 = \frac{Q}{H} R, \qquad R_5 = \frac{Q}{2Q^2 - H}.$$

Fällt R_3 zu groß aus, kann man auch nach b) dimensionieren.

b) $20 \lessapprox Q \lessapprox 100$

Wähle den Impedanzpegel $R = 1/\omega_0 C$ wie unter a). Wähle einen „Anfachungsfaktor" a, $1 < a \lessapprox 5$ nach folgenden Gesichtspunkten:

1. $\dfrac{50Q^2}{V} < a^2$, V ist die Verstärkung des Operationsverstärkers bei ω_0.
2. Das sich ergebende R_3 muß hinreichend klein gegenüber dem Schweinwiderstand Z_c der Streukapazität zwischen Ausgang und Minuseingang bei ω_0 sein (die überschläglich mit 1 pF angenommen werden kann), Richtwert $R_3 \leqq \dfrac{1}{10Q} Z_c$.
3. Mit steigendem a steigen die Toleranzempfindlichkeiten, a sollte also nur so groß wie nötig gewählt werden.

Berechne die Hilfsgröße b

$$b = \frac{2a(a-1)}{2Q^2 - a(a-1)}$$

und damit

$$C = \frac{1}{\omega_0 R},$$

$$R_1 = \frac{2(1-b)\,Q}{a} \cdot R,$$

$$R_2 = \frac{2(1-b)^2\,Q}{ab} R,$$

$$R_3 = \frac{2(1-b)^2\,Q}{a} R,$$

$$R_4 = \left[\frac{aH}{(1-b)\,Q} - \frac{2bQ}{a}\right]^{-1} R,$$

$$R_5 = \left[\frac{2(1+b)\,Q}{a} - \frac{aH}{(1-b)Q}\right]^{-1} R.$$

Zum Güteabgleich sollte zweckmäßig das Widerstandsverhältnis R_1/R_2 variiert werden.

Allpässe, Cauerfilter (Bild 12)
Gegeben:

$$\frac{U_a}{U_e} = -\frac{a_0 + a_1 \frac{p}{\omega_0} + a_2 \left(\frac{p}{\omega_0}\right)^2}{1 + \frac{1}{Q}\frac{p}{\omega_0} + \left(\frac{p}{\omega_0}\right)^2}.$$

Hinsichtlich der Schaltungsdimensionierung siehe [3] (Druckfehlerberichtigung: Im Nenner der Gl. (16a) muß es Q^2 statt Q_2 heißen). Näheres zur Theorie der Schaltung in [4].

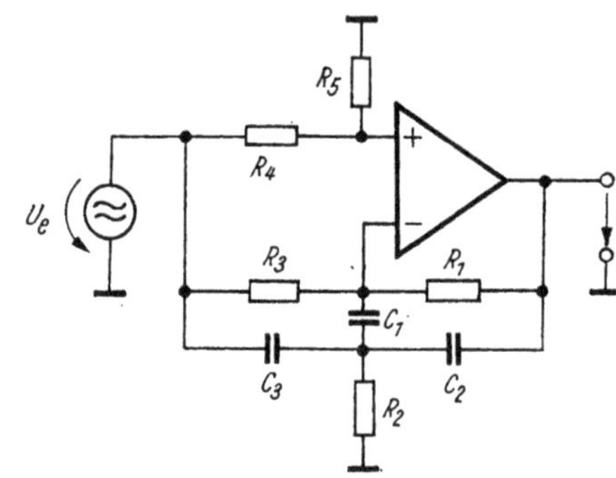

Bild 12. Allgemeines Filterglied 2. Ordnung

Mit diesen 4 Grundschaltungen kann der größte Teil aller Filterprobleme im Frequenzbereich von Bruchteilen eines Herz bis zu rund 100 kHz rationell gelöst werden.
Trotz der Einfachheit des Entwurfs muß aber gesagt werden, daß nicht in betracht gezogene Effekte — Instabilitäten, ungünstiger Aufbau, Aussteuerungsprobleme — leicht auftreten können und erst bei etwas gesammelter Erfahrung zielstrebig zu beseitigen sind.
Von den Filterschaltungen zu den Oszillatoren ist es nur ein kleiner Schritt. Damit sind wir bei der Gruppe 5.5. der vorhin entwickelten Systematik. Man geht am einfachsten von einer Bandpaßschaltung aus, wobei ein angemessener Teil der Ausgangsspannung auf den Eingang rückgekoppelt wird. In der Schaltung Bild 11 ist die Mitkopplung in Form der Widerstände R_1, R_2 bereits eingeführt. Diese Schaltung ist also in gleicher Form als Oszillator verwendbar. Dabei kann die rückgeführte Spannung durchaus verzerrt sein, je nach den Selektionseigenschaften des Bandpasses werden die entstandenen Harmonischen wieder unterdrückt. Dieser Gedanke ist wichtig bei der einwandfreien Beherrschung der Schwingungsbegrenzung. Die Begrenzung durch Übersteuerung des Verstärkers ist mit größeren Nachteilen verbunden und sollte möglichst vermieden werden. Bild 13 zeigt demgegenüber eine temperaturkompensierte Begrenzung im Mitkoppelpfad mit einer Gleichrichterbrückenschaltung. Die am Eingang des Verstärkers wirkende Spannung ist begrenzt. Trotzdem bleibt die Ausgangsspannung klirrarm. Oszillatoren dieses Typs sind einfacher zu stabilisieren als die üblichen Wien-Brücken-Oszillatoren.
RC-Oszillatoren mit Frequenzvariation erfordern im Prinzip die synchrone Änderung zweier Elemente, also von zwei Widerständen oder zwei Kondensatoren. Bei Änderung nur eines Elementes macht es Schwierigkeiten, die Amplitude stabil zu halten, eine annähernd lineare oder logarithmische Regelcharakteristik einzu-

halten und überhaupt einen größeren Frequenzbereich zu erreichen [5]. Als wir vor wenigen Jahren im Zusammenhang mit einer anderen Aufgabe dieses Problem untersuchten, fanden wir in einer Abwandlung der o. g. Oszillatorschaltung eine verhältnismäßig leistungsfähige Lösung des mit einem Element abstimmbaren Oszillators, wobei eine Frequenzvariation 1:10 mühelos erreicht wurde [6], [7]. Der Lösungsgedanke in einfachster Form besteht darin, beide Hälften des zur Frequenzvariation dienenden Potentiometers auszunutzen und dazu den Überbrückungswiderstand der RC-Schaltung in eine T-Schaltung umzuwandeln (Bild 14).

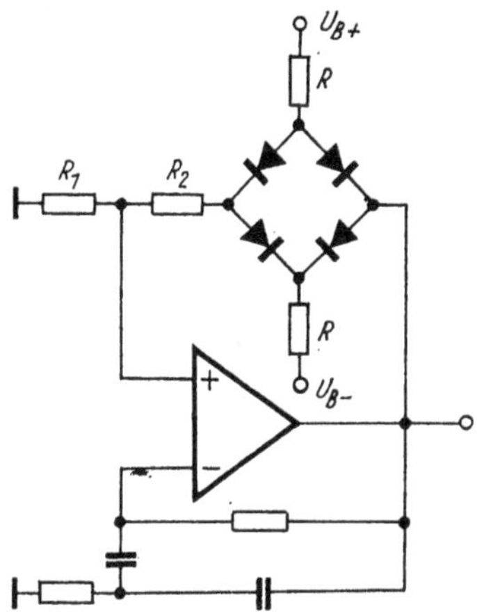

Bild 13. Oszillator mit Amplitudenstabilisierung

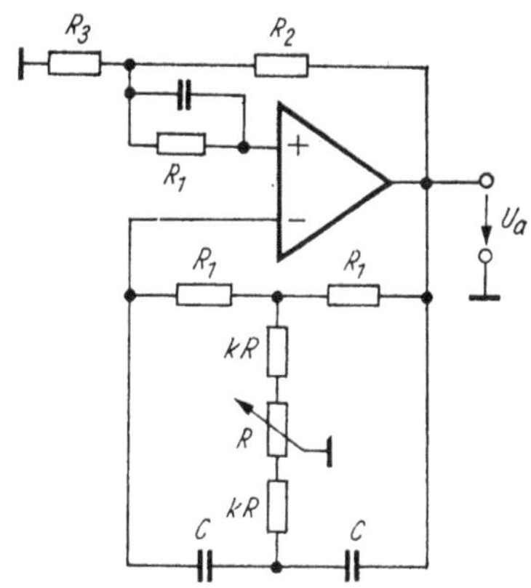

Bild 14. Frequenzvariabler Oszillator

Für eine Frequenzvariation bis etwa 1:10 ist zu dimensionieren

$$R_1 \gg R\,,$$

$$k = \frac{\omega_u}{\omega_0 - \omega_u}\,,$$

$$C = \frac{1}{R_1}\,\frac{1}{\sqrt{\omega_u \omega_0}}\,,$$

$$R \approx R_1/100\,,$$

$$\frac{R_3}{R_2} \geqq \frac{R^2(1 + 2k)^2}{2R_1^2}\,.$$

ω_0 ist die obere und ω_u die untere 2π-fache Schwingfrequenz.
Diese wenigen Beispiele mögen für einen ersten Eindruck genügen. Reichhaltiges Material bietet die einschlägige Fachliteratur [8], [9].

3. Allgemeine Prinzipien der Berechnung

3.1. Idealer und realer Operationsverstärker

Um das Wesen einer Schaltung zu erkennen, betrachtet man den Verstärker als ideal, d. h., Eingangswiderstand und Verstärkung sind unendlich, und der Ausgangswiderstand ist Null. Als Beispiel betrachte man den invertierenden Spannungsverstärker im Bild 15. Da der Eingangswiderstand unendlich ist, muß I_e auch über R_2 fließen; da die Verstärkung unendlich ist, bleibt die Spannung zwischen invertierendem Eingang und Masse Null. Somit gilt

$$U_e = I_e R_1\,, \qquad U_a = < I_e R_2\,,$$

$$\frac{U_a}{U_e} = \frac{R_2}{R_1}\,.$$

Damit ist auf die einfachste Weise das Wesen der Schaltung ermittelt, und die weiteren Überlegungen müssen zeigen, wie gut das ideale Verhalten angenähert wird. Im realen Verstärker ist die Verstärkung endlich und frequenzabhängig, und es existieren die auf den Eingang umgerechneten Fehlergrößen Offsetspannung, Offsetstrom und Offsetstromdifferenz.
Bild 16 zeigt eine allgemeine Darstellung des realen Operationsverstärkers. Bei der Analyse des Einflusses untersucht man zweckmäßig die Wirkung jeder Fehlergröße einzeln auf die Schaltung mit ansonsten idealem Verstärker. Die Gesamtfehler der Schaltung ergeben sich in guter Näherung durch Überlagerung der Einzelfehler.

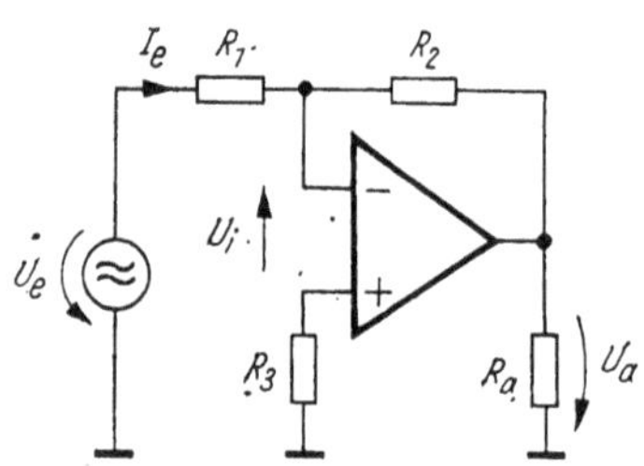

Bild 15. Invertierender Spannungsverstärker

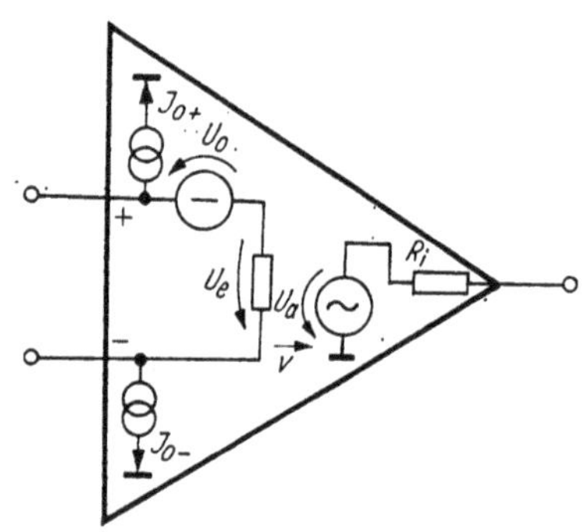

Bild 16. Realer Operationsverstärker

3.2. Einfluß der endlichen Verstärkung

In der Rechnung erscheint jetzt die nichtverschwindende Eingangsspannung $U_i = U_a/V$, und man erhält im obigen Beispiel

$$U_e = I_e R_1 - U_i\,, \qquad U_a = -\,I_e R_2 - U_i\,, \qquad U_i = \frac{U_a}{V}\,,$$

$$\frac{U_a}{U_e} = -\,\frac{R_2}{R_1 + (R_1 + R_2)/V} \approx -\,\frac{R_2}{R_1}\left[1 - \left(1 + \frac{R_2}{R_1}\right)\frac{1}{V}\right].$$

Bei $R_2/R_1 = 1000$ (das ist ein Höchstwert) entsteht z.B. beim MOV 101 wegen $V \approx 2{,}5 \cdot 10^5$ ein größter Fehler von

$$\left(1 + \frac{R_2}{R_1}\right)\frac{1}{V} \approx 0{,}4\%\,.$$

3.3. Einfluß der Offsetspannung

Zur Analyse dieser Fehlerquelle schaltet man die Offsetspannung U_0 vor den Eingang, betrachtet aber den Verstärker ansonsten als ideal, also auch $V = \infty$. Dann ergibt sich

$$U_a = -\frac{R_2}{R_1}(U_e + U_0) - U_0 .$$

Die Offsetspannung wird also genauso wie die Quellenspannung U_e verstärkt. Der letzte Term U_0 ist gewöhnlich ohne Bedeutung. Obwohl die Offsetspannung aller Operationsverstärker intern oder extern auf Null kompensierbar ist, wird sie dennoch von Temperatur, Speisespannung und Betriebsdauer beeinflußt. Aus den im Datenblatt angegebenen maximalen Driftwerten kann die maximale Abweichung der Ausgangsspannung U_a leicht ermittelt werden.

3.4. Einfluß von Biastrom und Offsetstrom

Der Biastrom (Eingangsstrom) belastet den Ersatzinnenwiderstand der den Eingang speisenden Schaltung. Der Biastrom I_{0+} des nichtinvertierenden Eingangs erzeugt einen Spannungsabfall $R_3 I_{0-}$ über R_3, der Biastrom des invertierenden Eingangs erzeugt einen Spannungsabfall $I_{0-}\frac{R_1 R_2}{R_1 + R_2}$ über dem Innenwiderstand $\frac{R_1 \cdot R_2}{R_1 + R_2}$ der speisenden Schaltung. Diese Spannungsabfälle wirken wie eine Offsetspannung

$$U_{0\,\mathrm{ers}} = I_{0-}\frac{R_1 R_2}{R_4 + R_2} - I_{0+} R_3 .$$

Damit kann dieser Einfluß, wie oben beschrieben, kalkuliert werden. Dimensioniert man die Eingangsschaltung so, daß beide Innenwiderstände gleich groß sind, im Beispiel

$$R_3 = R_1 R_2/(R_1 + R_2) ,$$

so hängt die Ersatzspannung nur noch von der Biastromdifferenz ab:

$$U_{0\,\mathrm{ers}} = R_i(I_{0-} - I_{0+}) = R_i \Delta I_0 .$$

Darin liegt die Bedeutung des Offsetstromes, wie diese Größe auch genannt wird. Natürlich kann der Einfluß der Bioströme in einem gegebenen Arbeitspunkt durch einen abgleichbaren Innenwiderstand, im Beispiel R_3, exakt kompensiert werden.

3.3. Einfluß des internen Frequenzganges

Der Frequenzgang handelsüblicher Operationsverstärker wird vorzugsweise auf

$$V = \frac{V_0}{1 + p/\omega_g}$$

korrigiert.
$p = j\omega$ ist die komplexe Frequenz, ω_g die Grenzfrequenz, V_0 die Gleichspannungsverstärkung.

Oberhalb der Grenzfrequenz ω_g konvergiert der Verstärkungsabfall gegen 20 dB je Dekade. Beim Operationsverstärker MOV 101 wurde zwischen etwa 1 und 10 kHz ein steilerer Abfall mit der Asymptote 40 dB je Dekade eingeführt, um eine höhere Leistungsgrenzfrequenz zu erzielen. Dieser gebietsweise steiler als $1/\omega$ abfallende Frequenzgang führt zu einer Resonanzüberhöhung an der oberen Grenzfrequenz bei Verstärkerschaltungen, die aber durch eine Zusatzkapazität leicht zu unterdrücken ist.

4. Einige Beispiele erprobter Schaltungen

4.1. Widerstands-Spannungs-Umsetzer

Nach dem Prinzip der Schaltung nach Bild 8 wurde ein Widerstandsmeßzusatz für das Digitalvoltmeter Typ 4014 (VEB Funkwerk Erfurt) entworfen [2].
Die praktische Schaltung enthält noch einige Besonderheiten (Bild 17). Nicht benutzte Normalwiderstände R_N werden an Masse gelegt, dadurch bleibt die Belastung der Normalspannung U_N konstant. Da der Verstärker nur negative Ausgangsspannungen annimmt, kann durch die um 10 V versetzten Versorgungsspannungen der volle Ausgangshub 0 ··· —20 V genutzt werden. Durch Potentialabgriffe B und C können auch sehr kleine Widerstände R_x unabhängig von den Kontaktwiderständen R_{K1}, R_{K2} gemessen werden. Die Messung von U_a muß dann

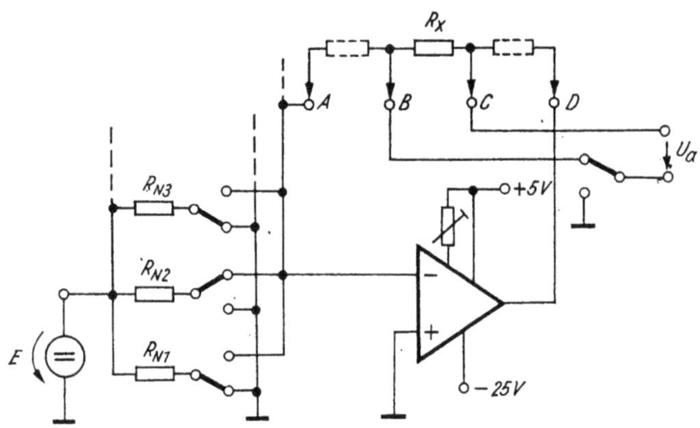

Bild 17. Praktische Ausführung des Widerstands-Spannungs-Wandlers

allerdings erdfrei erfolgen. Zu erwähnen ist noch eine nicht mitgezeichnete elektronische Sicherung, die den Verstärker in den niedrigeren Meßbereichen vor Übersteuerung (z.B. durch Abklemmen von R_x) schützt. Sie besteht hauptsächlich aus einer Z-Diode zwischen Ausgang und invertierendem Eingang. Mit zehn Normalwiderständen 110 Ω bis 10,476 MΩ und zwei Normalspannungen 11 V und 1,0476 V wird ein Widerstandsmeßbereich von etwa 1 mΩ bis 200 MΩ überstrichen.

4.2. Nullstellenfilter

Zur Unterdrückung unerwünschter, diskreter Frequenzen verwendet man gern den sog. RC-Doppel-T-Vierpol. Nachteilig ist jedoch eine mehr oder weniger starke

Dämpfung in der Umgebung der Nullstelle. Der tiefere Grund dieser Erscheinung ist die Beschränkung passiver RC-Schaltungen auf Güten unter 0,5. Mit Hilfe der Schaltung nach Bild 12 kann dieser Nachteil überwunden werden, indem höhere Güten vorgegeben werden. Bild 18a zeigt die Schaltung, die sich aus den Werten $a_0 = a_2 = 10$, $a_1 = 0$, $\omega_0 = 2\pi \cdot 50$ Hz, $R_1 = 1$ MOhm, $Q = \sqrt{10}$ und

$$k = \sqrt{\frac{15}{44}} - \frac{1}{2}$$

nach Gl. (16) ergibt. Bild 18b zeigt einen entsprechenden RC-Doppel-T-Vierpol. Im Bild 19 sind die Filterkurven dargestellt.

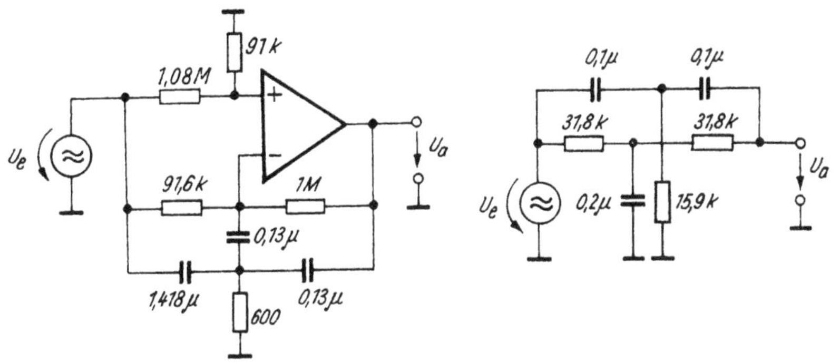

a) b)

Bild 18. RC-Nullstellenfilter für 50 Hz aktiv und passiv

4.3. Abstimmbarer Oszillator

Beim Aufbau der Schaltung nach Bild 14 treten einige störende Effekte auf. Gewöhnliche Kohlepotentiometer zeigen eine Art Durchgriff über den geerdeten Schleifer hinweg, ihr Ersatzschaltbild enthält außer den beiden Widerstandshälften einen veränderlichen Serienwiderstand zum Schleifkontakt. Dieses Verhalten macht eine ordnungsgemäße Funktion über dem Variationsbereich unmöglich. Drahtpotentiometer besitzen diesen Nachteil nicht, ihre Induktivität und Kapazität kann jedoch oberhalb etwa 1 kHz zu Abweichungen führen.

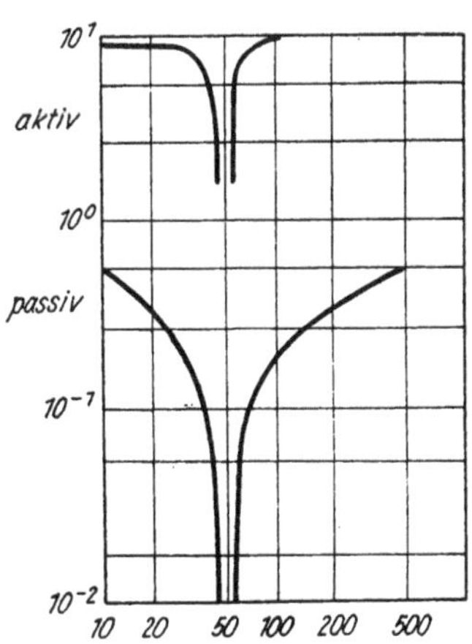

Bild 19. Frequenzgänge der Nullstellenfilter

Die Wirkungsweise der Schaltung [6] bringt es mit sich, daß an den Grenzfrequenzen die Anschwingbedingung günstiger als bei Mittenfrequenz ist. Das Dimensionierungsbeispiel im Bild 20 für eine Frequenzvariation 1:10 enthält deshalb noch eine Widerstandsbeschaltung der Kapazitäten, die gegenläufig wirksam wird. Zur Amplitudenstabilisierung werden vorgespannte Dioden eingesetzt, die über eine Widerstandskombination eine ,,weiche" Begrenzung auslösen.

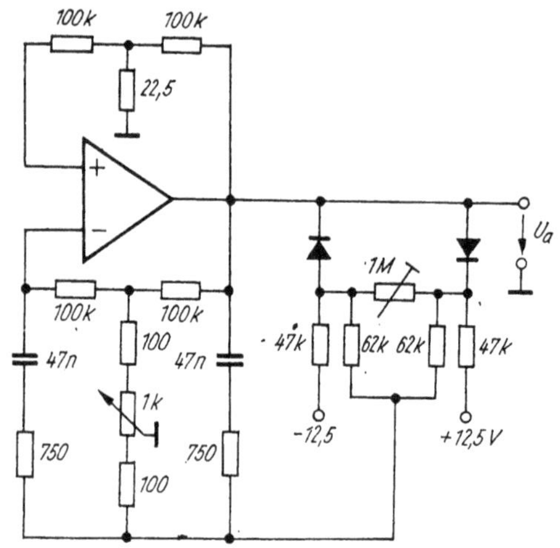

Bild 20. Variabler Oszillator für Frequenzvariation 10···100 Hz

Die dargelegten Beispiele zeigen, daß mit der Angabe eines Schaltungsprinzips noch nicht viel getan ist. Die praktische Dimensionierung und Ausgestaltung einer Schaltung erfordert einen nicht zu übersehenden Aufwand an Kleinarbeit, der im konkreten Beispiel noch aufgebracht werden muß.

Ein allgemeines Prinzip ist fast allen Operationsverstärkerschaltungen gemeinsam: Durch die sehr hohe Verstärkung bestimmt nur noch die Gegenkopplung das Verhalten der Schaltung, die Schaltung ist so stabil, nichtlinear, frequenzabhängig usw. wie die äußeren Elemente. Die Eigenschaften des OV spielen nur noch die Rolle von untergeordneten Fehlergrößen. Dieses Prinzip begründet die große Anwendungsbreite und den Erfolg der OV-Schaltungstechnik.

Eine natürliche Grenze der OV-Schaltungstechnik liegt in den verarbeitbaren Frequenzgebieten. Beim gegenwärtigen Stand der bipolaren Halbleiter und der konstruktiven und technologischen Verdrahtungsmethoden entstehen über etwa 10 kHz immer mehr anwachsende Schwierigkeiten, und man findet im Mega-Hertz-Gebiet kaum noch OV-Schaltungen im hier dargelegten Sinne. Eine wesentliche Änderung dieser Situation ist für die nächste Zukunft nicht zu erwarten.

Literaturverzeichnis

[1] Electronics U. S. markets forecast. Electronics **45** (1972) 1 (3. Jan.), S. 53
European markets — 1972. Electronics **44** (1971) 26 (20. Dez.) S. 87

[2] *Wagner, J.*: Widerstandsmessung mit Digitalvoltmeter. Ingenieurbeleg zum Ingenieurpraktikum im VEB RFT Meßelektronik Dresden, Bereich Forschung und Entwicklung

[3] *Böhme, R.*: Anwendungen des Operationsverstärkers MOV 101. radio fernsehen elektronik **20** (1971) H. 6, S. 522—524, 534—535

[4] *Böhme, R.*: Realization of transfer zeros in active RC filters. Proceedings of the fourth colloquium on microwave communication. Budapest, 21–24. April 1970, Vol. II, CT–5
[5] *Löffler, D.*: Mit einem Element abstimmbare RC-Sperrfilter für selektive Verstärker und Oszillatoren. Rohde & Schwarz – Mitteilungen **16** (1967) Nr. 21, S. 307–316
[6] *Böhme, R.* und *V. Reiche*: Mit einem Element abstimmbare RC-Schaltung als Resonanzverstärker und Oszillator. Nachrichtentechnik **21** (1971) H. 10, S. 340–342
[7] DWP 90383, Anmeldung 28. 7. 71, Kl. 21 a4, 8/01 „Schaltungsanordnung für abstimmbare Resonanzverstärker, Oszillatoren oder Widerstand-Frequenz-Wandler"
[8] Applications manual for operational amplifiers. Philbrick/Nexus Research. Dedham, Mass., 1965
[9] *Graeme, J. G., Gene, E. T.* und *Huelsman, L. P.*: Operational Amplifiers, Design and Applications. Copyright 1971 by Burr-Brown Research Corporation. Mc Graw-Hill Book Company New York

Einfluß technologischer Bedingungen

Technologie der TTL-Schaltungen

Von *D. Armgarth*

Arbeitsstelle für Molekularelektronik Dresden

1. Einleitung

Das Epitaxie-Planar-Verfahren mit niederohmig begrabenen Gebieten (SBC-Verfahren — Silicon Burried Collector) wird diskutiert und mit dem EPIC (Epitaxial Integrated Circuits)- und CDI (Collektor-Diffusion-Isolation)-Verfahren — ebenfalls bekannt gewordene Verfahren zur Herstellung von verkaufsfähigen integrierten Schaltungen — verglichen. Von diesen Verfahren wird das SBC-Verfahren am häufigsten verwendet, um integrierte Schaltungen, das sind in der Mehrzahl TTL-Schaltungen, zu realisieren. Einige wichtige elektrische Kenngrößen der TTL-Schaltungen werden erläutert und diskutiert. Aus den ermittelten elektrischen Kenngrößen lassen sich dann Tiefenstruktur-Parameter und seitliche Abmessungen der Bauelemente festlegen.

2. Verfahren zur Herstellung von TTL-Schaltungen

2.1. Das SBC-Verfahren

Als Ausgangsmaterial wird p-Silizium mit einem spezifischen Widerstand $\varrho_p \approx 10\ \Omega \cdot \text{cm}$ verwendet. Nach mechanischer Oberflächenbearbeitung, Oxydation und Oxidfensterätzung wird das niederohmig begrabene Gebiet (NBG) mit einem Schichtwiderstand R_{SBG} von 5 bis 30 $\Omega\ \square$ erzeugt (Bild 1a). Nach der Entfernung des gesamten Oxidaufbaus scheidet man auf dem Substrat eine 5 bis 10 μm dicke n-Epitaxieschicht mit einem spezifischen Widerstand ϱ_{Ep} von 0,1 bis 0,5 $\Omega \cdot \text{cm}$ ab. Anschließend wird nach entsprechender Oxidfensterätzung eine p^+-Isolierrahmen-Diffusion durchgeführt, wodurch in der n-Epitaxieschicht einzelne isolierte n-Gebiete entstehen (Bild 1b). Dann erfolgen wieder nach entsprechender Oxidfensterätzung Basis- und Emitterdiffusion, um die aktiven Gebiete der Transistoren zu erzeugen. Das Kollektorgebiet, das zum Anschluß des Kollektors dient, wird mit der Emitterdiffusion höher dotiert. Diese Maßnahme garantiert einen einwandfreien Kollektorkontakt (Bild 1c). In einigen Fällen wird unterhalb des Kollektorkontakts zusätzlich ein n^+-Gebiet (Schacht) erzeugt, das vom Kontakt bis zum begrabenen Gebiet reicht und zur Verringerung des Kollektorbahnwiderstands benötigt wird. Im Bild 1c wurde dieses Gebiet gestrichelt angedeutet. Eine Golddiffusion zur Verringerung der Lebensdauer der Minoritätsladungsträger wird danach noch durchgeführt. Anschließend werden die Kontaktfenster geöffnet und die Al-Leitbahnen aufgebracht, die die einzelnen Bauelemente miteinander verbinden. Die Bilder 1a bis 1c zeigen die Realisierung einer Widerstands- und Transistorstruktur. Andere Bauelemente, wie z.B. Dioden, müssen dieser Transistorstruktur entsprechend aufgebaut sein. Für Dioden kann man sowohl die

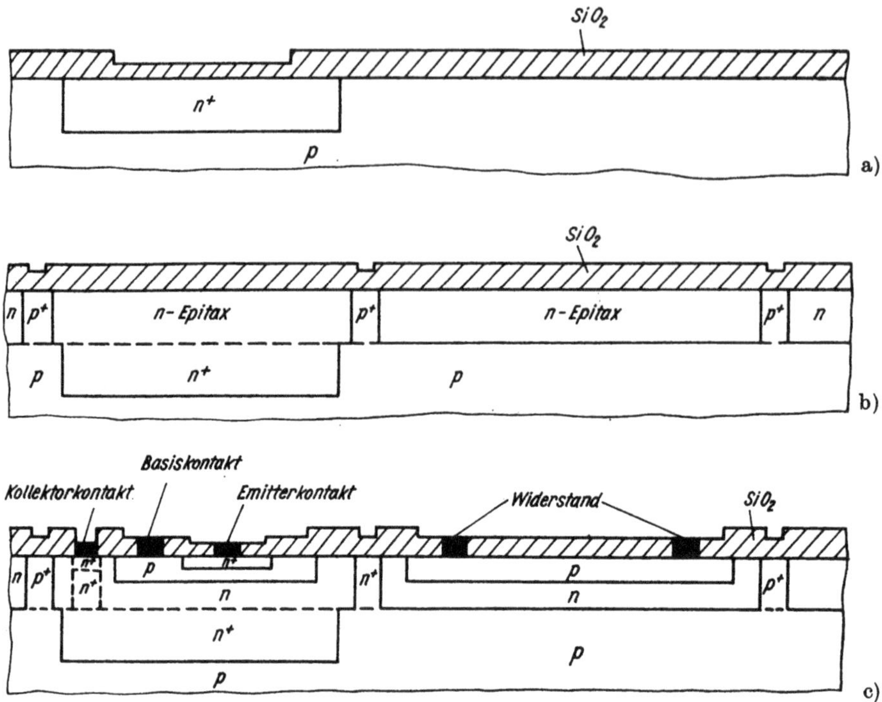

Bild 1. Teilschrittfolge beim Verfahren C zur Realisierung eines Transistors und Widerstands

Kollektor-Basis-Diode als auch die Emitter-Basis-Diode der Transistorstruktur verwenden. Die Widerstände werden vorwiegend durch die Basisdiffusion realisiert und befinden sich meist in nur einem isolierten Gebiet. Sie können aber auch als pinch-Widerstände und durch das begrabene Gebiet realisiert werden. Treten Leitungskreuzungen auf, so muß eine Leitung unterführt werden. Dazu braucht man ebenfalls ein isoliertes Gebiet ähnlich einer Transistorstruktur, wobei allerdings für dieses Gebiet eine Basisdiffusion nicht in Frage kommt. Die Unterführung soll so niederohmig wie nur möglich sein. Dazu wird in dieses isolierte Gebiet sowohl der Schacht als auch der Emitter eindiffundiert. Das niederohmig begrabene Gebiet unterhalb dieses isolierten Gebietes ist ebenfalls vorhanden. *pnp*-Transistoren lassen sich mit der gleichen Diffusionsfolge als seitliche Transistoren realisieren.

2.2. Das EPIC-Verfahren [1]

Ausgangsmaterial ist *n*-Silizium mit einem spezifischen Widerstand ϱ_N von 0,2 bis 0,5 $\Omega \cdot$ cm. Die Scheiben erhalten Vertiefungen in der im Bild 2a dargestellten Form. Anschließend wird oxydiert (Bild 2b). Dann wird in einer Epitaxieapparatur Silizium auf der SiO_2-Schicht abgeschieden, das polykristallin aufwächst und später die Aufgabe des Substrats übernimmt (Bild 2c). Im folgenden Arbeitsgang wird das einkristalline *n*-Silizium abgeläppt und abgeätzt, bis die begrabene SiO_2-Schicht zum Vorschein kommt. In den nunmehr durch SiO_2 isolierten *n*-Inseln können die gewünschten Bauelemente erzeugt werden. Bild 2d zeigt eine Transistorstruktur.

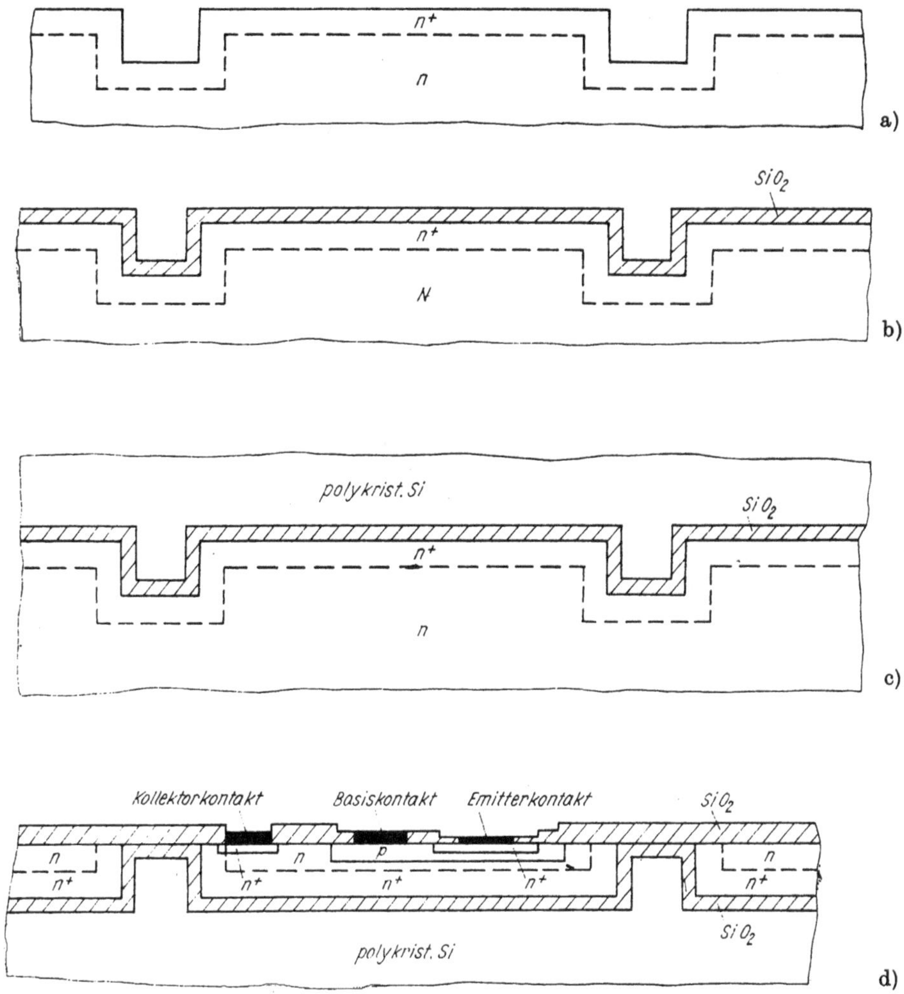

Bild 2. Teilschrittfolge beim EPIC-Verfahren

Um den Kollektorbahnwiderstand zu reduzieren, kann vor der Oxydation ein niederohmiges n-Gebiet an der Oberfläche erzeugt (im Bild 2 gestrichelt) oder als Ausgangsmaterial n^+n-Silizium verwendet werden.

2.3. Das CDI-Verfahren [2]

Ausgangsmaterial ist p-Silizium mit einem spezifischen Widerstand $\varrho_p = 10$ bis $100\ \Omega \cdot \mathrm{cm}$. Es werden die niederohmig begrabenen Gebiete für Transistoren und Widerstände realisiert (Bild 3a). Danach wird großflächig eine dünne p-Expitaxieschicht abgeschieden, die anschließend großflächig höher dotiert wird. Eine n^+-Isolierrahmendiffusion folgt dann, um die p-Basis und den Widerstand zu isolieren (Bild 3b). Beim Transistor dient der Isolierrahmen gleichzeitig als Kollektorzuführung.

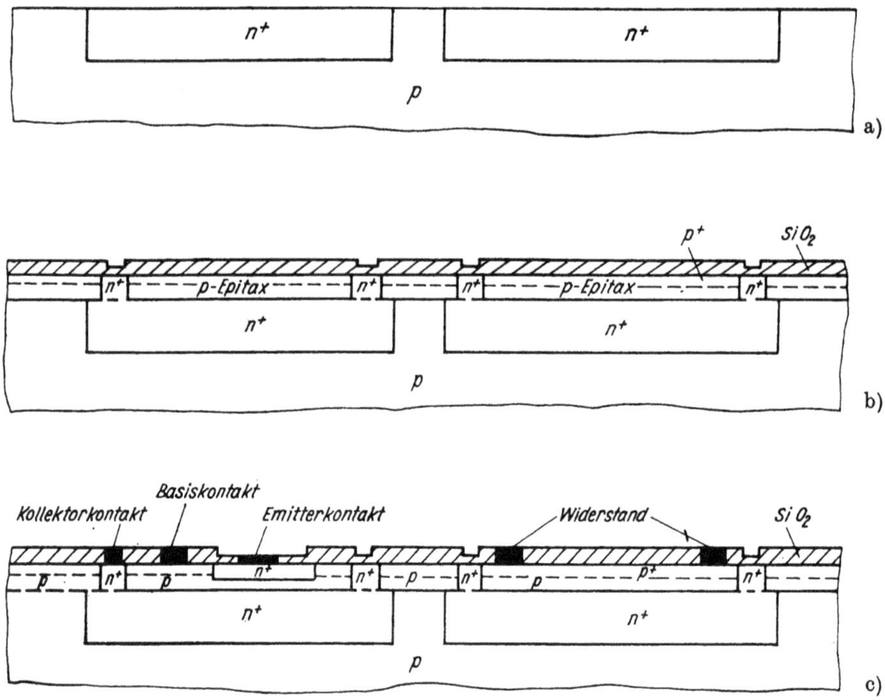

Bild 3. Teilschrittfolge beim CDI-Verfahren

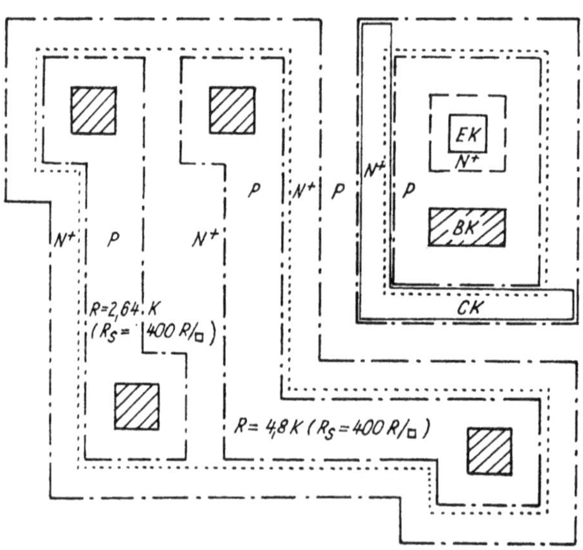

Bild 4. Layout für CDI-Transistor ($\approx Tr_1$ der D-2-Familie) mit Widerständen,
$R_{SNBG} = 22 \ \Omega/\square$; $x_j \approx 8 \cdots 10\ \mu m$
$R_{SEp} = 400\ \Omega/\square$; $w_{Ep} \approx 3\ \mu m$

Es folgt dann die Emitterdiffusion. Die anschließende Kontaktfensteröffnung und die Leitbahnerzeugung erfolgen wie bisher (Bild 3c).
Im Bild 4 sind ein Transistor und zwei Widerstände im Layout des CDI-Verfahrens dargestellt. Bild 5 zeigt im Vergleich dazu den entsprechenden Transistor Tr_1 der *D*-2-Familie nach dem SBC-Verfahren.

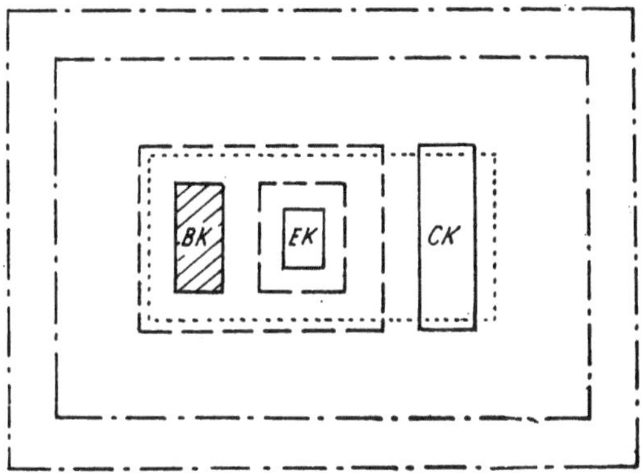

Bild 5. Layout für SBC-Transistor Tr_1 der *D*-2-Familie

2.4. Diskussion der Verfahren

Das SBC-Verfahren gestattet unter Berücksichtigung geringfügiger Modifikationen einiger technologischer Parameter sowohl Schaltungen mit kleiner Betriebsspannung und kleinen Verzögerungszeiten als auch Schaltungen mit hohen Betriebsspannungen und größeren Verzögerungszeiten zu realisieren. Es ist heute soweit entwickelt, daß es zu einem Standardverfahren geworden ist und reproduzierbare Ergebnisse liefert. Verbesserungen sind noch dahingehend zu erwarten, daß dünnere Epitaxieschichten und flachere Diffusionsprofile zum Einsatz kommen. Das wird sich in einer kleineren Topografie der Bauelemente und in einer Verbesserung der dynamischen Parameter bemerkbar machen.
Das EPIC-Verfahren wird vorwiegend angewendet, um strahlungssichere integrierte Schaltungen herzustellen. Es läßt die Realisierung von Bauelementen mit sehr kleiner parasitärer Kapazität zu. Die parasitäre Transistorwirkung ist beseitigt worden. Das ist nur in einigen Fällen vorteilhaft, nicht aber generell. Von der Technologie aus gesehen ist das Verfahren jedoch relativ kompliziert. Es sind mehr Prozeßschritte erforderlich als bei den Verfahren mit Sperrschichtisolation, wobei als qualitativ neuer Schritt die Siliziumgrabenätzung ($10 \cdots 20\,\mu m$) hinzukommt. Die unterschiedlichen Ausdehnungskoeffizienten von SiO_2-Schichten und Silizium bringen Schwierigkeiten hinsichtlich der mechanischen Stabilität der integrierten Schaltungen. Große Anforderungen werden auch an den Läpp-Prozeß gestellt. Die Si-Scheibe muß planparallel aufliegen, da sonst auf der einen Seite zu viel Material stehen bleibt bzw. auf der anderen Seite zu viel abgetragen wird. In der Literatur findet man Varianten dieses EPIC-Verfahrens [3], [4], [5]. Es werden teilweise weitere Prozeßschritte eingeführt bzw. Teilschritte bei der Herstellung der integrierten Schaltung vertauscht.
Zum CDI-Verfahren kann folgendes gesagt werden:
Die Basisweite wird bestimmt

1. durch die Ausdiffusion aus dem NBG,
2. durch die Epitaxieschichtdicke und
3. durch die Emittereindringtiefe.

Es wird sicherlich erforderlich sein, die Emittereindringtiefe entsprechend der Ausdiffusion und der Epitaxieschichtdicke nachzustellen, um die gewünschte Basisweite und damit die Stromverstärkung zu erreichen. Man wird auch hier wie beim SBC-Verfahren eine Basisweite von etwa 0,5 ··· 1 μm anstreben müssen, um eine genügend hohe Stromverstärkung zu erhalten. Eine Golddiffusion wird vielleicht ebenfalls erforderlich sein, um kleine Verzögerungszeiten zu erreichen.
Auf Grund der großen inversen Stromverstärkung ($B_I = 20$, [2]) wird mit einem VET in bekannter Schaltungstechnik nicht gearbeitet werden können, da die Eingangs-„high"-Ströme sonst zu groß würden. Es muß gefordert werden, daß die Parameter der nach diesem Verfahren hergestellten TTL-Schaltungen voll kompatibel mit den jetzigen Schaltungen sind. Im Bild 4 wurde ein CDI-Transistor (entsprechend dem Transistor Tr_1 der D-2-Familie) mit zwei Widerständen dargestellt. Man erkennt, daß die Widerstände von einem n^+-Gebiet umgeben sind. Die Durchbruchspannung dieser Widerstände liegt daher in der Größenordnung der Emitter-Basis-Dioden der Transistoren, also bei 6 ··· 6,5 V. Die Durchbruchspannung U_{CBO} des Transistors liegt auch nicht höher. Sie wird auch bestimmt durch den n^+p-Übergang in Kontaktnähe. Die Durchbruchspannung U_{CBO} des „inneren" Transistors wird vorwiegend durch die Epitaxieschicht bestimmt. Bei einem $\varrho_{Ep} = 0{,}4\ \Omega \cdot \mathrm{cm}$ ($\triangleq 6 \cdot 10^{16}\ \mathrm{cm}^3$) und $N_{OB} = 10^{19}\ \mathrm{cm}^3$ wird $U_{CBOi} \approx 20$ V.
Mit $B_N \approx 30$ wird $U_{CEO} = \dfrac{U_{CBO}}{\sqrt[4]{B_N}} = \dfrac{20\ \mathrm{V}}{\sqrt[4]{30}} \approx 8{,}5\ \mathrm{V}$.
Man sieht also, daß die Durchbruchspannung durch die seitliche Diode bestimmt wird. TTL-Schaltungen mit diesen Bauelementen können folglich nicht mit der maximalen geforderten Betriebsspannung von 7 V betrieben werden.

3. Die TTL-Schaltungen

3.1. Schaltungseinzelheiten

Die TTL-Schaltungen sollen nicht im einzelnen beschrieben, berechnet und diskutiert werden. Vielmehr soll hier gezeigt werden, daß diese Schaltungsart bei der Realisierung als integrierte Schaltung Vorteile gegenüber anderen Schaltungsarten (z. B. DTL) in einem Verzögerungszeitbereich $t_D = 5 \cdots 50$ ns aufweist. Die Bilder 6, 7 und 8 zeigen die bekannten Grundgatter der TTL-Baureihen. Das Gatter nach Bild 6 wird für die „innere" Schaltung von LSI-Bausteinen angewendet, da dort nur ein geringer Störabstand erforderlich ist. Im Bild 7 ist ein Gatter der D-1-Serie und im Bild 8 ein Gatter der D-2-Serie dargestellt.
Zunächst soll der Vielfachemitter-Transistor (VET) betrachtet werden. Er benötigt ein isoliertes Gebiet mit einem zusätzlichen Basisvorwiderstand, der dazu

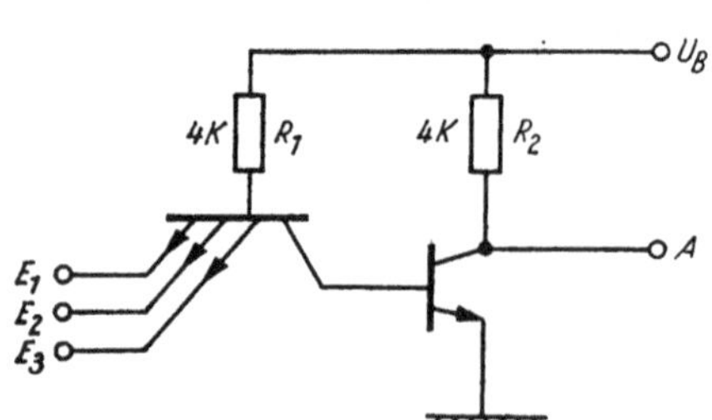

Bild 6. Einfaches TTL-Gatter

dient, die inverse Stromverstärkung zu reduzieren, damit der Eingangsstrom I_{IH} („high“-Zustand am Eingang) genügend klein bleibt. Im „low“-Zustand am Eingang wirkt der VET wie ein aktiver Transistor und entlädt die Basis von Tr_1 sehr rasch, so daß kurze Speicherzeiten erreicht werden. In der DTL-Technik werden die Eingangsdioden ähnlich dem VET realisiert. Kollektor- und Basisgebiet der Transistorstruktur werden kurzgeschlossen. So erhält man zwar sehr kleine Eingangsströme I_{IH}, dafür aber ein ungünstigeres dynamisches Verhalten.
Eine weitere günstige Anordnung für die Realisierung als integriertes Bauelement aus der TTL-Schaltung nach Bild 8 ist die Kombination $Tr_{3/4}$. Für beide Transistoren wird nur ein isoliertes Gebiet benötigt, da die Kollektoren beider Transistoren zusammengeschaltet sind. Solche Anordnungen sind sehr vorteilhaft, da man dadurch Platz auf die Si-Scheibe spart, die Ausbeute erhöht und die Zuverlässigkeit der Schaltung vergrößert.
In der Schaltung nach Bild 7 lassen sich in gleicher Art und Weise die Transistoren Tr_2, die Diode D und der Widerstand R_3 zusammenfassen. Die Widerstände R_1, R_2 und R_4 befinden sich in einem weiteren isolierten Gebiet, wobei dieses an das höchste positive Potential gelegt wird, um parasitäre Transistorwirkungen zu verhindern. Für Transistor Tr_1 ist ebenfalls noch ein isoliertes Gebiet erforderlich.

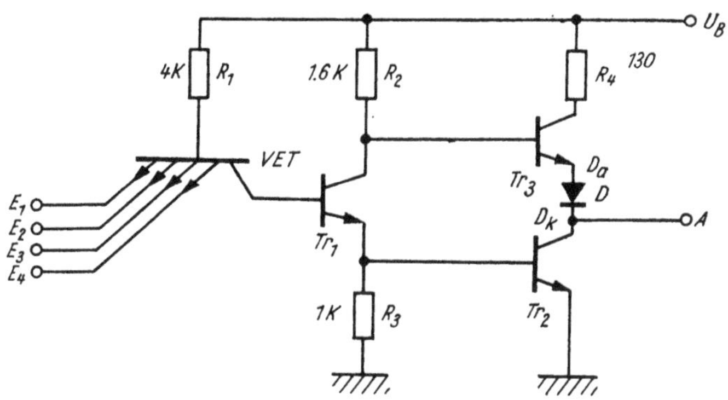

Bild 7. Gatter der D-1-Serie

Wenn keine Bauelemente außer den Widerständen zusammengefaßt werden, so benötigt man sechs isolierte Gebiete pro Gatter für die Realisierung der Schaltung nach Bild 7 als integrierte Schaltung. Ebenfalls sechs isolierte Gebiete pro Gatter werden für die integrierte Schaltung nach Bild 8 gebraucht. Werden die Bauelemente in der beschriebenen Art zusammengefaßt, so sind fünf statt sechs isolierte Gebiete für beide Schaltungen erforderlich. In AMD ist es gelungen, mit nur vier isolierten Gebieten ein Grundgatter zu realisieren, und man erreichte damit eine aktive Fläche pro Gatter (ohne Bondinseln) von nur noch $280 \times 380\,\mu m^2$.
Im Bild 9 ist ein spezielles TTL-Gatter für das CDI-Verfahren angegeben [2]. Für dieses Gatter werden drei isolierte Gebiete benötigt. Der Widerstand R_2 dient zur Reduzierung des Eingangsstromes I_{IH}. Er ist erforderlich, weil der CDI-Transistor eine wesentlich höhere inverse Stromverstärkung gegenüber dem bekannten Transistor aus den D-Serien aufweist. Der Transistor Tr_1 ist hier als Doppel emitter-Transistor ausgebildet, wobei ein Emitter zum Abbau der Minoritätsladungsträger nach dem Umschalten dient.
Daß mit Hilfe des CDI-Verfahrens auch die Schaltungen nach Bild 7 und 8 realisiert werden können, soll noch erwähnt werden. Der VET ist dann so zu schalten, wie im Bild 9 angegeben.

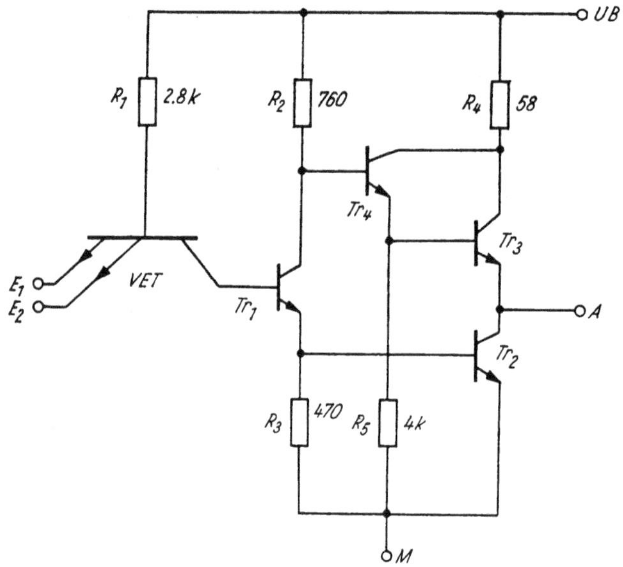

Bild 8. Gatter der D-2-Serie

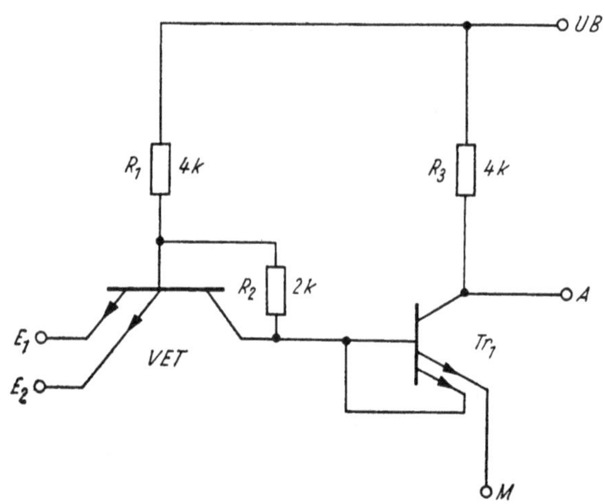

Bild 9. TTL-Gatter für das CDI-Verfahren

3.2. Elektrische Parameter

Betrachtet werden die Schaltungen nach Bild 7 und 8. Im Pflichtenheft wird für die Ausgangsbelastung ein Wert von 10 für das Grundgatter und ein Wert von 30 für das Leistungsgatter gefordert. Das bedeutet bei der D-2-Serie für den maximalen Kollektorstrom von Tr_2 ein $I_C = 20$ mA beim Grundgatter und ein $I_C = 60$ mA beim Leistungsgatter. Da in den realisierten TTL-Schaltungen zwei Transistoren für die Verstärkung verwendet werden, ist die Forderung an die Stromverstärkung der Transistoren nicht sehr hoch. Ein Wert von $B_N = 20 \cdots 40$ genügt im allgemeinen, um die geforderten Pflichtenheftwerte zu erreichen. Aus

diesem elektrischen Parameter kann bei vorgegebener Lebensdauer der Minoritätsladungsträger (Gold-Diffusion), die erforderliche Basisweite bestimmt werden.
Der Eingangsstrom I_{IL} hängt vorwiegend vom Widerstand R_1 ab. Laut Pflichtenheft ist der obere Grenzwert dieses Eingangsstromes ein Garantiewert. Aus diesem elektrischen Parameter kann der minimal zulässige Basisschichtwiderstand R_{SB} ermittelt werden, wenn das l/b-Verhältnis der Widerstandsbahn als konstant angesehen werden kann.
Der obere Wert des Basisschichtwiderstandes R_{SB} wird durch den zu garantierenden unteren Wert des Ausgangs-Kurzschlußstromes festgelegt. Voraussetzung dafür ist, daß R_4 auch durch die Basisdiffusion realisiert wird. Ist das nicht der Fall, z.B. wenn R_4 durch den Schichtwiderstand des begrabenen Gebietes bestimmt wird, so legen die dynamischen Parameter den oberen Wert von R_{SB} fest.
Die Durchbruchspannung U_{CBO} der Transistoren, die mit die zulässige Betriebsspannung der integrierten Schaltung bestimmt, wird vorwiegend von den Eigenschaften der Epitaxieschicht beeinflußt. Der spezifische Widerstand der Epitaxieschicht hat den größten Einfluß auf die Breite der Raumladungszone und legt damit den Wert für U_{CBO} fest. Die Dicke der Epitaxieschicht muß so gewählt werden, daß die Raumladungszone nicht von der Ausdiffusion aus dem begrabenen Gebiet zusammengedrängt wird. Andererseits darf sie nicht zu dick sein, da sonst der Kollektorbahnwiderstand ansteigt, die Speicherzeit des Transistors größer wird und eine tiefere Isolierrahmendiffusion erforderlich ist, was zu größeren Sicherheitsabständen und damit zu einem größeren Platzbedarf eines Bauelementes bzw. einer Schaltung auf der Si-Scheibe führt.
Die Kollektorrestspannung des Ausgangstransistors und damit das Ausgangs-,,low"-Signal U_{OL} hängt sowohl von Tiefenstruktur-Parametern (elektrische Kenngrößen) als auch von den lateralen Abmessungen des Transistors ab. Sie setzt sich zusammen aus der Restspannung des idealen Transistors und dem Spannungsabfall am Kollektorbahnwiderstand. Der erste Term wird von der normalen und inversen Stromverstärkung und dem Verhältnis I_C/I_B bestimmt, während beim Spannungsabfall am Kollektorbahnwiderstand dieser selbst und der Kollektorstrom eingehen. Der Kollektorbahnwiderstand hängt stark von der Geometrie des Transistors und vor allem vom Schichtwiderstand des begrabenen Gebietes ab. Der Schichtwiderstand möchte möglichst klein sein, um ein kleines U_{OL} zu erhalten. Das bedeutet aber, daß dieses Gebiet eine hohe Störstellenkonzentration aufweisen muß. Eine hohe Störstellenkonzentration hat jedoch zur Folge, daß eine große Ausdiffusion aus dem begrabenen Gebiet auftritt und somit die Durchbruchspannung U_{CBO} beeinflußt wird. Hier sind also optimale Werte zu finden, die garantieren, daß einmal ein genügend kleines U_{OL} und zum anderen ein genügend großes U_{CBO} erreicht werden, wobei zu beachten ist, daß die lateralen Abmessungen des Transistors nicht zu groß gewählt werden dürfen, da sonst die Sperrschichtkapazitäten ansteigen und das dynamische Verhalten des Transistors verschlechtert wird.
Abschließend soll noch kurz auf die dynamischen Parameter, auf die Verzögerungszeiten t_{DHL} und t_{DLH}, eingegangen werden. Die Verzögerungszeit t_{DHL}, das ist die Zeit, die vom Anlegen der Eingangsspannung bis zum Absinken der Ausgangsspannung — Bezugspegel jeweils 1,5 Volt — vergeht, wird dadurch bestimmt, wie schnell die Transistoren Tr_1 und Tr_2 eingeschaltet werden, d. h., wie schnell alle Kapazitäten in den Basiszuleitungen aufgeladen werden. Kleine Werte von t_{DHL} werden erreicht, wenn die Stromverstärkungen der Transistoren Tr_1 und Tr_2 groß und die Kapazitäten und Widerstände klein sind.

Für die Verzögerungszeit t_{DLH}, das ist die Zeit, die vom Abschalten der Eingangsspannung bis zum Ansteigen der Ausgangsspannung — Bezugspegel wieder 1,5 Volt — vergeht, ist maßgebend, wie schnell die gespeicherte Ladung in den Transistoren Tr_4 und Tr_2 abgebaut wird. Der Transistor Tr_1 wird durch den leitenden Vielfachemitter-Transistor sehr schnell umgeladen, während im Transistor Tr_2 die Ladung durch den Widerstand R_3 ausgeräumt wird. In beiden Transistoren wird außerdem ein Teil der gespeicherten Ladung durch die Rekombination abgebaut. Durch die bereits erwähnte Golddiffusion wird die erforderliche Anzahl von Rekombinationszentren eingebaut. Der Widerstand R_3 kann nicht beliebig kleine Werte annehmen, da bei zu kleinen Werten das t_{DHL} wieder ansteigen würde. Hier sind optimale Werte zu ermitteln, damit t_{DHL} und t_{DLH} etwa gleich groß werden.

Literaturverzeichnis

[1] *Warner, R. M.* u. *J. N. Fordemwalt*: Integrated Circuits. Mc Graw-Hill Book Comp., New York 1965, S. 166—173

[2] —: CDI — ein neuer bipolarer Prozeß für LSI-Schaltungen. Elektronik 1972, Heft 1, S. 29—30

[3] *Tarui, Y.*: Japan seeks its own route to improved IC techniques. Electronics 38 (1965), Heft 25, S. 90—98

[4] *Hennigs, K.* u. *H. J. Schütze*: Verfahren zur Herstellung separierter einkristalliner Bereiche in einer mikrominiaturisierten Schaltungsanordnung auf Festkörperbasis. Wirtschaftspatent 52739

[5] *Armgarth, D.*: Dielektrisches Isolationsverfahren VM zur Herstellung von Transistoren und intergrierten Schaltungen. Nachrichtentechnik 22 (1972), Heft 5, Seite 152—154

Gesichtspunkte für den Entwurf integrierter MIS-Schaltungen

Von *F. Rößler*

Kombinat VEB Funkwerk Erfurt

Gegenwärtig bestimmen bipolare und unipolare integrierte Schaltkreise die elektronische Schaltungstechnik. Bipolare integrierte Schaltkreise werden für den Einsatz in Analog- und Digitalschaltungen gefertigt, unipolare Schaltkreise werden nur in Digitalschaltungen eingesetzt. Während bipolare (TTL-)Schaltkreise durch eine hohe Arbeitsgeschwindigkeit (Verzögerungszeiten 5 ··· 100 ns) gekennzeichnet sind, erlauben unipolare Schaltkreise nur Verzögerungszeiten von 50 ··· 2000 ns. Unipolare Schaltkreise gestatten dafür zur Zeit bereits einen Integrationsgrad von ca. 6000 Transistoren auf einem Chip, während bipolare Schaltkreise nur $\frac{1}{6} \cdots \frac{1}{10}$ dieses Wertes erreichen.

Der Entwurf von unipolaren MIS-Schaltungen ist gegenüber bipolaren Schaltungen einfacher. Unipolare MIS-Schaltkreise können speziellen Wünschen leicht angepaßt werden, wobei durch den hohen Integrationsgrad vielfach die Möglichkeit besteht, in einem oder einigen Schaltkreisen ganze Geräte (Digitalvoltmeter, Tischrechner, Prozeß- und Steuerrechner u. ä.) zu integrieren. MIS-Schaltkreise sind beim gegenwärtigen Entwicklungsstand in der Lage, für digitale Schaltungen mit Verzögerungszeiten von 2 ··· 5 μs (Taktfrequenz 200 ··· 500 kHz) vorteilhafte Lösungen zu realisieren. Durch die hohe Flexibilität der MIS-Technik lassen sich für viele Anwendungsfälle integrierte Schaltungen realisieren, wenn folgende Grenzen eingehalten werden können:

	min.	typ.	max.
Anzahl der Gatter		200	ca. 600
Anzahl der Transistoren		2000	6000
Ausgangsstrom		0,1	ca. 3 mA
Taktfrequenz		0,2	1 MHz
bei spez. dyn. Schaltungen	0,01		2 ··· 5 MHz

Die vorliegende Übersicht soll die MIS-Schaltungstechnik in ihren Möglichkeiten umreißen und Hinweise für den Entwurf und Einsatz von MIS-Schaltkreisen geben:

1. Schaltungsarten

Die MIS-Schaltungstechnik wird in 2 Gruppen eingeteilt:

a) *Statische Schaltungen*

In statischen Schaltungen wird der L-Pegel über einen MIS-„Last"-Transistor bei gesperrtem Basistransistor und der H-Pegel durch den Spannungsabfall über dem „Last"-Transistor bei leitendem Basistransistor erzeugt.

Für den H-Zustand fließt durch jeden Inverter ständig ein Ruhestrom.

b) *Dynamische Schaltungen*

In dynamischen Schaltungen wird der L-Pegel durch eine geladene Kapazität und der H-Pegel durch eine entladene Kapazität gekennzeichnet. Dynamische MIS-Schaltungen benötigen daher nur den Strom zur Auf- bzw. Entladung der Kapazitäten, eine Ruhestrom tritt nicht auf. Durch die Entladung der Kapazitäten infolge parasitärer Ströme darf eine untere Frequenz nicht unterschritten werden.

1.1. Statische Schaltungen

Die wesentlichsten statischen MIS-Grundschaltungen sind der statische Inverter mit 1 oder 2 Betriebsspannungen, die Gegentaktstufe und der Inverter mit kapazitiver Gatespannungserhöhung.

1.1.1. Der statische Inverter

In der MIS-Technik werden als Lastwiderstände MIS-Transistoren verwendet. In der konventionellen MIS-Technik sind das p-Kanal-Enhancement-Transistoren [1], [2].

Bild 1a zeigt einen Inverter mit 1 Betriebsspannung, Bild 1b einen Inverter mit 2 Betriebsspannungen.

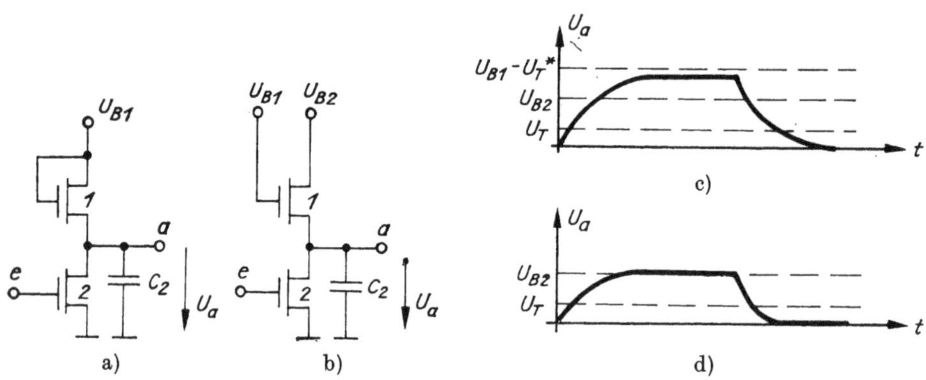

Bild 1. MIS-Inverter

a) mit 1 Betriebsspannung
b) mit 2 Betriebsspannungen
c) Spannungsverlauf zu 1 a)
d) Spannungsverlauf zu 1 b)

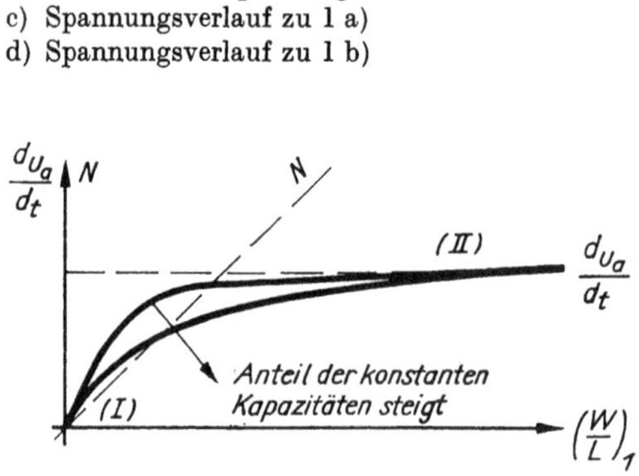

Bild 2. Schaltgeschwindigkeit und Leistung des MOS-Inverters

Für den MIS-Inverter ist charakteristisch:

	1 Betriebsspannung	2 Betriebsspannungen
Betriebsspannung	$U_{B1} \approx 6 \cdots 8\ U_T$	$U_{B1} \approx 6 \cdots 8\ U_T$; $U_{B2} \approx 3 \cdots 4\ U_T$
Ausgangsspannung	$U_a = U_{B1} - U_T^x$	$U_a = U_{B2}$
Arbeitsbereich des Last-*TS*	gesättigter Bereich	ungesättigter Bereich
Schaltverhalten	Bild 1c	Bild 1d
Leistungsverbrauch bei U_{aH}	$U_{B1} \cdot I_D$	$U_{B2} \cdot I_D$
Anwendung	– Vor Gegentaktstufen – Zum Ansteuern von Transistoren mit variablem Sourcepotential	– Zur Ansteuerung von Transistoren mit $U_{SB} = 0$

Für die Dimensionierung des statischen Inverters gilt:

1. Das W/L-Verhältnis des Transistors 2 muß zur Erreichung eines kleinen Nullpegels ca. 7 ··· 2ox größer als das W/L-Verhältnis des Transistors 1 sein.
2. Das W/L-Verhältnis des Transistors 1 wird nach dynamischen Gesichtspunkten (anzusteuernde Lastkapazität, geforderte Schaltgeschwindigkeit) festgelegt. Dabei gilt das Verhalten nach Bild 2.

Im Bereich I, der durch den Anteil der konstanten parasitären Kapazitäten (Verdrahtung, Kontaktlöcher) charakterisiert ist, nimmt die Schaltgeschwindigkeit bei Vergrößerung des Lasttransistors zu. Im Bereich II, der durch das Verhältnis von Strom/Kapazität für eine vorgegebenes W/L-Verhältnis bestimmt wird, ist keine wesentliche Verbesserung des Schaltverhaltens durch Vergrößern des Lasttransistors zu erreichen.

3. Die Verlustleistung des statischen Inverters wird in erster Linie durch das W/L-Verhältnis des Lasttransistors 1 vorgegeben. Über die Realisierung logischer Funktionen mit statischen MIS-Stufen: [3].

Als grobe Anhaltspunkte für die Dimensionierung können gelten:

$(W/L)_1$	0,1 ··· 1	für integrierte Logikstufen
$(W/L)_2$	1 ··· 20	
C_L	0,05 ··· 5 pF	(im Schaltkreis)
W/L	10 ··· 40	für Ausgangstreiber

1.1.2. Gegentaktstufen

Wie aus 1.1.1. ersichtlich, kann der statische Inverter mit MIS-Lasttransistoren keine großen Kapazitäten (>5 pF) bei günstigen dynamischen Eigenschaften umladen. Sind größere Kapazitäten umzuladen (Ausgangsstufen), so werden Gegentakttreiber verwendet (Bild 3). Charakteristisch ist, daß stets einer der beiden Transistoren Tr_1 oder Tr_2 durch die invertierte Ansteuerung gesperrt ist. Daher können die Transistoren Tr_1 und Tr_2 beide im (W/L)-Verhältnis groß gewählt werden (10 ··· 40), ohne daß die L- und H-Pegel ungünstig beeinflußt werden.

Vorteil:

- statische Verlustleistung ≈ 0, lediglich beim Umschalten fließt der Ladestrom,
- Große Belastbarkeit,
- H-Pegel ist ≈ 0 V.

Nachteil:

— Durch die Reihenschaltung von 2 MIS-Transistoren ist zur Ansteuerung des Transistors Tr_1 der Gegentaktstufe eine Vorstufe erforderlich, die mit hoher Betriebsspannung (U_{B1}) am Drain des Lasttransistors betrieben werden muß. Die Ausgangsspannung U_{aL} beträgt $U_{B1} - 2U_T^x$.

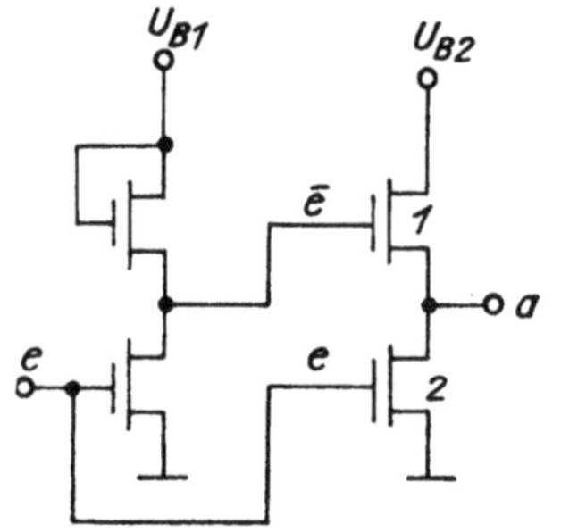

Bild 3. Gegentaktinverter

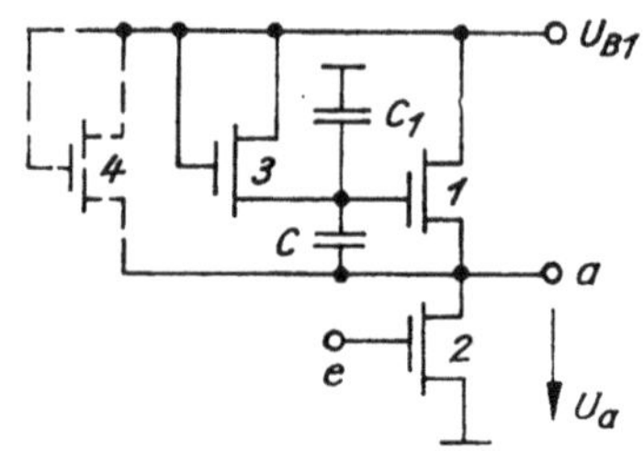

Bild 4. Kapazitive Gatekopplung

1.1.3. Inverter mit kapatiziver Gatespannungserhöhung

Um die dynamischen Eigenschaften des MIS-Inverters zu verbessern, wird die Schaltung nach Bild 4 verwendet.

Wirkungsweise: befindet sich *e* auf *L*, so ist das Gate des Transistors Tr_1 mit $U_{B1} - U_T^x$ angesteuert. U_a wird von den (W/L)-Verhältnissen der Transistoren Tr_1 und Tr_2 und den Ansteuerbedingungen bestimmt und liegt im Bereich von $U_{aH} = -1 \cdots -2{,}5$ V.

Schaltet *e* von *L* auf *H*, so geht $U_a \to U_{B1}$. Der integrierte Kondensator *C* überträgt die Spannungsänderung auf das Source des Transistors Tr_3. Dadurch wird $-U_{GS} < -U_T$, wodurch Transistor Tr_3 sperrt ($R_{off} > 10^{10}\ \Omega$).

Die Spannungsänderung von U_a wird abhängig vom Verhältnis C/C_1 auf das Gate des Transistors Tr_1 übertragen. Die Steuerspannung des Transistors Tr_1 wird erhöht, sein Kanalwiderstand sinkt und der Aufladevorgang wird beschleunigt. Bei geeigneter Dimensionierung läßt sich erreichen, daß nach dem Umschalten $U_a = U_{B1}$ wird. Das ermöglicht eine Ansteuerung der folgenden Stufe mit höherem Pegel. Durch die parasitären Widerstände und den Kanalwiderstand des gesperrten Transistors $Tr_3(10^{10}\ \Omega)$ entladen sich die Kapazitäten *C* und C_1. Die Entladung liegt (bei Kapazitäten von ca. 0,2 pF) im Bereich von $\tau \approx 10^{10}\ \Omega \cdot 0{,}2$ pF, $\tau \approx \approx 20$ ms. Da der *H*-*L*-Übergang in 100 ··· 500 ns erfolgt, ist die Übersteuerung genügend lange wirksam. Sie wird jedoch nach einer durch τ bestimmten Zeit unwirksam. Die Ausgangsspannung U_a beträgt für Zeiten $\gg \tau$ nur noch $U_a = U_{B1} - 2U_T^x$.

Für die Ansteuerung von Gegentaktstufen ist diese Spannung zu niedrig. Indem der sehr hochohmige Transistor $Tr_4(W/L \approx 0{,}05)$ vorgesehen wird, ist es möglich, die Ausgangsspannung bei $U_a = U_{B1} - U_T^x$ festzuhalten und Gegentaktstufen anzusteuern.

1.2. Dynamische Schaltungen

Es ist in MIS-Schaltungen auf Grund der äußerst geringen parasitären Ströme begesperrtem Transistor möglich, Ladungen auf den parasitären Schaltungskapazi-

täten ca. 1 ms bei $\vartheta_a = 70 \cdots 100$ °C zu speichern. Damit ermöglicht die MIS-Technik dynamische Schaltungen mit folgendem Prinzip:
In der ersten Phase werden Kapazitäten über einen MIS-Transistor aufgeladen. Der ladende Transistor wird am Ende der Aufladephase gesperrt. Über die Schalttransistoren wird in der darauffolgenden Arbeitsphase die Kapazität entweder entladen ($\triangleq H$ am Ausgang) oder die Entladung wird durch gesperrte Schalttransistoren verhindert ($\triangleq L$ am Ausgang).

Vorteile der dynamischen Technik:

- Da kein statischer Strom fließt, ist lediglich die Leistung zum Laden der Kapazitäten erforderlich. Bei kleinen Arbeitsfrequenzen (10 kHz), einer Spannungsdifferenz von ca. 20 V und Gesamtkapazitäten von ca. 30 pF ergeben sich Leistungen von ca. 100 µW/Chip. Bei der angenommenen Kapazität von 30 pF können dabei schon umfangreiche Logikverknüpfungen durchgeführt werden.
- Der Ladetransistor und die Schalttransistoren brauchen kein bestimmtes W/L-Verhältnis zu haben und können die technologische Minimalgröße haben.
- Da die technologisch „kleinen" Transistoren ein elektrisches W/L-Verhältnis von ca. 1 haben, sind dynamische Schaltungen in der Grenzfrequenz den statischen um den Faktor 5—10 überlegen (auch die parasitären Kapazitäten sind klein).
- In einem Gatter sind sehr komplexe Verknüpfungen möglich.

Nachteile:

- Es ist nur ein Betrieb bis zu einer unteren Frequenzgrenze von ca. $2 \cdots 10$kHz ($\vartheta_a = 75$ °C) möglich.
- Die Ausgangsinformation ist nur zu bestimmten Zeiten richtig.
- Es ist eine Taktversorgung erforderlich.
- Sollen die Anfangsinformationen mehrerer Logikgatter verknüpft werden, sind Mehrphasensysteme erforderlich, da sonst während des Ladetaktes alle Logikinformationen zerstört würden.
- Der Entwurf von dynamischen Schaltungen muß neben der Logikzuordnung auch die Zeitzuordnung berücksichtigen.

Die Einteilung der verschiedenen Schaltungstechniken wird nach der Anzahl der Zeitzustände (Phasen) vorgenommen. Die Zahl der äußeren Takte stimmt durch integrierte Taktgeneratoren meist nicht mit der verwendeten Schaltungstechnik überein (also: 3-Phasen-Technik kann ein Schaltkreis mit 1 Takt sein).
In der dynamischen Technik gibt es sehr viele Schaltungsvarianten. Die Grundtypen sind die 2-, 3- und 4-Phasen-Technik.

1.2.1. 2-Phasentechnik

Die 2-Phasentechnik entstand aus der statischen Technik durch Taktung der Lastwiderstände. Dadurch wird der Leistungsbedarf verringert. Die eigentlichen Vorteile der dynamischen Technik werden nicht erreicht, daher ist diese Technik gegenwärtig durch andere dynamische Techniken abgelöst worden.
Eine Schaltung (Schieberegisterzelle) in 2-Phasentechnik zeigt Bild 5.

1.2.2. 3-Phasentechnik

Die 3-Phasentechnik benutzt 3 Zeitzustände sowohl zum Laden der parasitären Transistoren als auch zum Bilden der Logikverknüpfungen. 2 Beispiele zeigen die Bilder 6a und 6b. In der Schaltung nach Bild 6a wird z. B. im Takt 2 C_1 aufgeladen,

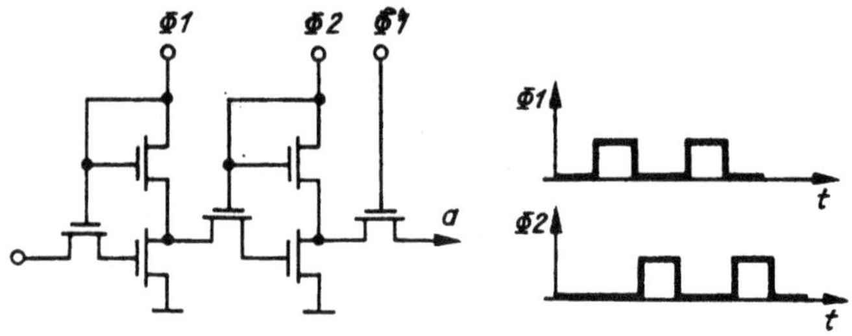

Bild 5. 2-Phasen-Schieberegister

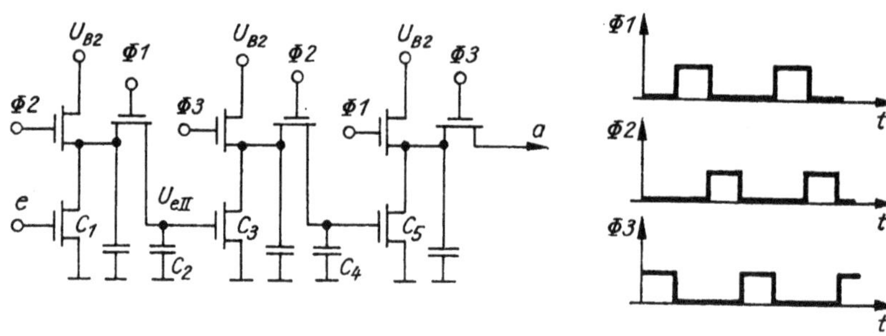

Bild 6a. 3-Phasen-Schieberegister

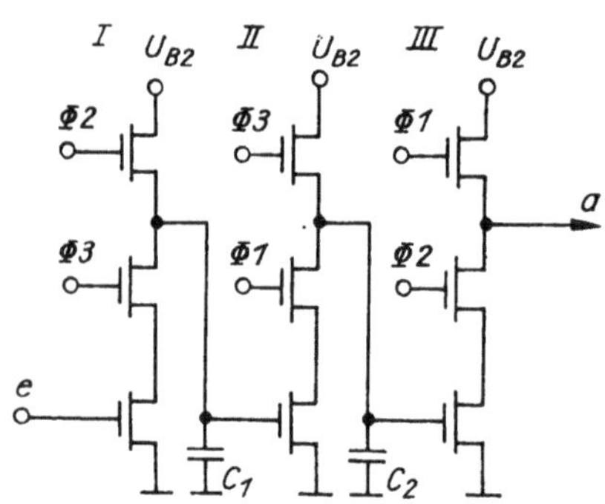

Bild 6b. 3-Phasen-Schieberegister

im Takt 1 wird C_2 auf das richtige logische Potential gebracht und die im Takt 3 geladene Kapazität C_3 für $U_{eII} = H$ nicht bzw. für $U_{eII} = L$ entladen. Im Takt 2 wird die Information von C_3 auf C_4 verschoben und gleichzeitig die im Takt 1 geladene Kapazität C_5 auf den richtigen Logikpegel gebracht.

In der Schaltung nach Bild 6b ist nur eine Kapazität für die Wirkungsweise ausschlaggebend. C_1 wird im Takt 2 geladen, während Takt 3 wird C_1 auf den richtigen Logikpegel gebracht und gleichzeitig Gatter II (C_2) aufgeladen. Im Takt 1 wird der Pegel der Kapazität C_2 entsprechend der am Eingang des Gatters I liegenden Information eingestellt.

1.2.3. 4-Phasentechnik

Die 4-Phasentechnik benutzt 4 Zeitzustände, wobei unter Umständen bei einfachen Schaltungen 2 Takte nur zum Laden und 2 Takte nur für die Logikverknüpfung verwendet werden. In komplizierteren Schaltungen (Speicher u. ä.)

werden alle 4 Takte je nach zeitlicher Zuordnung beliebig eingesetzt. Bild 7 zeigt die dynamische 4-Phasen-Grundzelle.

Auf Φ 1 wird C_1 aufgeladen. (Als Beispiel wurde hier eine Zelle gezeigt, die weder Masse noch Betriebsspannungsleitung benutzt — die Masseverbindung wird durch die diffundierten Gebiete gegen Substrat hergestellt. Für größere Schaltungskomplexe wird die Betriebsspannung an die einzelnen Gatter angelegt, um die Taktgeneratoren zu entlasten.)

Während Φ2 wird C_1 entladen bzw. bleibt aufgeladen.

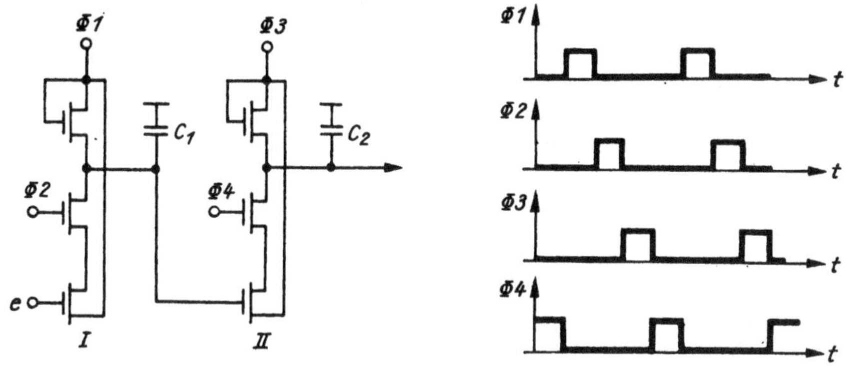

Bild 7. 4-Phasen-Schieberegister

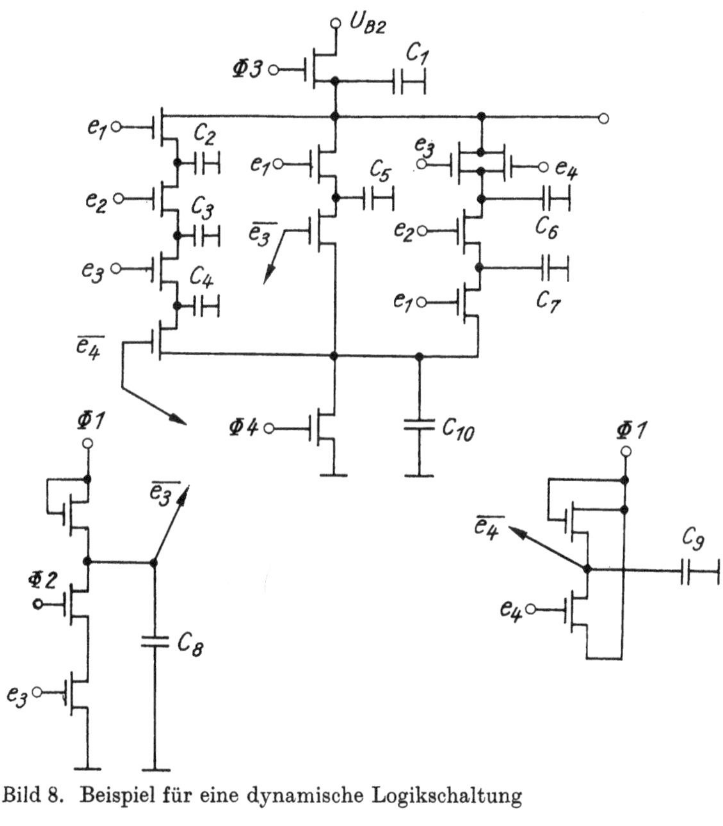

Bild 8. Beispiel für eine dynamische Logikschaltung

Während Φ 3 wird Gatter II mit C_2 aufgeladen, auf Φ 4 erfolgt die Logikverknüpfung usw.
Als Beispiel für eine dynamische Logikschaltung sei die Erzeugung der Funktion

$$\bar{A} = e_1 \cdot e_2 \cdot e_3 \cdot \bar{e}_4 + e_1 \cdot \bar{e}_3 + e_1 \cdot e_2 \cdot (e_3 + e_4)$$

im Bild 8 angeführt, wobei verschiedene dynamische Schaltungsvarianten für die einzelnen Inverter verwendet wurden. Zu beachten ist, daß in dynamischer Technik die Undverknüpfung ebenfalls leicht realisiert werden kann.
Bild 8 zeigt für den e_3-Inverter, die in Bild 7 dargestellte Schaltung, für $\bar{e}_4$ wurde ein Inverter verwendet, bei dem nur ein Schalttransistor vorhanden ist. Für das eigentliche Logikgatter wurde eine dynamische Zelle mit Betriebsspannung verwendet, wobei der Schalttransistor Φ 4 gegen Masse arbeitet.
Durch die Anordnung des Φ 4-Transistors unterhalb der Logiktransistoren können die Kapazitäten $C_1 \cdots C_{10}$ beliebig groß sein, da alle Kapazitäten während Φ 3 mit aufgeladen werden.
Das Beispiel zeigt die Überlegenheit der dynamischen Technik hinsichtlich der Komplexität/Gatter. Die Ausgangsinformation ist nur während $\Phi\ 3 = H$ richtig, wobei eine Verzögerungszeit nach der H-L-Flanke des Taktes Φ 4 auftritt. Soll die Ausgangsinformation zu jeder beliebigen Zeit richtig sein, so kann die dynamische Technik mit der statischen kombiniert werden, wie Bild 9 als Beispiel zeigt.
Der aus den Transistoren Tr_1 und Tr_2 gebildete Inverter muß dabei statisch dimensioniert sein. Mit unterbrochenen Linien ist die Möglichkeit angedeutet, einen Gegentakttreiber so anzuordnen, daß nach außen der dynamische Schaltkreis wie ein statischer wirkt.

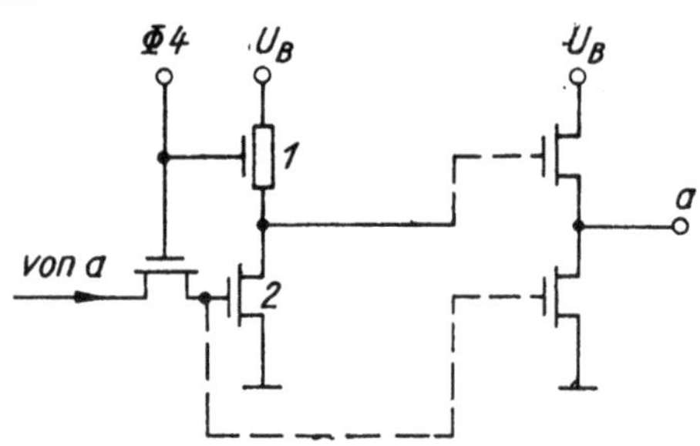

Bild 9. Interface dynamische/statische Stufen

1.3. Gatespeicherung

Indem über einen MIS-Transistor als Schalter eine Gatekapazität aufgeladen wird, kann die Gatekapazität als „dynamisches taktzustandsgesteuertes Flip-Flop" genutzt werden. Bild 10 zeigt ein Beispiel.

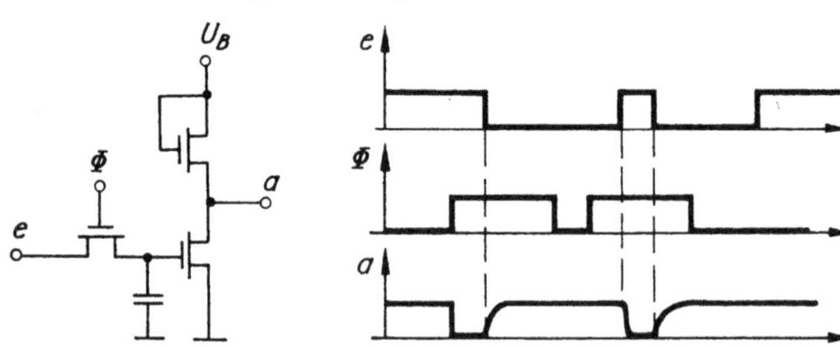

Bild 10. Gatespeicherungs-Flip-Flop

Diese Schaltungsversion wird als Speicherelement, zur Taktsynchronisation und als Schiebeelement benutzt. Die Schaltung ist in dynamischen und statischen Schaltungen anwendbar. Zu beachten ist, daß die Zwischenspeicherzeit auf <1 bis 10 ms begrenzt ist ($\vartheta_a \approx 70$ °C).

2. Technologievariante

Es werden heute verschiedene Standardverfahren eingesetzt. Verbreitet sind:

1. Verfahren mit hoher Schwellspannung ($-U_T > 3$ V) (MTOS)
2. Verfahren mit niedriger Schwellspannung (1 V $< -U_T <$ 2 V) (MNOS u. a.)
3. Selbstjustierende Verfahren (Si-Gate, RMOS usw.)
4. Verfahren zur Erzeugung verschiedener Transistortypen (Depletion/ Enhancement: Ionenimplantation) (n-Kanal, p-Kanal: COSMOS)

Das erste Verfahren ist technologisch einfach. Für Schaltungen, bei denen durch die hohe Betriebsspannung die Leistungsforderungen nicht überschritten werden und bei denen sich die Anschlußbedingungen der MTOS-Technik in die Gerätekonzeption einordnen lassen, ist dieses Verfahren vorteilhaft einzusetzen.
LSI-Schaltungen mit ca. 3000 Transistoren lassen sich realisieren. Das 2. Verfahren wird eingesetzt, um die Leistungsaufnahme von LSI-Schaltungen zu reduzieren. Der Anschluß von TTL-Schaltkreisen wird vereinfacht, ist aber bei MTOS-Schaltkreisen bei entsprechender Schaltungsdimensionierung ebenfalls möglich.
Während die ersten beiden Verfahren vor allem für Matrixstrukturen und statische Schaltkreise eingesetzt werden, bei denen der Anteil der „Verdrahtung" und die aktiven Transistorflächen groß sind gegenüber den technologisch erforderlichen Sicherheitsabständen, eignen sich für Schaltungen mit überwiegend kleinen Transistoren und wenig Verdrahtung (dynamische Lese-Schreib-Speicher, dynamische Strukturen) die selbstjustierenden Verfahren (Si-Gate, RMOS, SATO). Einige dieser Verfahren (RMOS, Si-Gate) gestatten außerdem die Anwendung einer niederohmigen 2. Verdrahtungsebene an Stelle der diffundierten Verdrahtung in den ersten beiden Gruppen. Durch die Selbstjustierung der Kanal-Source/Drain-Überlappung werden die dynamischen Eigenschaften günstig beeinflußt.
Die Verfahren der 4. Gruppe gestatten durch zusätzliche Freiheitsgrade (Depletion/ Enhancement-Transistoren, hergestellt durch Ionenimplantation) einen sehr variablen Schaltungsentwurf. Insbesondere kann die Betriebsspannung für die Gatevorspannung der Lasttransistoren herabgesetzt werden, da über diesen bei Anwendung von Depletion-Transistoren der Spannungsabfall von U_T und der hohe Sperrwiderstand nicht mehr auftreten. Das erlaubt eine breitere Anwendung von Gegentaktstufen und damit bessere dynamische Eigenschaften sowie eine Herabsetzung der Betriebsspannung bzw. Verwendung nur einer Betriebsspannung.
Mit der Ionenimplantation kann die Schwellspannung gezielt beeinflußt werden. Die COSMOS-Technologie erlaubt eine drastische Leistungsreduzierung bis in den nW-Bereich. Der Anteil der Leistungsreduzierung fällt bei niedrigen Frequenzen entscheidend ins Gewicht, bei höheren Frequenzen ist der Leistungsgewinn gegenüber dynamischer Technik etwa 1:2.
Die COSMOS-Technologie ist ähnlich aufwendig wie die bipolare Technologie und ergibt wie die bipolare Technik einen kleineren Integrationsgrad. Sie ist daher Spezialanwendungen vorbehalten.

3. Optimierung von MIS-Schaltungen

Die Auslegung einer MIS-Schaltung kann optimiert werden auf

- Schaltverhalten,
- Leistungsaufnahme,
- Integrationsgrad.

Ist ein getakteter Betrieb mit $f_t > 10$ kHz möglich und lassen sich die Bedingungen für die zeitliche Realisierung der Logikverknüpfung einhalten, so ist die Anwendung der dynamischen Technik vorteilhaft. Die dynamische Technik ist in allen Parametern vorteilhaft.
Für statische Schaltungen gilt:

Optimierung auf Schaltverhalten

Bei vorgegebenen technologischen Bedingungen ist für eine geforderte Verzögerungszeit eine Mindestgröße des Lasttransistors erforderlich. Durch die Festlegung des Lasttransistors sind Leistungsaufnahme und Flächenbedarf (insbesondere der Schalttransistoren) bestimmt.

Optimierung auf minimalen Leistungsbedarf

Die Leistung kann in statischen Schaltungen durch einen hochohmigeren Lasttransistor beträchtlich verringert werden. Dadurch wird das Schaltverhalten (t_{off}) langsamer (bis zu einigen µs). Die hochohmigen Lasttransistoren benötigen eine große Fläche.

Optimierung auf Integrationsgrad

Bei vorgegebener Zahl der Schalttransistoren in einem Gatter läßt sich ein (W/L)-Verhältnis finden, für das die Summe aus dem Flächenbedarf für den Lasttransistor und die Schalttransistoren minimal wird.
Mit steigender Anzahl von Schalttransistoren liegt das Flächenminimum bei kleineren W/L-Verhältnissen für diese, bis als Grenzwert das technologische Minimalmaß erreicht wird.

4. Entwurfssysteme

Der Entwurf von MIS-LSI-Schaltungen erfolgt rechnergestützt. Erprobte MIS-Schaltungen stehen dem Schaltungsentwickler als Untersysteme zur Verfügung. Da das Verhalten dieser „Blöcke" bekannt ist und für sie kein Entwicklungsaufwand notwendig ist, werden möglichst viele dieser Blöcke für den Entwurf eingesetzt. Unter einem „Block" sind dabei nicht Logikgatter zu verstehen, sondern größere Komplexe. Als Blöcke stehen z.B. zur Verfügung;

- PLA (programmierbare Logik-Matrix) beliebiger Größe zur Realisierung komplexer Logikgleichungen (Vielfach-ODER-Matrix),
- ROMs (Festwertspeicher) beliebiger Kapazität zur Verwirklichung von Mikroprogrammen, für Logikeinsatz u. ä.,
- Schieberegisterzellen, Speicherzellen, Flip-Flops verschiedener Arten,
- Speicher, Register verschiedener Kapazitäten,
- Ausgangstreiberstufen, Schutzdiodenstrukturen, Bondinseln u. ä.,
- Dekodierstufen u. ä. verschiedener Größe; usw.

Die MIS-Technik wird durch dieses Entwurfssystem sehr variabel und es sind daher Kundenwunschentwürfe selbst bei kleinen Stückzahlen möglich. Oft kann

das notwendige Logikverhalten durch die Programmierung von vorhandenen MIS-Schaltkreisen (PLA, ROM) erreicht werden.
Die Programmierung erfolgt durch das Einbringen oder Weglassen von Gatewannen (und damit MIS-Transistoren) in Matrixanordnungen. Dazu ist nur eine Schablone (meist Gatewannen) dem gewünschten Verhalten anzupassen. Die Unterlagen für diese Schablone werden vom Computer hergestellt.

5. Grundlagen für die Berechnung von MIS-Schaltungen

5.1. Voraussetzungen

Für die praktische Optimierung von MIS-LSI-Schaltungen werden an das Berechnungssystem folgende Anforderungen gestellt:

1. Ein bestimmter „Weg" im Schaltkreis soll in einem Rechengang berechenbar sein (zu einem Weg gehören alle Logikgatter vom Signaleingang bis zum Signalausgang); allgemein gehören zu einem solchen Weg 5—50 Gatter.
2. Die Rechenzeit für die Berechnung des statischen und dynamischen Verhaltens muß klein sein.

Da diese Bedingungen schwer zu realisieren sind, soll vorausgesetzt werden, daß die Berechnung nur mit einer solchen Genauigkeit durchgeführt wird, daß das Ergebnis im Rahmen der Prozeßtoleranzen richtig ist. Die Berechnung wird sehr vereinfacht durch die einschneidende Voraussetzung, daß die MIS-Stufen am Eingang rückwirkungsfrei sind. Die gesamte Schaltung kann damit an den Gaten zerschnitten und in Einzelstufen zerlegt werden. Mit geeigneten Modellen für die betreffenden Schaltungen gelingt die Berechnung dann mit relativ wenig Aufwand. Die verwendeten Modelle sollten bei der Berechnung von MIS-Schaltungen mindestens folgende Einflüsse berücksichtigen:

- Kanalverkürzung,
- Drain- u. Sourcewiderstände,
- „Verdrahtungswiderstände",
- Abhängigkeit der Schwellspannung von der Source-Substrat-Spannung,
- bei dynamischen und Gatespeicherstufen die Sperrströme (temperaturabhängig)
- Spannungsabhängigkeit der Sperrschicht- und MIS-Kapazitäten,
- Parasitäre Kapazitäten gegen Substrat,
- Koppelnde Kapazitäten, wenn sie gegenüber den parasitären Kapazitäten gegen Substrat nicht zu vernachlässigen sind.

Auf spezielle Rechenprogramme kann an dieser Stelle nicht eingegangen werden.

5.2. Die Methode der kritischen Wege

Da für einen gegebenen Schaltkreis meist nur das dynamische Verhalten zwischen Ein- und Ausgang bzw. das Schaltverhalten kritischer Stufen im Schaltkreis interessiert, genügt es, wenn die langsamsten bzw. zeitlich kritischsten Ketten optimiert werden. Diese langsamsten Ketten bilden die „Kritischen Wege". Als „Kritische Wege" müssen auch solche Ketten optimiert werden, in denen die Schaltzeiten in bestimmten Relationen zueinander stehen müssen. Auf der Grundlage der kritischen Wege werden die worst-case-Schaltzeiten, die zulässigen Takt- und Grenzfrequenzen bei den zulässigen Toleranzen der Betriebs- und Umgebungsbedingungen ermittelt.

6. Entwurfssystematik

6.1. Logikentwurf

Ausgangspunkt für den Entwurf einer MIS-Schaltung ist

1. eine Funktionsbeschreibung des Bauelements
   oder
2. die Logikgleichung
   oder
3. ein Logikschaltbild.

Da in der MIS-Schaltungstechnik nicht an Hand einzelner Gatter entworfen wird, muß die logische Beschreibung des geforderten Schaltkreises den Besonderheiten des MIS-Entwurfs angepaßt werden. Es ist erforderlich, das gewünschte logische Verhalten mit den bekannten Blöcken des MIS-Entwurfssystems zu realisieren. Zur Ergänzung des Blocksystems stehen einzelne Logikgatter zur Verfügung, die in geringer Zahl bei Bedarf verwendet werden. Der Entwurf eines MIS-LSI-Schaltkreises ist damit dem Blockentwurf eines Gerätes vergleichbar.
Bei dynamischen Schaltungen lassen sich in einer Stufe sehr komplexe Logikausdrücke realisieren, so daß im Entwurf die minimierte Logikgleichung realisiert werden kann. Für die Konzeption dynamischer Systeme muß zusätzlich auf die Taktzuordnung geachtet werden.

6.2. Elektrische Realisierung

Die dem vorhandenen Blocksystem angepaßte Schaltung wird auf dem Chip durch „Verdrahten" der einzelnen Blöcke und eventuell erforderlichen Zusatzelemente (Gatter) realisiert. Dabei werden die Blöcke variiert, um spezielle Anforderungen erfüllen zu können und das richtige Gesamtverhalten zu erreichen. Durch Rechenprogramme lassen sich die parasitären Kapazitäten und elektrisch bestimmenden Werte errechnen. Der erste Entwurf wird rechnerisch überprüft, ob er die gewünschten Eigenschaften besitzt.
Nach dem Rechenergebnis wird die Schaltung variiert, bis sich die gewünschten Eigenschaften ergeben. Das Ergebnis der rechnerischen Simulation ist eine Schaltungskonzeption, die topologisch realisiert werden kann. Nach den Vorgaben der ersten Simulation wird der Schaltkreis topologisch entworfen und die kritischen Wege nochmals rechnerisch überprüft sowie eventuelle Korrekturen eingearbeitet. Der 1. Entwurf ist damit abgeschlossen. Nach der Herstellung der Schablone und der technologischen Realisierung erster Testmuster werden die Muster überprüft, inwieweit die technischen Parameter eingehalten werden. In 1—2 Korrekturdurchläufen werden die endgültigen Parameter erhalten. Bild 11 zeigt schematisch den Entwurfsablauf.

6.3. Topologische Gesichtspunkte

Für den topologischen Entwurf gelten eine Reihe Regeln, die aus den technologischen Möglichkeiten und Gegebenheiten resultieren. In diesen Regeln sind die Minimalmaße, die Minimalabstände und die Überlappungen der Bildelemente unterschiedlicher Schablonen enthalten. Mit diesen Entwurfsregeln sind für eine konstante Technologie die Freiheitsgrade für den Entwurf vorgegeben. Da bei der Erarbeitung der Entwurfsregeln die Einflüsse der Schablonenherstellung, die Ab-

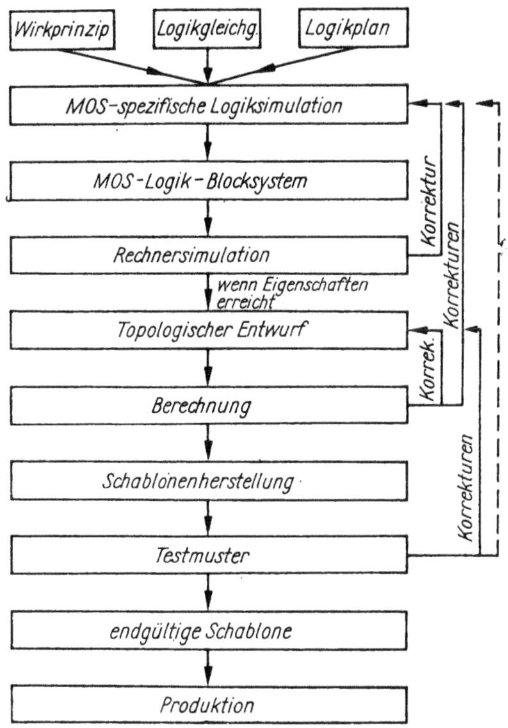

Bild 11. Entwurfsablauf

bildungsfehler, die Ätzprozesse, die Diffusionsparameter, die Justiergenauigkeit u. ä. berücksichtigt werden, garantiert die Einhaltung der Entwurfsregeln die Realisierbarkeit des Entwurfes. Durch die Entwurfsregeln sind die Grenzen für die Optimierung des MIS-Entwurfs in Hinblick auf Integrationsgrad und elektrische Eigenschaften (parasitäre Kapazitäten, minimale Kanallängen) vorgegeben. Die zur Verfügung stehende Technologie gibt somit die Grenzen für die Optimierung eines MIS-Schaltkreises.

7. Ausgangstreiber

Die Ausgangstreiber haben die Aufgabe, größere Lastkapazitäten zu treiben bzw. den erforderlichen Ausgangsstrom zu gewährleisten. Es sind dabei hauptsächlich 2 Arten gebräuchlich:

1. Gegentaktausgangstreiber (Bild 3)
   Eigenschaften:
   - *L*- und *H*-Pegel, die zur Ansteuerung weiterer MIS-Schaltkreise geeignet sind
   - bei Bauelementen mit hoher Schwellspannung ist der Spannungshub (10 V) für den Anschluß von TTL-Schaltkreisen von Nachteil

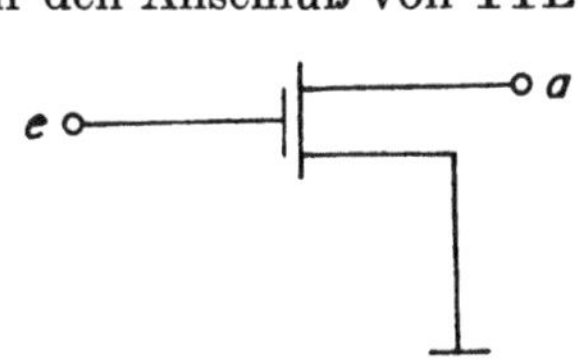

Bild 12. Ein-Transistor-Ausgang

2. Ein-Transistor-Ausgangstreiber (Bild 12)

   Eigenschaften:

   - Es wird der Ausgangswiderstand variiert,
   - kein L-Pegel,
   - für Anschluß von TTL vorteilhaft,
   - Zusammenschalten mit MIS-Schaltkreisen nur mit zusätzlichen Widerstand.

7.1. TTL-Kompatibilität

MIS-Schaltkreise sollen unter Umständen ohne besondere Schaltungsmaßnahmen ein- und ausgangsseitig unmittelbar an TTL angeschlossen werden können. Das würde bedeuten, daß die Eingangspegel des MIS-Schaltkreises für

$$L < 0{,}8 \text{ V und}$$

$$H > 2{,}0 \text{ V}$$

sind.
Um die Eingangsspannung für den MIS-Schaltkreis zu vergrößern wird TTL-seitig über einen Widerstand die Pegelumsetzung vorgenommen (Bild 13). Der für die Pegelumsetzung erforderliche Widerstand kann im MIS-Schaltkreis integriert werden.

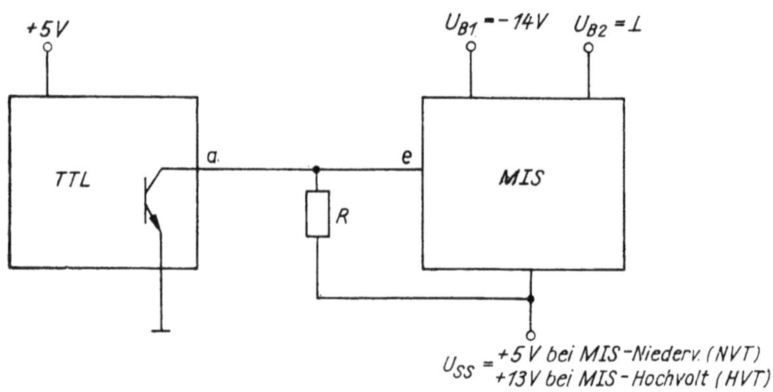

Bild 13. Eingangsseitige TTL-MIS-Kopplung

Bei MIS-Schaltkreisen mit niedriger Schwellspannung beträgt $U_{SS} = +5$ V. Wird der Widerstand an diese Betriebsspannung angeschlossen, besteht keine Gefahr für die TTL-Schaltkreise. Bei Anwendung der gleichen Schaltung für MIS-Schaltkreise mit hoher Schwellspannung muß die Kollektorsperrspannung der TTL 15 V betragen. Für die ausgangsseitige Kompatibilität wird vom MIS-Schaltkreis gefordert, daß der Ausgangspegel bei einem Laststrom von 1,6 mA um maximal 0,4 V angehoben wird. Diese Forderung ist mit MIS-Transistoren kaum zu erfüllen (Bild 14).

Allgemein wird daher folgenes Prinzip angewendet:

Ein Teil bzw. der gesamte Eingangsstrom der TTL wird von einem Widerstand übernommen, der an die negative Spannung U_{B1} angeschlossen wird. Für die TTL muß eine negative Eingangsspannung bei vorgegebenem Strom zugelassen

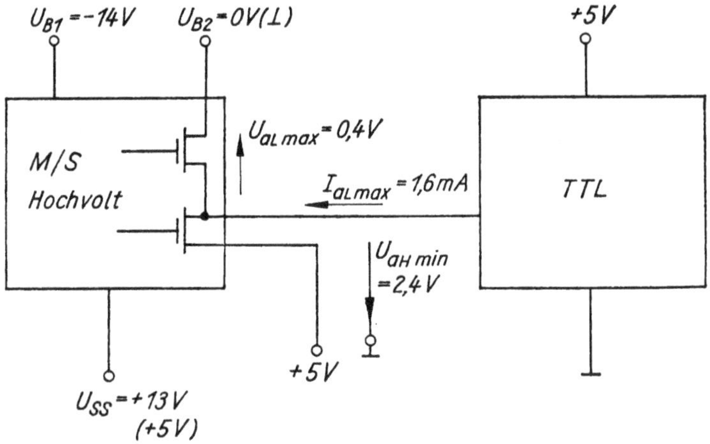

Bild 14. Direkte Kopplung MIS-TTL

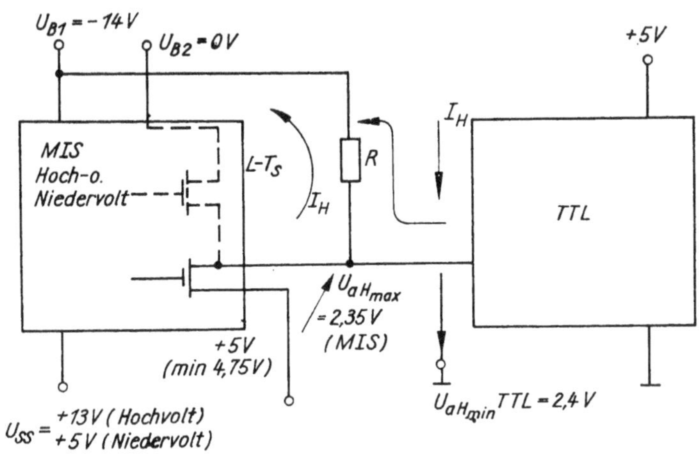

Bild 15. Kopplung MIS-Ausgang/TTL Eingang

werden. Der *H*-Transistor der MIS-Schaltkreise schaltet diesen Strom für den „*H*"-Zustand auf die positive Spannung der TTL (min. +2,4 V). Aus der minimalen TTL-Betriebsspannung und der minimalen „*H*"-Spannung der TTL (2,4 V) folgt eine zulässige U_{aH} des MIS-Schaltkreises von 2,35 V bei 1,6 ··· 2,2 mA (Bild 15). Dieser Wert läßt sich realisieren. Bei „Hochvolt"-MIS-Schaltkreisen tritt das zusätzliche Problem auf, daß die „*H*"-Spannung 5 V überschreiten kann. Abhilfe können bei diesen Schaltkreisen ein zusätzlicher Betriebsspannungsabschluß oder eine Schaltung zur Spannungsbegrenzung bringen.

Der *L*-Transistor ist nicht erforderlich, wenn der externe Widerstand den gesamten Strom (1, 6 mA) übernimmt. Das führt zu den allgemein gebräuchlichen Ein-Transistorstufen. Eine Integration des zusätzlichen Widerstandes wird aus Leistungsgründen nicht vorgenommen.

Zusammenfassung zur TTL-Kompatibilität:

	„Hochvolt" – MIS	„Niedervolt" – MIS
Eingang	Über TTL mit Kollektorsperrspannung 15 V und zusätzlichem Widerstand Widerstand kann integriert werden MIS-Eingang ist dann niederohmig	über TTL mit zusätzlichem Widerstand
Ausgang	Zusatzwiderstand gegen $-U_{B1}$ übernimmt Strom I_{aL} „*H*"-Transistor garantiert „*H*"-Pegel und a) zusätzliche Spannungsbegrenzung (+ 5 V) oder b) zusätzlicher Anschluß am MIS-Schaltkreis	a) Zusatzwiderstand gegen $-U_{B1}$ übernimmt den Strom I_{aL} „*H*"-Transistor garantiert „*H*"-Pegel b) direkte Kopplung ohne Zusatzelemente

Literaturverzeichnis

[1] Applikationsschrift des KFWE: „MIS-Feldeffekttransistoren" 1971

[2] Applikationsschrift des KFWE: „MIS-Schaltkreise" 1972

[3] *Rößler, F.*: „Neue MIS-Schaltkreise des KFWE". radio, fernsehen, elektronik **20** (1971) 17, S. 553–555

[4] *Khambata*: Einführung in die Gruppenintegration. VEB Verlag Technik 1971

[5] *Rößler, G.*: „Halbleiterspeicher". Fachtagung Mikroelektronik Suhl 7.–8. 11. 1971

[6] Neue MIS-Schaltkreise des KFWE. Vortrag Halbleitersymposium F/O 1973

[7] *Wolf*: Digitale Elektronik

Kriterien beim Entwurf integrierter Schaltkreise

Von *H. Hertzer*

Kombinat VEB Halbleiterwerk Frankfurt (Oder), Stammbetrieb

1. Einführung

Der Konstrukteur oder Entwerfer eines integrierten Festkörperschaltkreises hat sich beim Entwurf eines Schaltkreises einer Reihe von Besonderheiten integrierter Schaltungselemente anzupassen und einer Reihe von Forderungen und formalen Festlegungen zu unterwerfen, die sich vorrangig aus den technologischen Gegebenheiten ableiten. Solche Anforderungen bedeuten jedoch keine Einschränkung der schöpferischen Phantasie des Entwicklungsingenieurs. Sie sind jedoch unentbehrliche Voraussetzung beim Streben nach kurzen Entwicklungszeiten.
Nachfolgend sollen die Kriterien dargelegt werden, die beim Entwurf von Festkörperschaltkreisen zu berücksichtigen sind. Es erfolgt dabei Beschränkung auf bipolare Schaltkreise, die in Planar-Epitaxietechnik mit niederohmig begrabenem Gebiet und *pn*-Übergangsisolation hergestellt werden. Der prinzipielle Aufbau eines solchen Schaltkreises ist in Bild 1 dargestellt. Eine Reihe der für solche Anordnungen geltenden Kriterien treffen selbstverständlich auch auf andere monolithische Schaltkreise zu.
In den letzten Jahren hat sich bei allen Herstellern von Halbleiterbauelementen zunehmend die Verwendung von Standardtechnologien durchgesetzt, wobei vorrangig im Komplex der Diffusion und Epitaxie Vorzugsreihen der Zielparameter zur Herstellung unterschiedlicher Bauelemente angewendet werden.

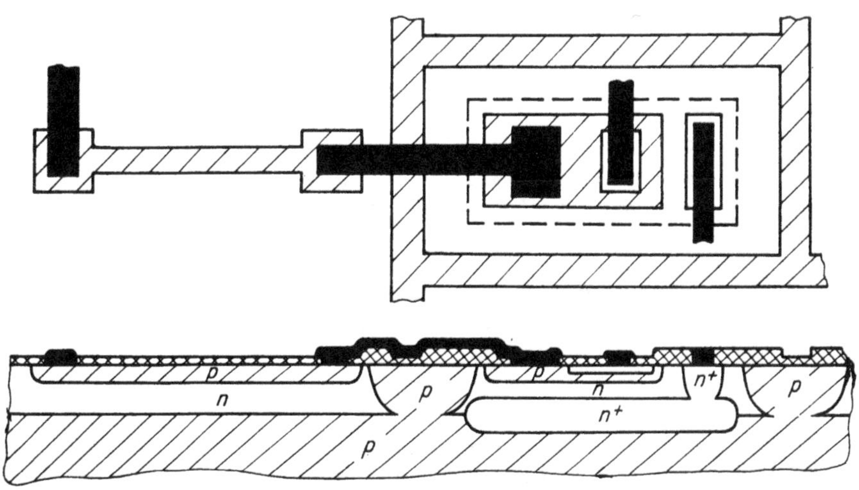

Bild 1. Aufbau eines Festkörperschaltkreises in Planar-Epitaxietechnik mit NbG und *pn*-Übergangsisolation

Alle Elemente dieser Standardtechnologien sind ausreichend erprobt, durch Großserien bestätigt und gestatten dem Bauelementekonstrukteur ausreichend Variabilität. Aus der Verwendung von Standardprozessen leitet sich die Möglichkeit des Aufbaues und der ständigen Ergänzung von Bauelementebibliotheken ab. Diese sind wichtige Voraussetzung und Element der Anwendung von Methoden des rechner-gestützten Entwurfs sowohl hinsichtlich der Durchführung von Schaltungsanalysen und -optimierungen, Ersatzschaltbilderberechnungen von Einzelbauelementen als auch des topologischen Entwurfs von integrierten Schaltungen.
In den Bauelementebibliotheken können sowohl Einzelbauelemente (Widerstände, Transistoren, Dioden) als auch Mehrfachbauelemente (Multiemittertransistoren), Bauelementekombinationen (Transistor-Dioden-Kombinationen) und Funktionsgruppen gespeichert sein. Die Verwendung gleichbleibender Technologien schafft die Möglichkeit, die an den Bauelementevarianten, Teststrukturen u. ä. getesteten Einzelbauelemente bzw. Bauelementegruppen mit ihren Parametern zu beschreiben, und garantieren dem Konstrukteur die Konstanz dieser Parameter innerhalb der technologisch bedingten Toleranzen. Die in der Bauelementebibliothek gespeicherten Bauelemente bzw. -gruppen erfüllen dabei die Kriterien und Forderungen, die an den topologischen Entwurf gestellt werden. Sie sind für den Konstrukteur ständig abrufbar und somit beim Entwurf neuer Schaltkreise einsetzbar.

2. Allgemeine Kriterien beim Entwurf von Festkörperschaltkreisen

2.1. Eigenschaften integrierter monolithischer Schaltungselemente

Die besonderen Eigenschaften integrierter monolithischer Schaltungselemente sind beim Umsetzen einer Schaltung in einen integrierten Schaltkreis zu beachten, da die integrierten Schaltungselemente teilweise andere Eigenschaften als konventionelle diskrete Bauelemente haben. Beim Überführen einer diskreten in eine integrierte Schaltung muß keine optimale Lösung entstehen.
Neben dem Auftreten spezieller Effekte, wie parasitäre Kapazitäten und Transistoren, gibt es eine Reihe grundsätzlicher Eigenschaften der integrierten Einzelbauelemente, die beim Entwurf eines Festkörperschaltkreises beachtet werden müssen.

1. Widerstände nehmen viel Kristallfläche in Anspruch und sollten möglichst durch Transistoren ersetzt werden. Es können wesentlich mehr aktive Bauelemente als in diskreten Schaltungen verwendet werden.
2. Für Kondensatoren benötigt man ebenfalls viel Kristallfläche. Man kann jedoch die kapazitiven Eigenschaften der Übergänge von Transistoren und Dioden ausnutzen. In Abb. 2 sind die relativen Kosten der Bauelemente dargestellt, woraus sich eine Bestätigung des oben dargelegten ableiten läßt, wenn man die Kosten proportional der Chipfläche setzt. Daraus läßt sich auch die Notwendigkeit des Umdenkens gegenüber diskreten Schaltungen ableiten, in denen wenig Transistoren verwendet werden.
3. Der Wertebereich für Widerstände und Kondensatoren ist relativ eng. Daraus ergeben sich an die zu realisierenden Schaltungen besondere Anforderungen.
4. Die Toleranzen der Widerstandswerte, Kapazitäten, Diodendurchlaßspannungen und Stromverstärkungen von Transistoren sind verhältnismäßig groß.
   Die Absolutwerte der Widerstände schwanken im Bereich von $\pm 20\%$, dagegen die Widerstandsverhältnisse nur $\pm 5\%$. Daraus folgt, daß Schaltungen ver-

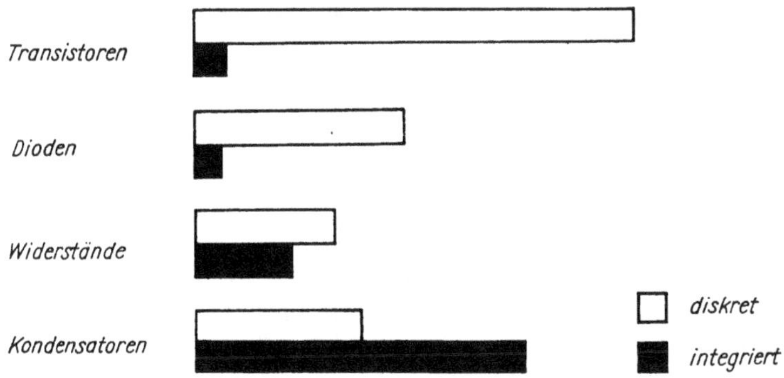

Bild 2. Relative Kosten der Bauelemente in diskreter und integrierter Technik

wendet werden sollten, deren Funktionsweise von den Widerstandsverhältnissen und wenig von den Absolutwerten abhängig ist.

5. Die Temperaturkoeffizienten der Widerstände und Kondensatoren sind größer als bei diskreten Bauelementen. Auf Grund der geringen Chipgrößen besteht jedoch zwischen den einzelnen Schaltungselementen eine enge thermische Kopplung, die gleichen Temperaturgang der Einzelbauelemente sichert.
6. Es lassen sich Bauelemente realisieren, die als Einzelbauelemente nur schwer oder nicht existieren, z.B.
   - Mehrfach Emitter- oder Basis-Transistoren,
   - Mehrfachdioden,
   - RC-Kettenglieder.
7. Brauchbare *pnp*-Transistoren lassen sich neben *npn*-Transistoren nur schwer herstellen. Sie sind daher möglichst zu umgehen.
8. Induktivitäten lassen sich derzeitig unter Produktionsbedingungen nicht herstellen.
9. Durch Minimisierung der Schaltungselemente mit ohmschen Verlusten lassen sich verlustarme Bauelemente realisieren.

2.2. Allgemeine Entwurfskriterien

2.2.1. Minimale Einzelbildabmessungen

(Einzelbild = der zu einer Funktionseinheit gehörende Teil des Schablonenfeldes)

Da die Anzahl der Schaltkreisplättchen auf einer Siliziumscheibe mit wachsenden Chipabmessungen fällt und ebenfalls die Ausbeute auf Grund von Fehlstellen etc. mit wachsenden Abmessungen stark abnimmt, sind die Chipflächen auf ein Minimum zu begrenzen. Das wird weiterhin durch Gesichtspunkte der Materialökonomie unterstrichen.
Eine Si-Scheibe mit einem Durchmesser von 28 mm nimmt z.B. ca. 350 Chips der Abmessungen $1{,}3 \times 1{,}5$ mm² auf, jedoch nur noch ca. 90 Chips der Abmessungen $1{,}5 \times 3{,}0$ mm².
Mit der Begrenzung auf minimale Einzelbildflächen müssen die Einzelbildelemente so klein wie möglich sein. (Bildelement = allgemeiner Begriff für ein Einzelteil im Einzelbild.)

Die minimale Fläche eines Einzelbildes, d. h. eines Schaltkreises, wird bestimmt durch

— die effektive BE-Fläche in den isolierten Gebieten,
— die Fläche der Bondinseln am Rand des Chips,
— die Flächen für die Leitbahnen zur Verbindung der Schaltungselemente.

2.2.2. Minimale Flächen der isolierten Gebiete

Die minimalen Flächen der isolierten Gebiete werden durch die effektive Fläche der in ihnen enthaltenen Komponenten bestimmt. Die effektiven Bauelementeabmessungen werden durch die Schaltungsfunktion festgelegt, die das entsprechende Schaltungselement zu erfüllen hat. Ein Transistor mit maximalem Kollektorstrom von 100 mA wird also wegen der Stromdichte wesentlich größer sein, als ein solcher mit 1 mA maximalem Strom. Bei der Dimensionierung eines integrierten Widerstandes bestimmt neben dem Schichtwiderstand das Längen-Breiten-Verhältnis die Größe des Absolutwertes. Dieser kann um so genauer eingestellt werden, je breiter der Widerstand ist. Andererseits erfordert ein breiter Widerstand viel Kristallfläche. Die Auslegung eines Widerstandes bildet somit einen Kompromiß zwischen der Forderung nach breiten Widerstandsbahnen mit leicht kontrollierbarem Widerstandswert (l/b-Verhältnis) und schmalen Widerstandsbahnen mit kleiner effektiver Bauelementefläche, jedoch schwer bestimmbarem l/b-Wert infolge auftretender Unterdiffusionen und Unterätzungen.
Zur Verringerung der Abhängigkeit des Widerstandswertes von den geometrischen Abmessungen wird für spezielle Anwendungen eine Zirkulargeometrie verwendet, wie sie in Abb. 3 dargestellt ist. Im Gegensatz zum linearen Widerstand, dessen Widerstandswert sich aus

$$R = R_S l/b$$

ergibt, ist hier eine logarithmische Abhängigkeit von den Abmessungen zu verzeichnen

$$R = R_S \ln r_2/r_1 .$$

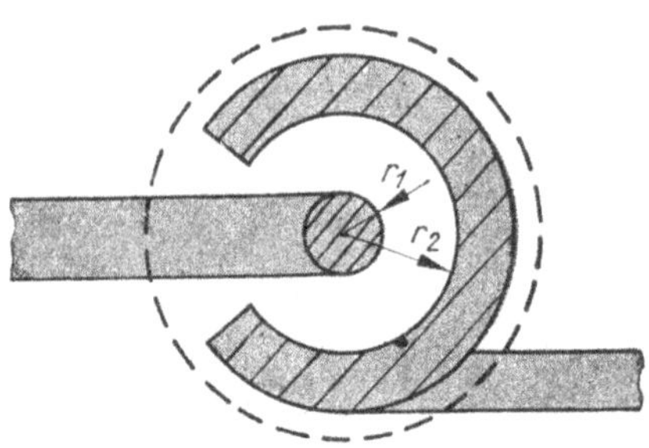

Bild 3. Widerstandsstruktur

2.2.3. Verringerung der Anzahl der isolierten Gebiete

Die Anzahl der isolierten Gebiete ist weitestgehend zu verringern. Sie wird durch die Anzahl der Kollektorgebiete mit unterschiedlichem Potential bestimmt. Bauelemente mit gleichem Kollektorpotential können zusammengefaßt werden. Damit entstehen Multi-Basistransistoren und Dioden-Transistorkombinationen.
Soweit Widerstände nicht unmittelbar an Transistoren integriert sind, werden sie in der Regel in einer Isolationswanne untergebracht. Damit entfallen Isolier-

rahmenflächen für jeden einzelnen Widerstand. In diese Widerstandswannen können ebenfalls solche Transistoren aufgenommen werden, deren Kollektorspannung der Betriebsspannung entspricht.

2.2.4. Schaltungsvereinfachungen

Die in integrierte Schaltkreise umzusetzenden Schaltungen sind weitestgehend zu vereinfachen. Dazu eignet sich die Verwendung von

— Mehrfach-Emitter-Transistoren,
— Mehrfach-Basis-Transistoren,
— Dioden-Transistor-Kombinationen (Bild 4).

Damit werden durch die Vermeidung von zusätzlichen Isolationsgebieten Fläche eingespart und parasitäre Einflüsse verringert.

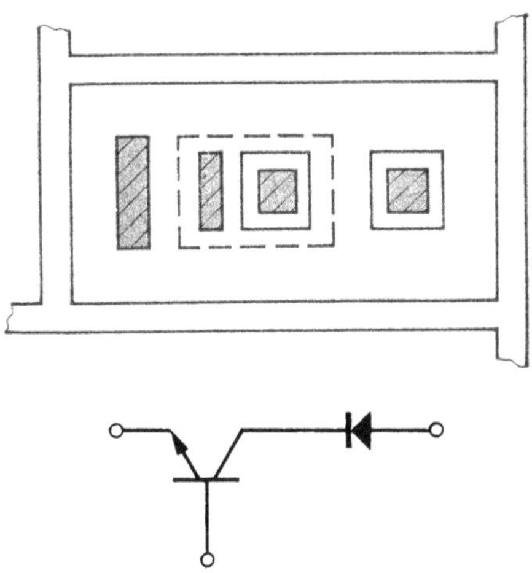

Bild 4. Dioden-Transistor Kombination

2.2.5. Vermeidung großer *pn*-Übergänge

Wegen des Auftretens großer Leckströme und parasitärer Kapazitäten sollten große Isolationsübergänge vermieden werden. Das steht im Widerspruch zur Forderung, alle Widerstände in einer Isolationswanne unterbringen. Da die Leckströme jedoch von Betriebsspannung nach Masse fließen, gehen sie nur in die Stromaufnahme ein, die dann wesentlich größer ist.

2.2.6. Vermeidung von Kreuzungen

Die Zahl der inneren Kreuzungen ist zur Vermeidung von Unterführungen klein zu halten. Beim Schaltkreisentwurf ist oft erst auf der Topologie endgültig zu sehen, ob sich durch topologische Auslegungen der Einzelbauelemente Kreuzungen vermeiden lassen.
Kreuzungen lassen sich umgehen durch die Führung der Leitbahnen

— über Widerstände,
— über Transistoren (Bild 5),
— über Bauelementekombinationen (Bild 6).

Letzteres natürlich unter Beachtung der dabei auftretenden parasitären Effekte. Sind Kreuzungen nicht zu vermeiden, sind sie über hochdotierte n^+-Gebiete (nieder-

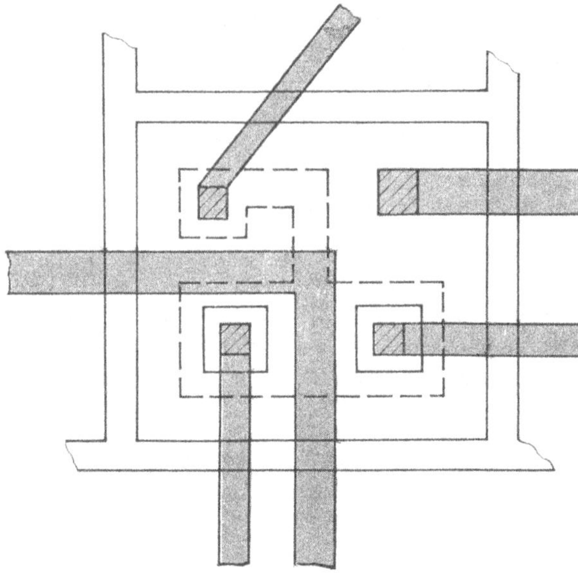

Bild 5. Leitbahnkreuzung über einen Mehrfach-Emittertransistor

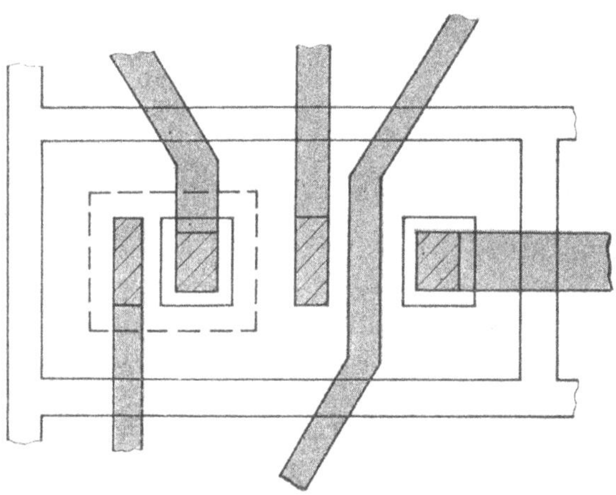

Bild 6. Leitbahnkreuzung über eine Dioden-Transistor-Kombination

ohmig begrabenes Gebiet, Schacht, Emitter) zu führen, wobei die dabei auftretenden Nachteile durch parasitäre Kapazitäten und Bahnwiderstände in Kauf genommen werden müssen.

2.2.7. Zusammenfassen von Schaltungsgruppen

Schaltungsgruppen sind auf der Topologie zusammenzufassen. Dabei sind zur Layoutoptimierung kritische Bauelemente, vorrangig Transistoren, so eng wie möglich zu plazieren. Bei einem Differenzverstärker wird damit z. B. gesichert

- ein exaktes Widerstandsverhältnis, da eng zusammenliegende Bauelemente nur geringe Diffusions- und Ätzunterschiede aufweisen,

- geringe Unterschiede der Parameter nebeneinanderliegender Transistoren wegen der geringen Diffusionsunterschiede.

2.2.8. Enge thermische Kopplung

Um gleiches Temperaturverhalten zwischen den Schaltungselementen zu sichern, sind die Bauelemente so anzuordnen, daß möglichst eine gleichförmige Leistungsverteilung im Chip erreicht wird.
Komponenten, die gleichen Temperaturgang erfordern, werden vor allem bei analogen FKS direkt aneinander angeordnet. Damit wird z. B. bei einem Differenzverstärker gleiche Temperaturdrift der Widerstandswerte und Transistorparameter gesichert.

2.2.9. Kontaktierung von Masse und Betriebsspannung

Die Widerstandswanne wird an das positivste und das Substrat bzw. der Isolierrahmen an das negativste Potential der Schaltung gelegt. Damit wird gesichert, daß der *pn*-Übergang Widerstand-Epitaxiegebiet sicher gesperrt ist und die Isolation durch die *pn*-Isolationsübergänge auch im ungünstigsten Betriebsfall gewährleistet ist. Zum Zwecke einer gleichmäßigen Potentialverteilung zur Erfüllung der o. g. Aufgabe ist es zweckmäßig, die Massekontakte am Isolierrahmen über das gesamte Chip zu verteilen und bei speziellen Anforderungen unter der Widerstandswanne ein großflächiges begrabenes Gebiet vorzusehen. Zur Vermeidung von hohen Bahnwiderständen sind z. B. bei Clamping-Dioden an den Eingängen von TTL-Schaltungen die Massekontakte direkt neben den Dioden vorzusehen.

2.2.10. Lage der Bondinseln

Die Bondinseln sind am Chiprand und möglichst nicht über vergrabenen Bauelementen anzuordnen. Ausgenommen davon sind z. B. bei TTL-Schaltungen Clampingdioden an den Eingängen. Innenliegende Bondinseln sind wegen der Gefahr von Kurzschlüssen beim Drahtkontaktieren zu vermeiden. Als Regel gilt, die Bondinseln auf das isolierte Epitaxiegebiet, die Masse-Bondinseln auf den Isolierrahmen zu legen.

2.2.11. Leitbahnen

Die Auslegung der Leitbahnen muß in Übereinstimmung mit der Strombelastung im entsprechenden Schaltungsteil stehen. Die Leitbahnen der Masse- und Betriebsspannungsleitung sind wegen der hohen Strombelastung prinzipiell breiter auszulegen.
An gleichen Ausgängen sich wiederholender Strukturen auf einem Chip (z. B. Vierfach NAND Gatter mit je 2 Eingängen) sollten zur Gewährleistung gleicher Signalpegel gleiche Leitbahnlängen verwendet werden.

2.2.12. Herstellen ähnlicher Schaltungen durch Leitbahnvariationen

Insbesondere bei Digitalschaltungen lassen sich die Grundstrukturen des Schaltkreises so gestalten, daß durch Leitbahnvariationen verschiedene Schaltkreistypen aus einer Grundstruktur hergestellt werden können. Damit gewinnt der Schaltkreisproduzent an Variabilität und verbessert die Ökonomie der Erzeugnisse.

3. Forderungen der Technologie an den Entwurf

Wesentlichen Einfluß auf den Entwurf eines Festkörperschaltkreises haben die zur Anwendung gelangenden Verfahrenselemente. Damit ist der topologische Entwurf keineswegs ein Problem des Schaltkreiskonstrukteurs allein, sondern er erfordert die Mitwirkung von Fachleuten aller Verfahrenskomplexe, wie Epitaxie, Diffusion, Fotolithografie, Montage usw., die Beurteilung des entstehenden Layouts durch jene und schließlich die Bestätigung desselben durch alle an der Realisierung des Schaltkreises beteiligten Fachdisziplinen.
Es ergeben sich auf der Basis vorhandener Technologien und bei Kenntnis deren Grenzen für den Konstrukteur eine Reihe von Forderungen und Randbedingungen, die im Folgenden umrissen werden sollen.

3.1. Forderungen der Fotolithografie

Der Komplex der Fotolithografie bzw. die technologischen Möglichkeiten der zur Anwendung gelangenden fotolithografischen Verfahren begrenzen in entscheidendem Maße das Bestreben nach minimalen Abmessungen der Bauelemente. Sie bestimmen die minimal ätzbaren Stegbreiten und legen somit kleinste Abmessungen von Diffusionsgebieten, Kontaktfenstern und Leitbahnen fest. Die verwendete Art des Fotolacks (Positiv- oder Negativlack) legt den Tonwert der Einzelbildelemente der Schablonen fest und bestimmt Maßtoleranzen bzw. Korrekturfaktoren für die Abmessungen der Einzelbildelemente. Die Positioniergenauigkeit der verwendeten Justier- und Belichtungseinrichtungen hat Einfluß auf die minimalen Abstände von benachbarten Bildelementen verschiedener Ebenen und die Genauigkeit der verwendeten Schablonen. Zur Justierung der Schablonen eines Schablonensatzes (= besteht aus den Schablonen mehrerer Ebenen, die zur Herstellung von Funktionseinheiten auf einem Substrat notwendig sind) sind Justiermarken erforderlich. Es handelt sich dabei um Grobpositioniermarken — das ist ein spezielles Schriftbild, welches die richtige Zuordnung von Zeilen und Spalten innerhalb eines Schablonensatzes ermöglicht — und um Feinpositioniermarken, die auf jedem Einzelbild vorhanden sind und die genaue Justierung der verschiedenen Schablonen eines Satzes zueinander ermöglichen. Solche Marken sind vom Konstrukteur des Schaltkreises von vornherein im Einzelbild flächenmäßig zu berücksichtigen und aufzunehmen.
Die verwendeten Chemikalien bestimmen z. B. bei der Aufbringung von Schutzschichten auf die Oberfläche von Schaltkreisen, ob die Passivierung die Bondinseln überlappen muß, damit das Oxid der Plättchenoberfläche nicht angegriffen wird.

3.2. Forderungen der Schablonenherstellung

Die Technologie der Schablonenherstellung und die Qualität der verwendeten Fotomaterialien, vorrangig der Fotoplatten, hat ebenso wie die Fotolithografie bestimmenden Einfluß auf die minimale Größe der Bildelemente, die der Konstrukteur beim topologischen Entwurf verwenden darf. Neben den bei der Fotolithografie genannten Justiermarken sind auf der Topologie des Schaltkreises Marken bzw. geeignete Möglichkeiten vorzusehen, um den Schrittfehler beim Repeaten und den Winkelfehler der Einzelbilder (= Abweichung des Winkels zwischen der Zeilenrichtung und einer Bezugslinie im Einzelbild von vorgegebenen Winkel) auf den Schablonen messen zu können.

Durch Anwendung von Methoden des rechnergestützten Entwurfs verschieben sich eine Reihe von Arbeiten vom Schablonenhersteller zum Entwerfer des Schaltkreises, wodurch sich zwangsläufig zwischen beiden Partnern eine sehr enge Zusammenarbeit ergibt. Sowohl durch die Anwendung von Programmen des rechnergestützten Entwurfs für den topologischen Entwurf als auch durch die verwendeten Methoden zur Schablonenherstellung und hier vorrangig im Teil Vorlagenherstellung (Vorlage = vergrößertes reproduktionsfähiges Abbild einer Einzelheit der Schablone, gewöhnlich eines Einzelbildes) ergeben sich für den Entwurf eine Reihe von formalen Festlegungen, wie z. B.

- fester Koordinatennullpunkt im Einzelbild,
- Numerierung der Bildelemente,
- vorgeschriebene Formate der Lochstreifen für numerisch gesteuerte Koordinatografen bzw. Bildgeneratoren,
- einheitliche Paßmarken,
- Einschränkungen bei der Verwendung von Schrägen und Kreisen,
- Anordnung des Ritzrasters auf der Zeichnung bzw. Vorlage,
- Tonwert der Bildelemente.

Ein wichtiges Problem bildet bei der Schablonenherstellung das Auftreten von Fehlstellen (= unerwünschte transparente und gedeckte Flächen im Schablonenfeld). Beim Entwurf ist deshalb bei Festlegung der Chipabmessungen zu beachten, daß zwischen technologisch erreichbarer und für ökonomische Fertigungen erforderlicher Sauberkeit ein Kompromiß zu schließen ist.

3.3. Forderungen der Montagetechnologie und Gehäuse

Die zur Anwendung gelangenden Gehäuse und die dazu verwendete Montagetechnologie bestimmen die Lage und minimale Größe der Bondinseln am Chiprand. Während beim Drahtkontaktieren mittels Thermokompression minimale Bondinselgrößen von $80 \times 80\ \mu m^2$ ausreichen, sind beim Ultraschalldrahtkontaktieren minimale Flächen von $100 \times 100\ \mu m^2$ anzustreben. Die Lage der Bondinseln muß so gewählt werden, daß unter Berücksichtigung der verwendeten Kammkonfigurationen Kreuzungen der Drähte zwischen Chip und Kamm vermieden werden. Im Hinblick auf die Anwendung moderner Montagetechnologien, z. B. spider bonding, ist die gleiche Lage der Bondinseln bei den verschiedenen Schaltkreistypen anzustreben, um diese Verfahren ökonomisch zu gestalten. Weiterhin ist ein großer Abstand zwischen Bondinsel und Chiprand und eine gleichförmige Verteilung der Bondinseln über das Chip erforderlich. Um die vorhandenen Betriebs- und Arbeitsmittel (Sonotroden, Plättchenaufnahmen der Kontaktiergeräte) für möglichst viele verschiedene Schaltkreistypen einsetzen zu können, werden Vorzugsreihen für die Chipabmessungen festgelegt, an die sich der Konstrukteur beim Entwurf halten muß. Zur besseren Orientierung der Arbeitskräfte beim Drahtkontaktieren und als Voraussetzung zum Einsatz von automatischen Drahtkontaktiereinrichtungen ist eine Bondinsel geometrisch besonders zu gestalten, z. B. als Kreis oder Vieleck.
Um das Vereinzeln der Silizium-Scheiben einwandfrei ausführen zu können, wird eine bestimmte Breite des Ritzrasters gefordert. Um das Springen der Ritzdiamanten beim Ritzen infolge von Stufen zu vermeiden, dürfen vom Konstrukteur im Gebiet der Ritzspur keine Bildelemente angeordnet werden.

Das Drahtkontaktierungsverfahren bestimmt die

- minimalen Abstände zwischen Bondinseln und außenliegenden Leitbahnen, um Kurzschlüsse zwischen dem Draht und außenführender Leitbahn zu vermeiden,
- minimale Abstände zwischen Bondinsel und innenliegenden Leitbahnen, um Kurzschlüsse zwischen Bondfleck und innenliegender Leitbahn anzuschließen.

Im Interesse der Zuverlässigkeit dürfen keine schmalen Leitbahnen in Bondrichtung von den Bondinseln weggeführt werden, da diese Stellen beim Kontaktieren besonders gefährdet sind. Diese Leitbahnen sind möglichst keilförmig zu gestalten (Bild 7) oder zu verbreitern. Zwischen Bondinseln und Chiprand ist ein Mindestabstand einzuhalten, da durch auftretenden Muschelbruch beim Brechen der Scheiben Schaltungselemente zerstört werden können.

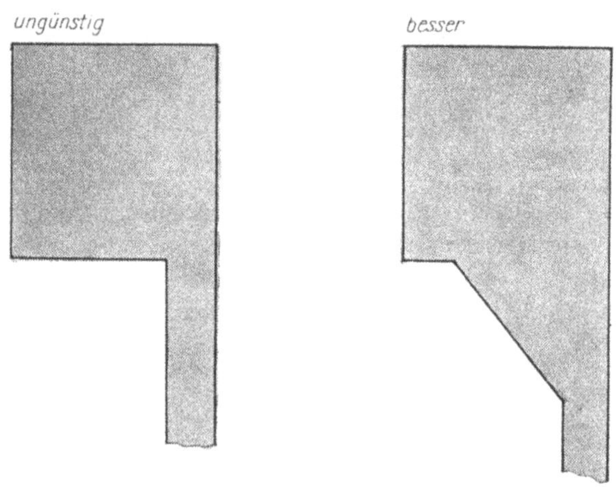

Bild 7. Auslegung der Bondinseln

3.4. Forderungen der Meßtechnik

Von Seiten der Meßtechnik werden vorrangig Forderungen bezüglich der Lage der Bondinseln auf dem Chip erhoben. Die Bondinseln müssen so angeordnet sein, daß beim Messen auf der Scheibe mittels automatischen Vielfachsondentesters gleichzeitig alle erforderlichen Meßspitzen aufgesetzt werden können. Weiterhin wird eine möglichst gleiche Anordnung der Bondinseln

- auf Teststrukturen, d. h. Sonderbauelementen oder Bauelementevarianten der Grundstruktur und Schaltungsstruktur,
- auf Chips gleicher Abmessungen, jedoch verschiedener Schaltkreistypen angestrebt.

Damit entfällt der Arbeitsaufwand des Justierens der Meßspitzen der Vielfachsonderntester beim Übergang des Messens von einem Schaltkreistyp zum anderen. Bei Scheiben mit Teststrukturen besteht damit die Möglichkeit der durchgängigen Messung der gesamten Scheibe, wenn im Meßprogramm eine besondere Kennung für die Teststruktur vorgesehen ist.

3.5. Forderungen der Diffusion

Die verwendeten Diffusionsverfahren und die angestrebten Eindringtiefen der verschiedenen Diffusionszonen bestimmen die minimalen Abstände zwischen den Diffusionsgebieten. Dabei werden sowohl die auftretenden Unterdiffusionen als auch die zulässigen Schablonenfehler und erreichbare Justiergenauigkeit bei den fotolithografischen Prozessen eingeschlossen.

3.6. Spezielle Forderungen zur Erhöhung der Zuverlässigkeit

Beim Entwurf des Layouts eines Schaltkreises können von vornherein Maßnahmen ergriffen werden, um die Zuverlässigkeit des Bauelementes zu verbessern. Dazu zählen

— die Überlappung der Kontaktfenster durch die Leitbahn. Die Leitbahnen sollen also nicht mit den Kontaktfenstern abschließen, sondern seitlich um einige Mikrometer überstehen (Bild 8). Abschließende Leitbahnen stellen Ausfallquellen dar, da an den Oxidstufen bevorzugt Unterätzungen auftreten, die zu Leitbahneinengungen führen. Andererseits treten an den Stufen Transporterscheinungen von Aluminium auf, die zum Ausfall der Bauelemente führen können.
— die Vermeidung der Führung von Leitbahnen entlang von hohen Oxidstufen,
— der Schutz der Oberfläche durch Passivierungsschichten.

Diese Schutzschichten (vorrangig Siliziumoxide) verhindern das Auftreten von Kratzern auf der Chipoberfläche und damit auf Leitbahnen, was zu Querschnittseinengungen führt.

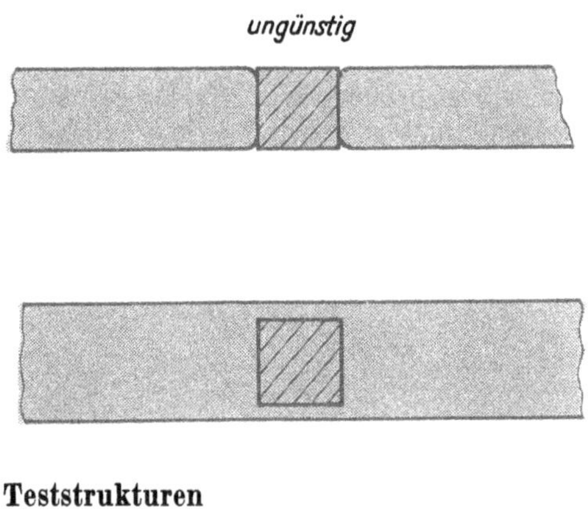

Bild 8. Überlappung der Kontaktfenster

3.7. Teststrukturen

Teststrukturen dienen der Überwachung und Kontrolle der technologischen Zielparameter und der Erreichung von Kenntnissen über die Parameter der Einzelbauelemente. Sie sind beim Entwurf zu berücksichtigen und vor allem die geeignete Art auszuwählen.
Folgende Arten von Teststrukturen haben sich als zweckmäßig herausgebildet:

1. *Testbilder mit Sonderbauelementen*

Diese Testbilder haben im allgemeinen die Abmessungen der Schaltungschips und auch die gleiche Anordnung der Bondinseln wie diese. Als Sonderbauelemente stehen Transistor- und Diodenstrukturen, Funktionsgruppen der Schaltung und Widerstände der verschiedenen Diffusionsgebiete zur Messung deren Schichtwiderstände zur Auswahl. Vor allem in dieser Möglichkeit besteht der Hauptvorteil dieser Teststrukturen.

2. *Bauelementevarianten der Schaltungsstruktur*

Durch eine gesonderte Leitbahn lassen sich Einzelbauelemente der Grundstruktur der Schaltung, Widerstände und Funktionsgruppen herausführen und messen. Der Vorteil solcher Strukturen besteht in der einfachen Schablonenherstellung, da nur die Leitbahn gegenüber der Schaltungsstruktur abweicht, und der vollkommenen Identität der Einzelbauelemente von Schaltung und Teststruktur.

3. *Testtransistoren bzw. besondere Testbauelemente*

Es handlet sich hierbei um besonders gestaltete Einzelbauelemente, vorrangig Transistoren z. B. mit doppeltem Basis- und Kollektorkontakt zur Messung der Basis und Kollektorbahnwiderstände und Möglichkeiten zur Messung von Kontaktwiderständen und natürlich der üblichen Transistorparamter.
Solche Testtransistoren werden auf jedes Schaltungschip aufgenommen. Auf großen Chips, z. B. bei MSI-Schaltkreisen, fällt ein solcher Transistor gegenüber der großen Anzahl von Schaltungselementen flächenmäßig nicht ins Gewicht. Die Vorteile von Variante 1 und 2 liegen vor allem in der Übereinstimmung der Einzelbildabmessungen mit der Schaltungsstruktur und der gleichen Lage der Bondinseln (Forderung der Meßtechnik). Die Variante 3 erfordert zusätzliche Fläche auf den Chips, dagegen die Varianten 1 und 2 zusätzliche Fläche auf der Siliziumscheibe. Welche der oben genannten Varianten zur Anwendung kommt, muß von Fall zu Fall entschieden werden.

3.8. Zusammengefaßte Forderungen der Technologie

Aus den unter 3.1—3.7 dargelegten Forderungen lassen sich für den Konstrukteur eines Festkörperschaltkreises auf der Grundlage vorhandener, erprobter Technologie Richtlinien für den Entwurf zusammenstellen. Diese umfassen:

1. Kritische und optimale Abmessungen für die Breite
   - des Isolierrahmens,
   - der Basisgebiete,
   - der Emittergebiete,
   - der Kontaktfenster,
   - der Leitbahnen,
   - des Ritzrasters.
2. Minimalabmessungen der Bondinseln,
   - Überlappung der Kontaktfenster,
   - Abstand innenliegende Bondinseln zu außenliegenden Leitbahnen,
   - Abstand Bondinsel zu innenliegenden Leitbahnen,
   - Abstand Bondinsel zu Bondinsel,
   - Abstand Bondinsel zu Chiprand.
3. Kritische und optimale Abstände zwischen
   - begrabenem Gebiet und Isolierrahmen,
   - Schacht und Isolierrahmen,
   - Schacht und Basisgebiet,

— Schacht und Emittergebiet,
— Isolierrahmen und Basisgebiet,
— Isolierrahmen und Emittergebiet,
— Basisgebiet und Basisgebiet,
— Basisgebiet und Emittergebiet,
— Basisgebiet und Kontaktfenster,
— Emittergebiet und Emittergebiet,
— Emittergebiet und Kontaktfenster,
— Kontaktfenster und Kontaktfenster,
— Kontaktfenster und Leitbahn,
— Leitbahn und Leitbahn.

Diese Vielzahl von Richtmaßen legen den Konstrukteur beim Entwurf fest. Abweichungen bzw. Unterschreitungen der Normative, die sich von der Bauelementekonstruktion her erforderlich machen, haben die Notwendigkeit von technologi schen Änderungen und Weiterentwicklungen zur Folge.

4. Zusammenfassung

In der vorliegenden Arbeit wurden die allgemeinen Kriterien und die speziellen Forderungen von Seiten der Technologie dargelegt, die der Konstrukteur beim Entwurf von integrierten Festkörperschaltkreisen beachten muß. Die Kenntnis und Einhaltung dieser Kriterien bilden die Voraussetzung zum Erreichen kurzer Entwicklungszeiten. Trotz der Vielfalt und des Umfanges dieser Anforderungen bleiben dem Konstrukteur ausreichend Variabilität und schöpferische Tätigkeit erhalten.

Literaturverzeichnis

[1] Integrated Circuit Engeneering. ICE staff 1966
[2] *Warner*: Integrated circuits New York. Mc. Graw-Hill Book Company, 1965
[3] *Lynn, Meyer, Hamilton*: Analysis and design of integrated circuits. New York, Mc. Graw-Hill Book Company, 1967

Rechnergestützte Layout-Aufbereitung

Rechnergestützter Layoutentwurf von bipolaren Festkörperschaltkreisen

Von *D. Garte, W. Franke, F. Fritzsche, R. Plewka, J. Teichmann*

Arbeitsstelle für Molekularelektronik

1. Einführung

Die Funktionsweise eines IS ist neben dem verwendeten Material durch die Topologie bestimmt. Diese Topologie wird während des Herstellungsprozesses durch einen Satz fotolithografischer Schablonen festgelegt. Die Schablonen werden im 1. Schritt durch Schneid- oder Belichtungsverfahren hergestellt. Die Ansteuerung entsprechender Geräte geschieht mit geeigneten Datenträgern, z. B. Lochstreifen. Das Problem besteht in der vollständigen, fehlerfreien und maschinengerechten Bereitstellung der Daten. Diese Daten beschreiben die geometrischen Figuren auf den einzelnen Schablonen, wobei jede Schablone eine Vielzahl geometrischer Figuren enthält. Eine solche Figur ist durch die Lage ihrer Eckpunkte charakterisierbar. Die Anzahl dieser Punkte ist ein direktes Maß für die zu verarbeitende Datenmenge. Der Datenumfang von typischen SSI-Schaltkreisen liegt bei 1000—5000 Punkten pro Schablonensatz, MSI-Schaltkreise enthalten bis zu einigen zehntausend Punkten. Es werden bereits LSI-Schaltungen mit ca. 100000 Punkten hergestellt. Die Aufbereitung solcher Datenmengen ist aus Gründen der Zeitersparnis, der Sicherheit und der Bequemlichkeit vorteilhaft einem Rechner zu überlassen. Rechnerprogramme, die Daten mit geometrischem Inhalt verarbeiten, gehören zum Begriff der ,,graf. Datenverarbeitung". Die ersten Programme der graf. Datenverarbeitung waren auf die Belange des Maschinenbaus zugeschnitten und lieferten LS für numerisch gesteuerte Werkzeugmaschinen. Heute werden auch in anderen Industriezweigen die Probleme der graf. Datenverarbeitung mit Rechnerunterstützung gelöst. In der Elektrotechnik sind solche Programme bei der Bearbeitung des Layouts von gedruckten Schaltungen und integrierten Schaltkreisen eingesetzt.
Hier soll über ein Programmsystem mit dem Namen TOPE (topograph. Entwurf) berichtet werden, das in der AMD für den rechnerunterstützten Layoutentwurf von bipolaren Festkörperschaltkreisen entwickelt worden ist.

2. Der Aufbau des Programmsystems TOPE

Für das hier vorzustellende Programm ist bewußt der Begriff ,,Programmsystem" gewählt worden. Er soll verdeutlichen, daß es sich um eine in sich geschlossene ,,Bearbeitungsstrecke" für geometrische Daten handelt. Das Programm ist in Bausteinform aufgebaut und jederzeit erweiterungsfähig. Die Programmiersprache ist PL1, der eingesetzte Rechner eine IBM 360/40. Den Programmablauf und die Arbeit mit dem Programm beim Layoutentwurf zeigen Bild 1. Von Hand wird eine Zeichnung des Layouts hergestellt. Die Zeichnung muß nicht unbedingt das vollständige Layout enthalten. Wiederholstrukturen z. B. werden nur

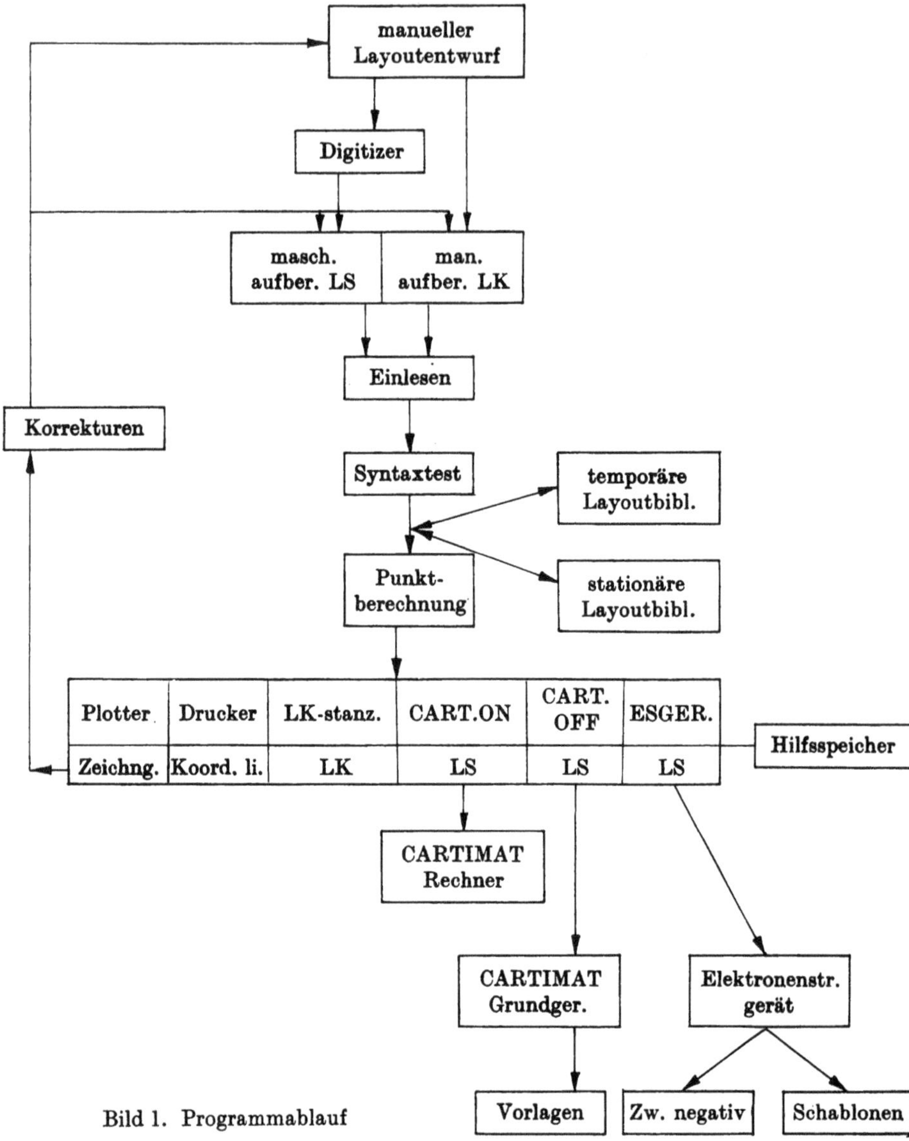

Bild 1. Programmablauf

einmal gezeichnet, Leit- und Widerstandsbahnen nur skelettartig angedeutet. Die Koordinaten der Eckpunkte der einzelnen Figuren werden manuell von der Originalzeichnung abgenommen und auf LK gestanzt. Für eine spätere Bearbeitungsstrecke ist die maschinelle Datenabnahme mit einem Digitizer vorgesehen. Die Eingabedaten werden vom Rechner in einen Zwischenspeicher eingelesen und danach ein Syntaxtest durchgeführt. Der Syntaxtest lokalisiert Fehler in der Eingabesprache und verschiedene Datenfehler und druckt sie, mit einem Kommentar versehen, aus. Bei der Weiterverarbeitung der Daten wird folgender Weg gegangen: Die Eingabedaten liegen im allgemeinen in unvollständiger und verdichteter Form vor. „Unvollständig" heißt hier, daß WS koordinatenmäßig nur

einmal erfaßt werden. Sie werden zu einer sogenannten Gruppe zusammengefaßt, und für die Wiederholungen wird nur ein Gruppenaufruf geschrieben. „Verdichtet" heißt hier, daß bei der Dateneingabe möglichst oft auf Redundanz verzichtet wird. Ein Rechteck braucht z. B. nicht durch die 4 Koordinatenwerte — das sind 8 Zahlen — dargestellt zu werden. Es genügt die Angabe eines Punktes und zweier Strecken — das sind insgesamt 4 Zahlen. Zur rationellen Ausnutzung des Speicherplatzes wird teilweise nur mit dem unvollständigen bzw. verdichteten Datensatz gearbeitet, und erst unmittelbar vor Ausgabe der Daten an die Peripheriegeräte wird die unverdichtete, vollständige Form erzeugt.
Die vollständigen, aber verdichteten Layoutdaten werden temporär auf einer Platte gespeichert, d. h., sie stehen für *einen* Lauf zur Verfügung. Sollen die Daten längere Zeit aufbewahrt werden, so kann das Abspeichern auf einem Magnetband — MB — erfolgen. Von dort ist der Datensatz jederzeit abrufbar. Außer dem Abspeichern auf einer stationären Datei können die Daten in folgender Weise ausgegeben werden:

1. als Plotterzeichnung,
2. als Koordinatenliste auf dem Schnelldrucker,
3. als LK über dem LK-Stanzer, und
4. als LS.

Je nach der weiteren Verwendung können 3 verschiedene Arten von LS gestanzt werden:

1. LS für die Ansteuerung des CARTIMAT im on-line-Betrieb,
2. für den CARTIMAT im off-line-Betrieb und
3. LS für ein Elektronenstrahlgerät zur Schablonenerzeugung.

Für die Korrektur falscher Daten zieht man zweckmäßigerweise ein Plotterbild heran, da ein Bild wohl das beste Verständigungsmittel zwischen Mensch und Rechner bzgl. geometrischer Daten ist.

3. Die Eingangssprache TOPLAN

Die Daten müssen dem Rechner in digitaler Form eingegeben werden. Für den Informationsfluß zwischen Benutzer und Rechner ist eine Sprache erforderlich. Für das Programmsystem TOPE ist eine Eingangssprache mit dem Mamen TOPLAN (topographical language) entwickelt worden. Diese Sprache beschreibt die Geometrie von Figuren und gibt überdies Anweisungen für ihre Verarbeitung. Da das Sprachsystem für einen Dialog verwendet werden soll, müssen die Sprachwörter möglichst einfach und nach logischen Regeln aufgebaut sein, sie müssen schnell und leicht erlernbar sein. TOPLAN ist anwenderorientiert. Für feststehende Ausdrücke wurden leicht verständliche, auf das Problem zugeschnittene Begriffe gewählt, z. B. für die Charakterisierung eines Rechtecks das Symbol ‚RECHTECK'. Erfahrungsgemäß kann die Sprache an einem Tag erlernt werden.
Die Eingangsgrößen bestehen zum einen aus dem sogenannten Regiebefehl und zum anderen aus den eigentlichen Layoutdaten. Die Layoutdaten beschreiben die Geometrie der Figuren, während der Regiebefehl die Ausführungsbestimmungen für die Layoutdaten enthält (z. B. die Forderung, daß von den Layoutdaten eine Plotterzeichnung und ein CARTIMAT-LS hergestellt werden soll). Der Regiebefehl steht am Anfang des Datensatzes und ist in seiner allgemeinen Form auf Bild 2 gezeigt. Wie alle Befehle beginnt er mit einem definierten Schlüsselwort

— hier REGIE — und endet mit einem Semikolon. Alle weiteren Angaben stehen zwischen beiden Symbolen und sind in runde Klammern einzuschließen (eckige Klammern dienen nur der Definition der Sprachstruktur und erscheinen demgemäß in einem Regiebefehl nicht). Aus den in einem Regiebefehl enthaltenen Angaben folgt, welche Datenausgabe angesteuert werden soll. Durch die Angabe ‚PLOT' wird z. B. eine Plotterzeichnung angefordert. Die weiteren Möglichkeiten der Datenausgabe sind bereits genannt worden. Durch die Angabe ‚TEST' werden diese Ausgabemöglichkeiten gesperrt und nur ein Test auf syntaktische Fehler in den Eingabedaten durchgeführt.

Allgemeine Form des Regiebefehls:

REGIE ([PLOT, Plotterangaben]
[:CAON, Cartimatangaben (on-line)]
[:CAOF, Cortimatangaben (off-line)]
[:ESGE, ESG-Angaben]
[:LIPR, Lineprinterangaben]
[:TOPL]
[:ABSP]
[:TEST]);

Ausführliche Form des Regiebefehls für den Plotter:

REGIE ([PLOT, [,AEZ] [,AEE] [,EEZ, Ebenenbezeichnung] ...
[,EEE, Ebenenbezeichnung], Maßstab [,VERT]
[,LAUN, X_1, X_2, Y_1, Y_2] ...]);

Beispiel:

REGIE (PLOT, AEZ, EEZ, LB, KF, M500/1);

Bild 2. Regiebefehl

Als Beispiel sei der vollständige Regiebefehl für den Plotter angeführt. Es kann durch geeignete Schlüsselwörter eine Zusammenstellungszeichnung aller oder einiger Ebenen in einem einzigen Bild oder eine Einzelzeichnung einer Ebene angefordert werden. Werden einzelne Ebenen gewünscht, so müssen die Ebenennamen angegeben werden, z. B. wird die Leitbahnebene mit ‚LB' aufgerufen.
Im Plotterregiebefehl können zwei weitere wesentliche Anweisungen gegeben werden. Die Anweisung ‚VERT' löst eine X/Y-Koordinatenvertauschung der Daten aus. ‚LAUN' bedeutet „Layoutunterteilung" und ermöglicht die Zerlegung des Layouts. Es sind damit beliebige, durch die LAUN-Koordinaten festgelegte Ausschnitte auf dem Plotter darstellbar. Das Anwendungsbeispiel demonstriert die einfache Handhabung des Plotterregiebefehls. Durch die Wahl einprägsamer Schlüsselwörter soll eine leichte Verständlichkeit der Sprache erreicht werden.
An den Regiebefehl schließen sich die Befehle für die Layoutdaten an. Sie enthalten die Koordinaten der Figuren des Layouts, wobei sie auch Anweisungen für sogenannte Datentransformationen geben können. Unter einer Datentransformation soll eine Translation, Drehung, Spiegelung oder Maßstabsänderung der Daten verstanden werden. Sollen solche Transformationen durchgeführt werden, müssen die entsprechenden Daten als ‚GRUPPE' definiert und mit einem Namen versehen werden (Bild 3).

```
Name: GRUPPE (X_F, Y_F);
     [Befehl;] ...
     END Name;
```

Bild 3. Gruppenbefehl

Im folgenden sollen die Layoutbefehle näher erläutert werden. Es handelt sich um den Rechteckbefehl (Bild 4), den Polygonbefehl (Bild 5), den Bahnbefehl (Bild 6), den Strukturbefehl (Bild 7) und den Befehl ‚PERIODE' (Bild 8). Diese Befehle dienen jeweils der Darstellung von Rechtecken, von Polygonen, von Leit- oder Widerstandsbahnen, von ganzen Datengruppen oder von periodisch angeordneten Datengruppen. Auf den Rechteckbefehl, den Bahnbefehl und den Befehl ‚PERIODE' soll näher eingegangen werden.

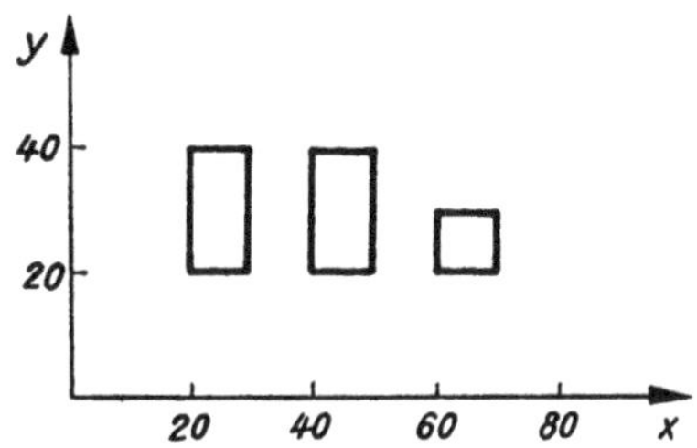

Bild 4. Rechteckbefehl

Allgemeine Form:

RECHTECK (*Ebenenbezeichnung*,

$\begin{Bmatrix} M \\ E \end{Bmatrix}$ → Mittelpunkt / Eckpunkt

$X, Y, [X, Y] \ldots$ → Koordinaten

DX, DY); → Breite, Höhe

Beispiel:

R (EM, E, 20, 20, 40, 20, 10, 20);
R (EM, E, 60, 20, 10, 10);

Den Rechteckbefehl zeigt Bild 4. Er beginnt mit dem Schlüsselwort ‚RECHTECK' oder ‚R' als Abkürzung. Oben ist die allgemeine Form dargestellt, unten ein Beispiel. Das Beispiel zeigt die Wiedergabe von 3 Rechtecken mit 2 Befehlen. Es handelt sich um die Emitterebene — abgekürzt EM — Die Daten beziehen sich auf den linken unteren Eckpunkt. Im ersten Befehl sind zwei Rechtecke der Breite 10 und der Höhe 20 angeführt, die mit ihrem Eckpunkt an der Stelle $X = 20$ und $Y = 20$ bzw. $X = 40$ und $Y = 20$ liegen. Der zweite Befehl plaziert ein Rechteck 10×10 an die Stelle 60/20.

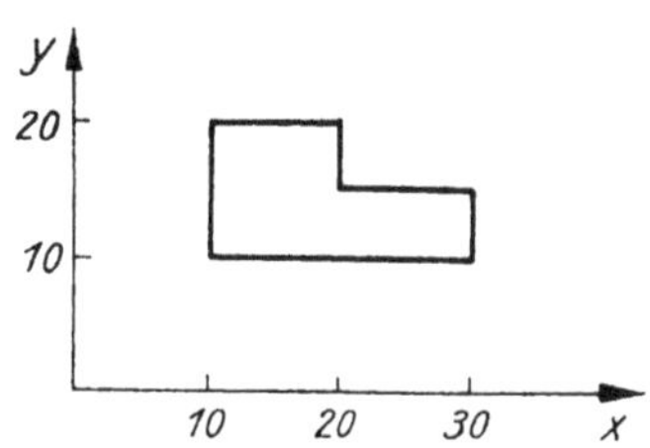

Bild 5. Polygonbefehl

Allgemeine Form:

POLYGON (*Ebenenbezeichnung*,

$\begin{Bmatrix} R, X_A, Y_A, D_X, D_Y, [D_X, D_Y] \ldots \\ A, X_A, Y_A, X_F, Y_F, [X_F, Y_F] \ldots \end{Bmatrix}$);

Relativ / Absolut — Anfangs- punkt — Strecken / Folgepunkte

Beispiel:

P (IR, A, 10, 10, 30...15, 20...20, 10...10);

Der Bahnbefehl dient der Darstellung von Leitbahnen und Widerstandsbahnen einschließlich der dazugehörigen quadratischen Anschlußköpfe und Kontaktfenster. Auf die Wiedergabe der allgemeinen Form soll hier verzichtet und nur ein Beispiel angeführt werden. Es ist in Bild 6 gezeigt. Mit dem Bahnbefehl wird nur das linienhafte Skelett des Leiters angegeben. Das Programm konstruiert daraus eine flächenhafte Figur. Die Eingabedaten werden damit wesentlich reduziert. Eine LB mit linksseitiger Insel und KF wird z. B. wie folgt angegeben: Zunächst ein X/Y-Koordinatenwert und dann die Operationskennziffer ‚40'. Die gesamte Bahn

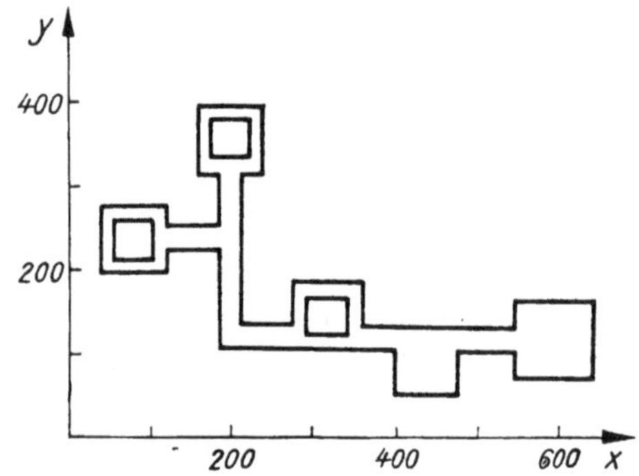

BAHN (LB, KF1,
−2,
40, 50, 24, 12,
200, 360, 11,
200, 240, 2,
30, 240, 11,
200, 120, 0,
320, 120, 40,
440, 120, 70,
600, 120, 221,
−1);

Bild 6. Bahnbefehl

Beispiel:

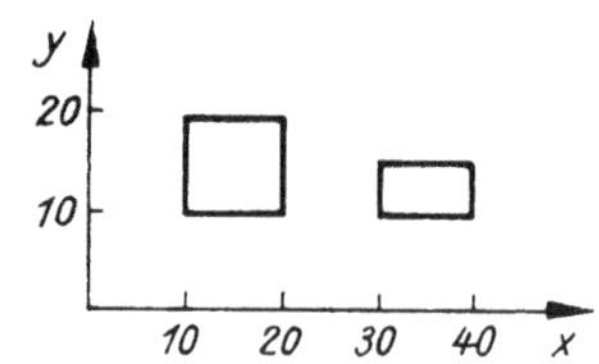

STRUKTUR (TEST,
30, 0, 90, NEIN, 1);

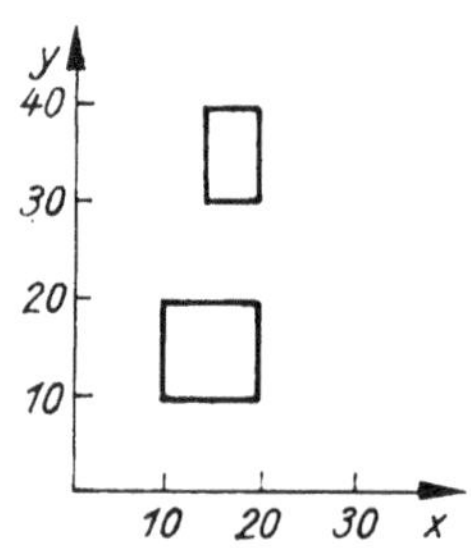

Allgemeine Form:

STRUKTUR (Gruppenname,
X_{aB}, Y_{aB},
Drehung,
Spiegelung,
Maßstab);

Bild 7. Strukturbefehl

Beispiel:
PERIODE
(TEST, 0, 0, 0,
NEIN, 1, 2, 2,
40, 20);

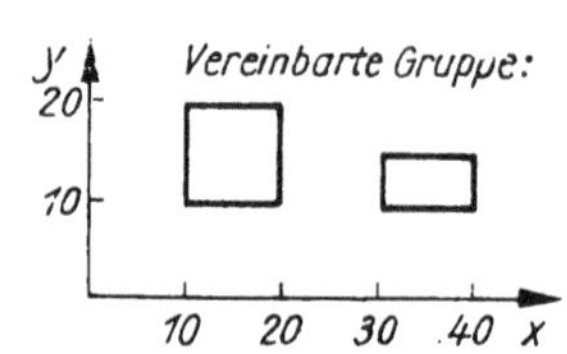

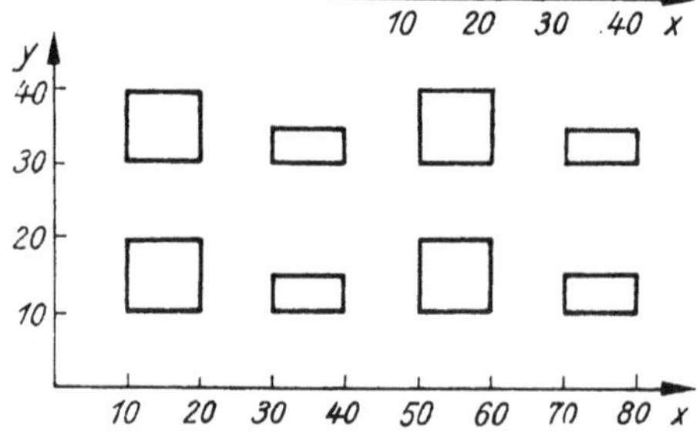

Allgemeine Form:

PERIODE (*Gruppenname*
X_{aB}, Y_{aB}, → Bezugskoord.
Drehung,
Spiegelung,
Maßstab,
NX, *NY*, → Anzahl
DX, *DY*); → Abstand

Bild 8. 'PERIODE'-Befehl

— das sind 42 Eckpunkte oder 84 Zahlen — ist mit einem Aufwand von 27 Zahlen dargestellt und somit die Datenmenge bedeutend komprimiert worden.
Der Befehl ‚PERIODE‘ dient der periodischen Darstellung bereits vereinbarter Gruppen. Bild 8 zeigt die äußere Form. Nach dem Schlüsselwort ‚PERIODE‘ wird der Name der Gruppe geschrieben, die periodisch wiederholt werden soll. Die Gruppe kann gedreht, gespiegelt und ihr Maßstab verändert werden. NX und NY gibt die Anzahl der darzustellenden Gruppen in X- und Y-Richtung, DX und DY den Abstand zwischen ihnen an. Im Beispiel ist eine Gruppe mit dem Namen ‚TEST‘ gezeigt, die aus 2 Rechtecken besteht. Mit einem einzigen Periodeaufruf wird die Gruppe insgesamt 4 × dargestellt. Der Befehl ‚PERIODE‘ ist ein besonders instruktives Beispiel für die Komprimierung der Eingabedaten. Mit geringem Aufwand sind sehr viele gleichartige Gruppen angebbar.

4. Bemerkungen zur Fehlerdiagnose

Bei der Entwicklung des Programmsystems wurde besonderer Wert auf eine rechnergesteuerte Fehlerdiagnose gelegt. Das Programm testet auf etwa 50 verschiedene Fehlerarten. Solche Fehler können sein: Ablochfehler, Fehler in der Sprachstruktur und Koordinatenfehler. In Bild 9 sind zwei Fehlermeldungen angeführt. Der Fehler wird mit einigen Sonderzeichen signalisiert, damit er sich vom übrigen Text eindeutig abhebt. Ist z. B. die Angabe des Maßstabs vergessen worden, so erscheint der Hinweis ‚MASZSTAB FEHLT!‘ Nach dem Auftreten eines Fehlers entscheidet der Rechner über den Fortgang des Rechenlaufs. Sehr schwere Fehler führen zum Abbruch des Beispiels, bei schweren Fehlern wird lediglich der Syntaxtest durchgeführt. Bei leichten Fehlern erfolgt eine Löschung des betreffenden Befehls, es wird ein Plotterbild erzeugt, die Ausgabe von LS jedoch verhindert.

```
>>>>>>>>>>>>>>>>>> FNR. 80
MASZSTAB FEHLT

>>>>>>>>>>>>>>>>>> FNR. 25
BEI POLYGON ANFANGSPUNKT
NICHT GLEICH ENDPUNKT
```

Bild 9. Fehlermeldungen

5. Vollständige Beispiele

Es sollen nun einige Beispiele für die Anwendung des Programmsystems TOPE gezeigt werden. Das Plotterbild — Bild 10 — demonstriert anschaulich, welche Möglichkeiten das Programm bietet. Es handelt sich um ein Layout mit dem willkürlich gewählten Namen ‚FAMILIE 1‘. ‚FAMILIE 1‘ besteht aus der Datengruppe ‚KASIMIR 1‘ und vier Aufrufen dieser Datengruppe. Durch diese 4 Aufrufe wird ein großer Kasimir, zwei kleine Kasimire und eine Kasimirpuppe erzeugt. Einer der beiden kleinen Kasimire ist an der Y-Achse gespiegelt, die Puppe ist um 45° gedreht. Beim Aufstellen des Datensatzes wurde wie folgt vorgegangen: Der rechte Teil von Stiefel und Hose wurde durch die Spiegelung des linken an der

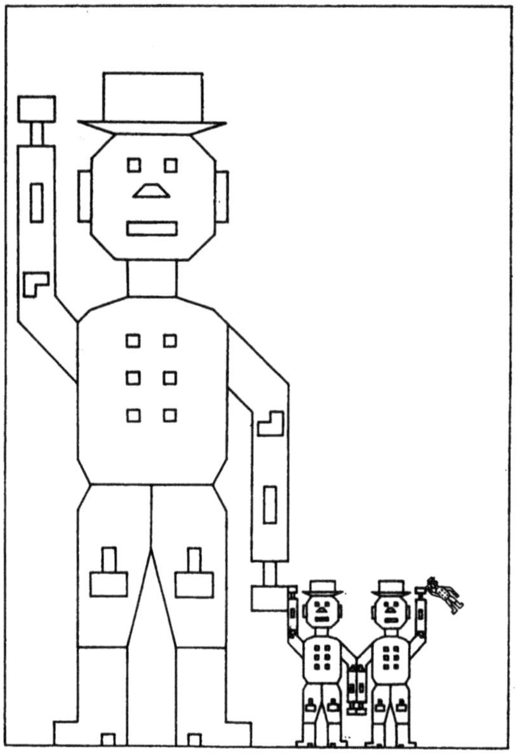

Bild 10. Demonstrationsbeispiel „Kasimir“

```
REGIE(PLOT,AEZ,M37/1);

 0    FAMILIE1:GRUPPE(0,0);
 1    KASIMIR1:GRUPPE(0,0);
 2    /* UNTERBAU */
 2    LISEIUNT:GRUPPE(0,0);
 3    P(BA,E,30,[illegible],10,10,[illegible],-10,10,0,0,80,-40,0,0,-60,-20,0,0,-20);
 3    P(BG,E,[illegible],80,[illegible],0,1[illegible],8[illegible],5[illegible],-10,-20,0,-110);
>>>>>>>>>>>>>>>>>>> F-NR: 26
BEI POLYGON IST SUMME DER RELATIVABWEICHUNGEN NICHT NULL

 3    END LISEIUNT;
 2    ST(LISEIUNT,[illegible],NEIN,1);    ST(LISEIUNT,220,0,0,YSP,1);
 2    /* ZWISCHENBAU */
 2    ZWIBAU:GRUPPE(0,0);
 3    P(BG,[illegible],11[illegible],120,2[illegible],130,110,140,[illegible],150,40,[illegible],140,[illegible],130,[illegible],20,10,0);
 3    END ZWIBAU;
 2    ST(ZWIBAU,50,210,0,NEIN,1);
 2    /* KNOPF,AUGE,ZAHN */
 2    KNOAUZA:GRUPPE(0,0);  P(LB,E,0,0,10,10);  END KNOAUZA;
 2    PER(KNOAUZA,90,250,0,NEIN,1,2,3,30,30);
 2    PER(KNOAUZA,90,[illegible]60,0,NEIN,1,2,1,3[illegible],0);
 2    PER(KNOAUZA,90,350,0,NEIN,1,4,1,1[illegible],0);
 2    /* ARM */
 2    ARM:GRUPPE(0,0);
 3    P(EM,E,0,0,3[illegible],20); P(LB,E,1[illegible],70,10,20);
 3    P(BG,P,[illegible],40,30,0,0,140,-5[illegible],50,0,-50,20,-20,0,-120);
 3    END ARM;
 2    ST(ARM,190,120,0,NEIN,1); ST(ARM,30,510,180,NEIN,1);
 2    /* OBERBAU */
 2    P(EM,E,90,360,[illegible],30); P(BA,M,110,520,80,40);
 2    P(EM,P,80,390,50,0,20,2[illegible],60,-20,20,-60,0,-20,-20,0,-60,20,-20);
 2    P(LB,E,80,420,60,420,1[illegible],40);
 2    P(LB,E,95,440,30,0,-10,10,-10,0,-10,-10);
 2    P(EM,E,80,490,60,0,30,10,-120,0,30,-10);
 2    END KASIMIR1;
 1    ST(KASIMIR1,160,0,0,NEIN,16);  ST(KASIMIR1,3680,0,0,NEIN,4);
 1    ST(KASIMIR1,5440,0,0,YSP,4);   ST(KASIMIR1,5800,1710,45,NEIN,1);
 1    END FAMILIE1;
```

Bild 11. Rechnerausdruck zu 10

Y-Achse gewonnen. Der linke Arm ist aus dem rechten durch Drehung um 180° und Festlegen eines neuen Bezugspunktes entstanden. Die Reihe der Knöpfe ist mit einem einzigen Periodenaufruf eines Rechtecks erzeugt worden, ebenso die beiden Augen. Alle diese Einzelheiten kehren in den 3 anderen Figuren natürlich wieder. Bild 11 zeigt den Rechnerausdruck für dieses Beispiel. Am Anfang steht der Regiebefehl, danach folgt die Datengruppe mit dem Namen ‚FAMILIE 1'. An beliebiger

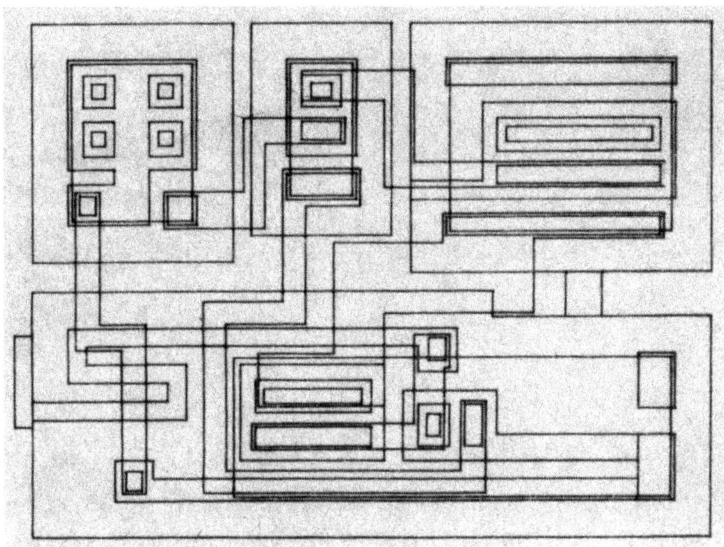

Bild 12. Layout eines bipolaren Gatters

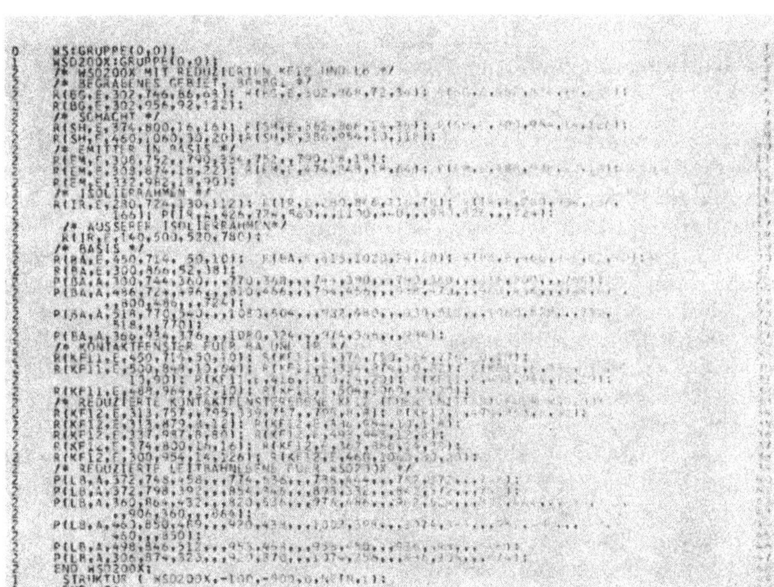

Bild 13. Rechnerausdruck zu 12

Stelle können Kommentare eingefügt werden. Sie sollen dem Bearbeiter das Auffinden einzelner Daten in der Datenliste erleichtern. In den Datensatz hat sich ein Fehler eingeschlichen, er wird durch einen Fehlerausdruck angezeigt. Ein reales Beispiel zeigen die Bilder 12 und 13. Das nächste Bild — Bild 14 — zeigt eine etwas höher integrierte Struktur. Es handelt sich um das Zwischennegativ einer Basisschablone, deren Vorlage auf dem CARTIMAT geschnitten worden ist. Die Lochstreifen für die Ansteuerung des CARTIMAT wurden durch TOPE erstellt.

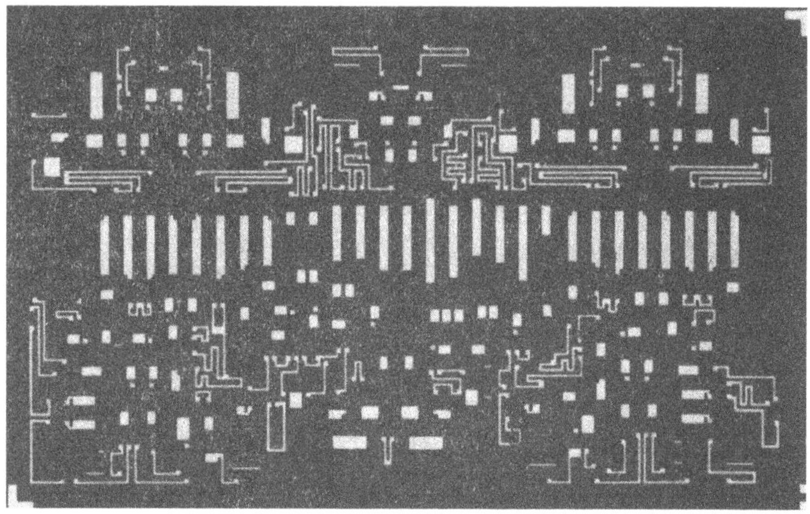

Bild 14. Basisvorlage einer MSI-Schaltung

6. Leistungsfähigkeit und Weiterentwicklung des Programms

Das Programmsystem TOPE wird beim Layoutentwurf von bipolaren und unipolaren Festkörperschaltkreisen eingesetzt und wird den dabei auftretenden Anforderungen gerecht. Bei einem Speicherbedarf von 120 bis 140 kBytes wird eine Rechenzeit von 1/10 bis 1/2 s pro Layoutpunkt benötigt. Das Programmsystem ist besonders für solche Layouts empfehlenswert, die einen hohen Wiederholgrad aufweisen. Dann ergibt sich eine wesentliche Reduzierung der menschlichen Routinearbeit beim Layoutentwurf. Darüber hinaus liegen die Vorteile des Programms in seiner Servicefreundlichkeit und der einfachen Handhabung der Eingabedaten. Im Gegensatz zu anderen Programmen der grafischen Datenverarbeitung braucht hier kein Rahmenprogramm für die Eingangsdaten geschrieben zu werden. Für den Layoutbearbeiter wird keine Kenntnis der Programmiersprache PL 1 vorausgesetzt. Das Auffinden von Datenfehlern wird durch eine umfangreiche Fehlerdiagnostik wesentlich erleichtert. Es kann zwischen 8 verschiedenen Ausgabemöglichkeiten für die Daten gewählt werden.
Die Anwendung des Programmsystems TOPE ist nicht auf den Layoutentwurf von Festkörperschaltkreisen beschränkt. Es kann überall dort eingesetzt werden, wo große Mengen geometrischer Daten verarbeitet werden müssen, z. B. im Maschinenbau und im Bauwesen.

Gegenwärtig wird an der Weiterentwicklung von TOPE gearbeitet. Als Weiterentwicklung sind vorgesehen:

1. die generelle Bearbeitung von 45°-Geraden,
2. die Verarbeitung von Kreisen,
3. die Layoutprüfung,
4. die automatische Leitbahnanordnung,
5. die Verarbeitung beliebiger Punktmengen.

Diese Weiterentwicklungen sollen den Trend der Einsparung von Routinearbeit beim Layoutentwurf weiter unterstützen.

Hardware zum rechnerunterstützten Entwurf integrierter Schaltkreise

Von *M. Hinsenkamp*

Forschungsinstitut für Nachrichtentechnik, Budapest

Die Herstellung integrierter Schaltungen untergliedert sich in:

— Entwurf bzw. Konstruktion der elektrischen Schaltung,
— Herstellung der Schablonen (*Art work*)
— Produktion der integrierten Schaltkreise.

Nachfolgende Arbeit behandelt nur die Herstellung der Schablonen mit den dazu benötigten Hardware-Einrichtungen vom Standpunkt der Anwendung her.

1. Herstellung der Schablonen integrierter Schaltkreise (IC)

1.1. Layout-Entwurf

Dem Entwurf der elektrischen Schaltung folgt der Entwurf der Geometrie (*Layout*) der einzelnen Bauelemente. Obwohl die Versuche mit dem rechnerunterstützten Layout-Entwurf Erfolge aufweisen, werden die traditionellen Entwurf-Methoden noch lange von vielen Konstrukteuren angewandt. Wir möchten über unsere Erfahrungen bei der rechnerunterstützten Herstellung der IC Schablonen berichten und die Aufmerksamkeit auf einige Gesichtspunkte lenken, die die Konstrukteure bei dem Layout-Entwurf beachten müssen.

1.2. Anforderungen an die Schablonen

Angenommen, daß das Layout den elektrischen Anforderungen entspricht, wird das Layout dem technologischen Verfahren entsprechend in Teilzeichnungen eingeteilt. Die Herstellung eines bipolaren integrierten Schaltkreises besteht im allgemeinen aus 6 technologischen Schritten:

— Diffusion der begrabenen Schicht,
— Diffusion des Isolierrahmens,
— Diffusion der Basis,
— Diffusion des Emitters,
— Ausbildung der Kontakte und
— Metallisation.

Über die Teilzeichnungen werden zuerst die sogenannten *Folienmasken* (Schablonen) in vergrößertem Maßstab, danach durch optische Verkleinerung die zur Photolithographie benötigten *Photomasken* angefertigt.

Da das optische Verfahren viel Fehlermöglichkeit mit sich bringt, müssen die Folienschablonen folgenden Anforderungen genügen:

— die Genauigkeit der Schablonen soll nach der Verkleinerung ausreichend sein,
— die Abbildung soll gute Konturen haben,
— Winkelverzerrungen und Abrundungen bei den Elementen-Ecken sind zu vermeiden.

1.3. Genauigkeit

Die Genauigkeit der Folienschablonen wird durch die Genauigkeit der zu ihrer Herstellung gebrauchten Zeichenanlage sowie die des Schneidewerkzeuges bestimmt. Wir nehmen an, daß die Genauigkeit der Zeichenanlage 10 µm und die Genauigkeit des Schneidewerkzeuges in gleicher Größenordnung liegt (*worst case*). Der relative Fehler der geometrischen Größen in Abhängigkeit von der Vergrößerung der Schablonen (bei gegebenem Werkzeugfehler und verschiedenen geometrischen Größen) ergibt eine Kurvenschar.
Aus den Kurven von Bild 1 ist zu ersehen, daß — im Falle einer Elementenbreite von 10 µm und einer 200fachen Vergrößerung — der angenommene Werkzeugfehler 10% Verzerrung verursacht. Ist die Breite aber nur 2 µm, wird der Fehler um 50% vergrößert. Ein solcher Fehler ist besonders zwischen angepaßten Masken (z. B. zwischen Basis und Emitter) nicht zulässig.

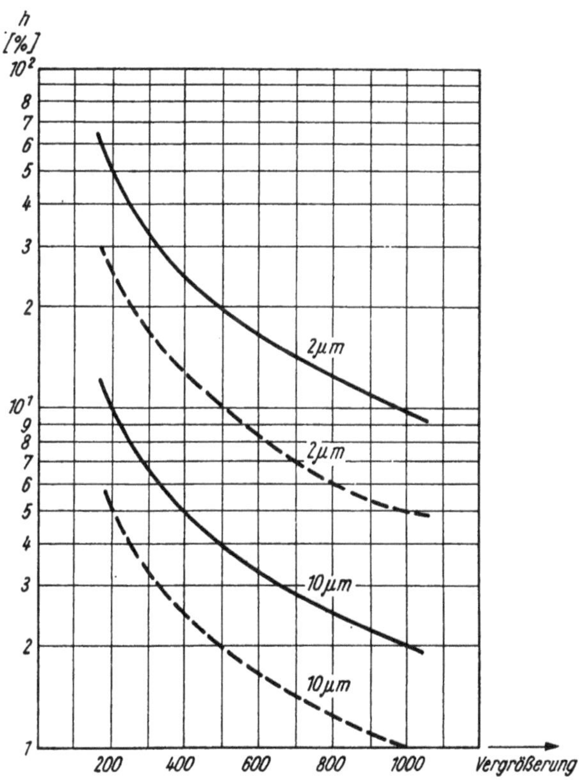

Bild 1. Relativer Fehler der geometrischen Größen in Abhängigkeit von der Vergrößerung; — Werkzeugfehler 200 µm, --- Werkzeugfehler 100 µm

Die Erhöhung der Genauigkeit

Die Genauigkeit der Schablonen kann

a) durch richtige Wahl des Maßstabes,
b) mit Präsizions-Zeichenanlagen,
c) mit speziellem Schneidewerkzeug und
d) durch sorgfältigen Entwurf

erhöht werden.

Zu a) Maßstab

Bei rechnerunterstützten Verfahren ist es möglich, den Maßstab nach Wahl zu ändern. Wie im Bild 1 zu sehen ist, wird die Genauigkeit durch die Vergrößerung über eine bestimmte Grenze hinaus nicht mehr beeinflußt, eine Präzisions-Zeichenanlage kann aber die Genauigkeit erfolgreich erhöhen. Von anderer Seite wiederum ist die Vergrößerung der Schablonen durch die Chipgröße, die nutzbare Fläche der Zeichenanlage sowie die Größe der im Handel erhältlichen Folien begrenzt. Bei einer Chipgröße von $1{,}5 \times 1{,}5\ \mathrm{mm}^2$ und Folienbreite von 1 m kann die Vergrößerung 500fach sein. Dazu ist eine Anlage mit nutzbarer Fläche von $1 \times 1\ \mathrm{m}^2$ notwendig. Bei der Auswahl der optimalen Vergrößerung müssen auch die Möglichkeiten der optischen Nachfolge-Einrichtungen beachtet werden.

Zu b) Zeichenanlage

Die Auflösung der Präzisions-Zeichenanlagen ist 10—25 µm, die absolute Genauigkeit beträgt 50—60 µm innerhalb einer Fläche von $1 \times 1\ \mathrm{m}^2$. Diese Anlagen sind numerisch- oder rechnergesteuert.

Zu c) Schneidwerkzeug

Die Präzisions-Zeichenanlagen haben spezielle Werkzeuge zum Folienschneiden. Das Schneidwerkzeug besitzt eine so scharfe Messerschneide, daß die Rubylith-Folie nicht einreißt. Die Messerschneide stellt sich immer in Schneidrichtung ein. Die Steuerung der Bewegung des Schneidwerkzeuges ist gleichzeitig ein Hardware- und Software-Problem.

Zu d) Bemessung der Elemente

Bei der geometrischen Bemessung der IC-Elemente muß die Genauigkeit der zur Herstellung der Masken benutzten Anlage und die der Werkzeuge beachtet werden. Es müssen die kritischen minimalen Größen der Elemente und die minimale Distanz der Elementeteile rationell ausgewählt werden. Bei der Toleranzenanalyse muß die voraussichtliche Verzerrung der geometrischen Größen abgeschätzt werden, insbesondere bei den Elementen, bei denen eine geringe Änderung der Geometrie die elektrische Charakteristik der Schaltung beeinflussen kann.

2. Automatische Zeichenanlage zur Herstellung der IC-Schablonen

2.1. Aufbau und Funktion

Die rechnergesteuerte Zeichenanlage *Coragraph DC* (Bild 2) entspricht allen — durch die Herstellung der Schablonen der integrierten Schaltkreise — gestellten Anforderungen. Sie besteht aus zwei Teilen:

— dem Rechner mit den Periphäriegeräten (Bild 3) und
— dem Koordinatentisch mit dem Meß- und Antriebssystem (Bild 4).

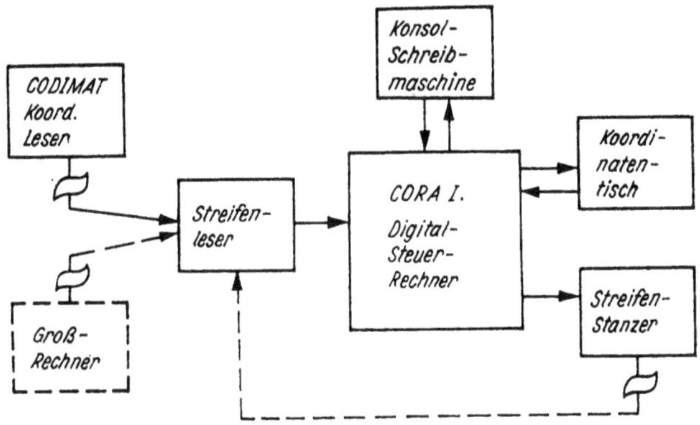

Bild 2. Blockschema der rechnergesteuerten Zeichenanlage CORAGRAPH DC

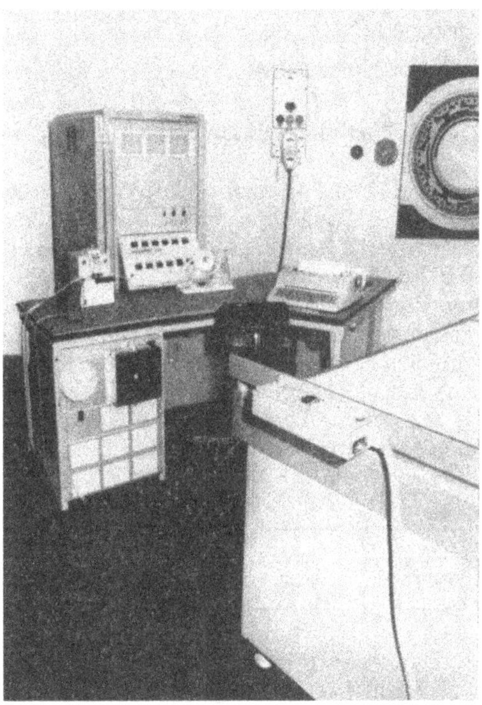

Bild 3. Der Rechner CORA I

Die Steuereinheit der Anlage ist ein real-time Digitalrechner, der in erster Linie für die numerische Steuerung verschiedener Werkzeugmaschinen, so z. B. der Zeichenanlage, entwickelt wurde. Wegen ihrer Programmierbarkeit und hohe Operationsgeschwindigkeit sind jedoch auch verschiedene technische-wissenschaftliche Aufgaben mit ihrer Hilfe zu lösen.
Der Rechner arbeitet in hexadezimalem Code, hat eine Speicherkapazität von 4096 Worten mit einer Länge von 24 bit. Die Zyklusdauer beträgt 6 μs. Die Befehlsliste besteht aus 60 Befehlen einschließlich der Hardware-Multiplikation und -Division. Der Rechner ist eine Einadress-Maschine mit Festkomma-Arithmetik.

Bild 4. Der Koordinatentisch CORAGRAPH DC

In der parallelen Maschinenorganisation ist eine direkte Adressierung des gesamten Kernspeichers möglich.
Die Peripheriegeräte gestatten den Informationsaustausch mit dem Steuerrechner in beiden Richtungen. Programme und Daten werden durch einen Streifenleser eingegeben, und die im Rechner ermittelten Resultate werden durch einen Streifenstanzer ausgegeben. Die Konsol-Schreibmaschine ermöglicht die direkte Konversation mit dem Rechner. Im Steuerrechner werden alle 50 ms die digitalen Sollwerte für X und Y aus den eingegebenen Zeichendaten ermittelt und in dem Addierwerk mit den Istwerten verglichen. Die Soll und Istwerte entsprechen den Soll und Istpositionen des Zeichenkopfes auf dem Tisch. Die Differenzen zwischen den Soll- und Istwerten werden mit einem Digital/Analog Wandler in analoge Spannungen umgewandelt, die die Servomotoren steuern (Bild 5).

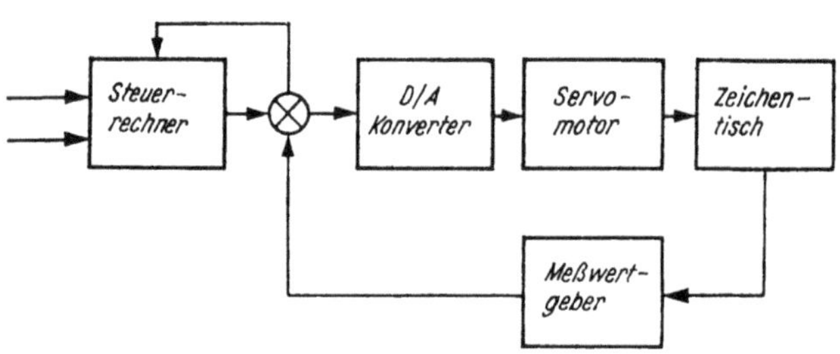

Bild 5. Servosystem des Coragraphen DC

Der geschlossene Regelkreis für das Positionieren zusammen mit den mechanischen Eigenschaften des Tisches gewährleistet die hohe Genauigkeit der Anlage. Das funktionelle Hauptmerkmal der Anlage liegt im Zusammenwirken von Digital- und Analogtechnik. Man gewinnt die Vorteile der digitalen Rechentechnik — große Flexibilität, — Programierbarkeit des Steuerrechners, und den Vorteil der Analogtechnik — stufenloser Antrieb.

Die technischen Daten der Anlage sind:

Nutzbarer Arbeitsbereich	$1130 \times 1170\ mm^2$
Geschwindigkeit	max. 80 mm/s
Genauigkeit	0,06 mm
Auflösung	0,01 mm
Interpolationsarten	Gerade, Kreis, Polynom 5. Ordnung
Maßstab	beliebig
Nullpunkt	beliebig, auch außerhalb des Tisches

2.2. Arbeitsgeräte

Die verschiedenen Anwendungsfälle stellen unterschiedliche Anforderungen an die Genauigkeit der fertigen Arbeit, an die Strichqualität und den Zeichnungsträger. Diesen Anforderungen wird eine Reihe von Arbeitsgeräten gerecht, die für die Anlage zur Verfügung stehen. Aus diesen Arbeitsgeräten erwähnen wir nur die für die Herstellung der IC Schablonen benötigten Werkzeuge: — Werkzeuge zum Zeichnen auf Papier und Plastikfolie und — Werkzeuge zum Schneiden von „*Cut and Strip*“ Folie (Bild 6 und 7).

„Cut and Strip“ Folien (z. B. *Rubilyth-Folie*) bestehen aus einem verzugsarmen Basismaterial, das mit einer abziehbaren Oberschicht beklebt ist. Die Umrisse der einzelnen Flächen werden mit einer rasiermesserscharfen Schneide in die Beschichtung geschnitten. Anschließend können die ungeschnittenen Flächen leicht abgezogen werden. Die automatische Tangentialsteuerung sorgt ständig für die

Bild 6. Zeichenkopf

Bild 7. Werkzeug zum Schneiden

genaue Orientierung der Schneide. An den Ecken wird das Werkzeug abgehoben, in die neue Richtung gedreht und wieder gesenkt. Dieses Verfahren gewährleistet sehr saubere Schnittkanten.

2.3. Programmbibliothek

Da für die Steuerung des Coragraphen DC der programmierbare Rechner eingesetzt wird, ist es grundsätzlich möglich beliebige problemorientierte Zeichenprogramme zu entwickeln und zu benutzen. Die Programmbibliothek bietet die Möglichkeit

- universelle Zeichenprogramme mit vielseitigen Datenanweisungen und einfacher Datendarstellung,
- zugeschnittene Applikationsprogramme, wie z. B. das Programm zur Herstellung der Schablonen integrierter Schaltkreise (*IC-Programm*) und
- Kundenspezifische Programme anzuwenden.

Ein gut ausgebautes symbolisches Programmsystem mit einer umfangreichen Subroutine-Bibliothek und ein Compiler für erweitertes Standard Basic-Fortran stehen zur Verfügung.

3. Datenvorbereitung

3.1. Methoden der Datenvorbereitung

Die Information für eine automatisch herzustellende Schablone wird dem Rechner in Form von Daten eingegeben. In verschiedenen Arbeitsgebieten werden die

Daten auf verschiedene Art gewonnen:

- Ermittlung der Daten mit einem Computer,
- Ermittlung der Daten mit einer Meßapparatur, z. B. mit einem Koordinatenleser,
- manuelle Datenerstellung.

Die erste Methode wird bei dem automatischem Entwurf angewandt. Manuelle Datenerstellung wird bei den Programm-Modifikationen, also bei kurzen Programmen, bevorzugt. In diesem Falle ist es möglich das Programm unmittelbar durch die Konsol-Schreibmaschine dem Rechner einzugeben. Heutzutage ist die zweite — halbautomatische Datenvorbereitungsmethode — weit verbreitet.

3.2. Codimat-Koordinatenleser

Mit dem *Codimat*-Kordinatenlesegerät (Bild 8) können die Informationen einer in rechtwinkligem Koordinatensystem gezeichneten Zeichnung digitalisiert, d. h. auf Lochstreifen gestanzt werden.
Die zum Digitalisieren bestimmte Zeichnung wird auf den Meßtisch aufgespannt. Eine beleuchtete Leselupe wird von Hand über die zu registrierenden Punkte geführt. Zwei rotierende photoelektrische Meßwertgeber messen die Position des Fadenkreuzes, die laufend als $X-Y$ Koordinatenpaar am Elektronikschrank durch Leuchtziffern angezeigt wird. Bei Betätigung der Koordinatenlesetaste, die sich neben der Lupe befindet, werden die momentanen Koordinatenwerte zwischengespeichert und auf den Datenträger übertragen.

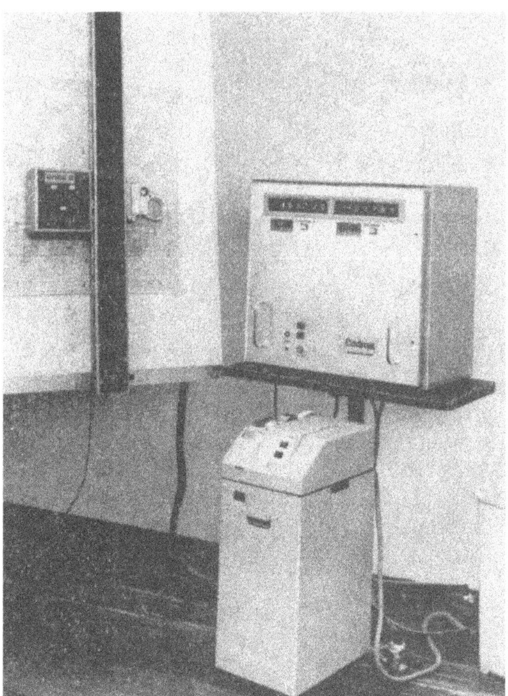

Bild 8. CODIMAT — Koordinatenleser

Jeder beliebige Punkt der Zeichnung läßt sich als Nullpunkt definieren. Die Herstellung der Schablonen erfordert als Ergänzung zusätzliche Angaben über die Art der Verbindung der verschiedenen Punkte (Gerade, Kreis usw.), Maßstab usw. Diese zusätzlichen Informationen werden mit einer Tastatur eingegeben.

4. Erfahrungen mit der Anlage

4.1. Datenvorbereitung und Durchlaufzeit

Die Erfahrungen zeigen, daß die rechnerunterstützte Herstellung der Schablonen integrierter Schaltkreise, ebenso wie auch der rechnerunterstützte Entwurf oder die Datenverarbeitung, einer sorgfältigen Datenvorbereitung bedarf. Die Fehler der Datenvorbereitung erhöhen — wegen der im Laufe der Maskenherstellung nötigen Korrektionen — die Rechendauer und damit die Kosten und die Durchlaufzeit.
Zur Verminderung der Durchlaufzeit

- sollen die Zeichendaten so organisiert werden, daß der Leerlauf des Zeichenkopfes so klein wie möglich ist,
- sollen die sich wiederholenden Daten in Zyklen (oder Figuren) organisiert werden. Die Figuren mit gleicher Geometrie, z. B. Transistoren, müssen nur einmal digitalisiert werden und können danach beliebig oft an beliebigen Stellen und beliebig rotiert gezeichnet und geschnitten werden. Damit erspart man Zeit nicht nur bei der Datenvorbereitung, sondern auch bei der Kontrollzeichnung (siehe unten).

4.2. Datenvorbereitung und Genauigkeit

Die Layoutzeichnung für IC-Schaltungen wird von Hand auf Rasterpapier gezeichnet. Alle Eckpunkte der Polygone einer Maske müssen auf Rasterpunkt liegen. Durch Auf- und Abrunden korrigiert das „IC Programm“ ungenau abgelesene Punkte, d. h. jeder eingelesene Punkt wird dem ihm am nächsten liegenden Rasterpunkt zugeordnet.

4.3. Testzeichnung und Korrekturen

Vor dem Schneiden der Masken wird eine Kontrollzeichnung auf Transparentpapier angefertigt und mit der Layoutzeichnung verglichen. In der Kontrollzeichnung werden die zu einem Transistoren gehörenden Figuren nur einmal gezeichnet. Durch ein Markierungszeichen werden die Bezugspunkte bei Wiederholung bereits bekannter Transistoren dargestellt. Die fehlerhaften Angaben können unmittelbar durch den Rechner korrigiert werden.

4.4. Zeitbedarf der Herstellung von IC Masken (Beispiel)

Die beschriebene Herstellung der Schablonen eines Multiplexers von 8 bit hatte folgende Statistik:

Organisation der Daten	2	Stunden
Digitalisieren der Daten mit Codimat (7 Schablonen)	6,5	Stunden
Testzeichnung mit Coragraph	12	Stunden
Kontrolle	2	Stunden
Korrekturen mit Coragraph	2	Stunden
Schneiden der Schablonen mit Coragraph	11,5	Stunden
Insgesamt	36	Stunden

Die Durchlaufzeit beträgt somit ca. 5 Arbeitstage.

5. Analyse der geometrischen Fehler

5.1. Notwendigkeit der Analyse

Die Tendenz in der Halbleiterindustrie ist der Entwurf und die Herstellung von immer komplizierteren integrierten Schaltkreisen (*MSI*, *LSI*). Eine der Methoden hierfür ist die Erhöhung der Anzahl der Bauelemente pro *Chip*. Bei gegebener Chipgröße ist die Erhöhung der Elementenkonzentration nur mit der Abnahme der geometrischen Größen möglich. In diesem Falle ist es von großer Bedeutung, bei gegebener Technologie und Einrichtungen von bekannter Genauigkeit folgendes zu kontrollieren:

- wie sich die geometrischen Größen der Elemente während der Fabrikation verändern,
- was die Ursache dieser Änderung ist,
- wie es möglich ist, die geometrischen Verzerrungen bei den kritischen Elementen der Schaltung zu minimalisieren,
- bei welcher kritischen Größe die Verzerrung ein Maximum hat.

5.2. Meßverfahren

Die auf dem fertigen Chip meßbare Verzerrung der geometrischen Größe der Bauelemente besteht aus folgenden Komponenten:

$$h_{\text{chip}}^2 = h_{\text{rub}}^2 + h_{\text{opt}}^2 + h_{\text{techn}}^2 ,$$

wobei

h_{chip} – die gesamte Verzerrung der geometrischen Größe auf dem Chip,
h_{rub} – der geometrische Fehler der Rubilyth-Folienzeichnung,
h_{opt} – Fehler des optischen Verfahrens und
h_{techn} – der durch die Technologie hervorgerufene Fehler sind.

Der Fehler der Folienzeichnung (Schablonen) ist aus der Genauigkeit der zur Herstellung benutzten Einrichtungen und Werkzeuge gut zu schätzen.
Die Genauigkeit des optischen Verfahrens wird durch die Genauigkeit der Exposition, der Einstellung, durch die Gleichmäßigkeit der Beleuchtung, durch die Randverzerrungen, die Genauigkeit des „*Step and repeat*“ Verfahrens, die Auflösung der Photoplatte usw. bestimmt. Die numerische Bestimmung dieser Werte ist kompliziert. Aus Messungen auf der Photomaske kann aber auf ihre resultierende

Summe geschlossen werden:

$$h^2_{\text{photo}} = h^2_{\text{rub}} + h^2_{\text{opt}} ,$$

wovon

$$h^2_{\text{opt}} = h^2_{\text{photo}} - h^2_{\text{rub}}$$

und

h_{photo} — der Fehler der Photoschablone ist.

Einer der wichtigsten und sich immer wiederholenden Schritte der Technologie ist die Photolithographie, wo die Anpassungsfehler, die Expositionsfehler auch geometrische Verzerrungen verursachen. Ähnlich wie die Summe der optischen Fehler kann die Summe der von der Technologie herrührenden Fehler aus den Messungen auf fertigem Chip bestimmt werden:

$$h^2_{\text{chip}} = h^2_{\text{photo}} + h^2_{\text{techn}} ,$$

wovon

$$h^2_{\text{techn}} = h^2_{\text{chip}} - h^2_{\text{photo}} .$$

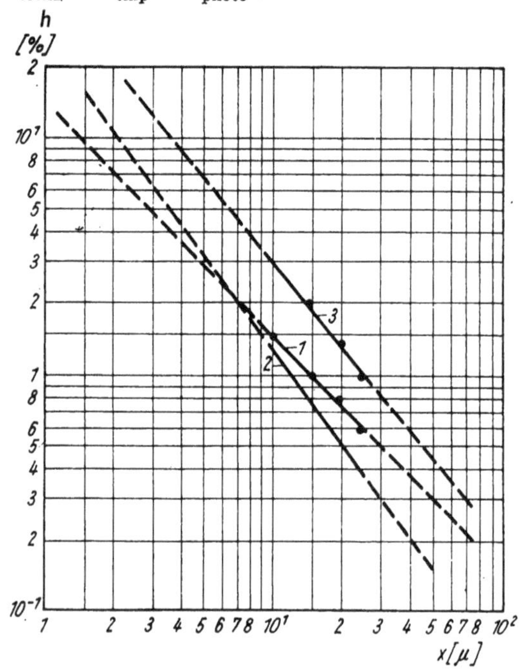

Bild 9. Relativer Fehler in Abhängigkeit von der geometrischen Größe, — gemessen, --- extrapoliert

Der relative Fehler in Abhängigkeit von der geometrischen Größe (bei 250facher Vergrößerung bei den Folienzeichnungen) ist auf Bild 9 zu sehen.

— Die Kurve No. 1 zeigt den relativen Fehler der Folienzeichnung,
— die Kurve No. 2 zeigt den der optischen Verkleinerung
— die Kurve No. 3 zeigt den der Technologie.

5.3. Auswertung der Messungen

Um die Meßfehler zu eliminieren, wurde mit Methoden der mathematischen Statistik bestimmt, wieviel Messungen gemacht werden müssen, um die Distanz zwischen

dem Durchschnittswert der Meßreihe und dem Sollwert unter gegebenen Grenzen zu halten. Die Angaben der Meßreihen wurden mit einem speziellen Programm (MSK-2R) ausgewertet. Das Programm rechnet den Durchschnitt, die Streuung der Daten sowie die Konfidenzintervalle bei gegebener Zuverlässigkeitsstufe und zeichnet das Histogramm.
Stellen wir den auf den Durchschnittswert bezogenen relativen Fehler in Abhängigkeit von den geometrischen Größen bei bestimmter Vergrößerung dar, bekommen wir den mathematischen Zusammenhang zwischen dem relativen Fehler und den geometrischen Größen.

5.4. Fehleranalyse

Aus der Fehleranalyse kann folgendes bestimmt werden:

- die Wirkung der einzelnen technologischen Schritte auf die geometrische Größe,
- die kritischen geometrischen Größen, wo die Verzerrung ein Maximum hat,
- ausgehend von den zulässigen Toleranzen der einzelnen Elemente die bei dem Entwurf zulässige kleinste geometrische Größe.

Auf Grund der Analyse kann überlegt werden, ob das Eliminieren der Fehlerquelle oder die Einführung anderer Verfahren oder Systeme ökonomisch sei.

6. Zusammenfassung

Die durch die IC Schablonen gestellten Anforderungen an Genauigkeit, Durchlaufzeit und Kosten können nur mit speziellen Einrichtungen befriedigt werden. Die Auswahl der entsprechenden Anlagen, die sorgfältige Datenvorbereitung sind hierfür von entscheidender Bedeutung. Bei gegebenem Hardware ist auch die ständige Kontrolle, Fehlersuche und die Analyse der Fehler erforderlich.

Literaturverzeichnis

[1] *Szabó, P., M. Hinsenkamp*: Automatische Zeichenanlage zum Entwurf und Produktion integrierter Schaltkreise. Automatizálás, 1970. No. 5

[2] Automatische Zeichenanlage GORAGRAPH. Contraves AG-Bulletin S 101 d 698

[3] *Hinsenkamp, M., P. Szabó*: Die Streuung der geometrischen Größen integrierter Elemente. HIKI Közlemények, 1971. No. 1

[4] *Schnell, L., M. Tóth*: Allgemeine Metrologie. Budapest, Verlag für Lehrbuch. 1970

[5] *Reimann, J.*: Wahrscheinlichkeitsrechnung. Die Elemente der mathematischen Statistik. Budapest, Verlag für Lehrbuch, 1970

[6] *Éltető, Ö., M. Ziermann*: Mathematische Statistik. Budapest, Verlag für Lehrbuch, 1967

[7] *Hinsenkamp, M.*: MSK-2R Program für Auswertung von Meßdaten. HIKI Közlemények, 1972. No. 4. (im Druck)

Software zum rechnergestützten Entwurf integrierter Schaltkreise

Von *P. Szabó*

Institut für Nachrichtentechnik, Budapest

Die Programme für den Coragraph DC sind in vier Gruppen eingeteilt:

I. Zeichenprogramme,
II. Hilfsprogramme,
III. Rechenprogramme,
IV. Testprogramme.

Im folgenden möchten wir uns nur mit der ersten und dritten Programmgruppe beschäftigen und nur ein paar Worte über die anderen Gruppen verlieren:
Die Hilfsprogramme dienen zur Lösung der folgenden Probleme:

- Lochstreifen duplizieren,
- Lochstreifen konvertieren,
- Neue Programm- und Datenlochstreifen zusammenstellen, erweitern usw.

Mit Hilfe der Testprogramme können wir den Rechner und alle Peripherien prüfen und testen.

1. Zeichenprogramme

Die Zeichenprogramme können in vier Gruppen eingeteilt werden:

1. Allgemeines Zeichenprogramm AZP, dient zum Zeichnen von Linien, Kreisen und Kreisbögen, Texten, interpolierten Kurven.
2. Katasterprogramm für Kartografische Zwecke.
3. Programm zur Herstellung von Masken für integrierte Schaltungen ICP.
4. Programm zur Herstellung von Masken für gedruckte Schaltungen PCP

1.1. ICP Programm

Mit Hilfe des ICP Programmes können wir schnell und einfach die Masken für integrierte Schaltungen oder andere Halbleiterbauelemente herstellen. Der Aufbau des Programmes paßt sich sehr vorteilhaft den Erfordernissen der Maskenherstellung an und bietet eine gute Möglichkeit für die Datenvorbereitung mit dem rechnergestützten Koordinatografen Codimat.
Bei der automatischen Herstellung von Masken sind grundsätzlich zwei voneinander getrennte Arbeitsläufe zu unterscheiden: erstens das Vorbereiten der Ein-

gabedaten für Steuerung der Zeichenanlage, zweitens die Maskenherstellung auf der Zeichenanlage. Beide Arbeitsabläufe müssen bezüglich Zeit- und Kostenaufwand aufeinander abgestimmt werden.

1.1.1. Aufbau des Programmes

Das Programm besteht aus Befehlen und zugeordneten Parametern oder Koordinaten. Die Befehle (Statements) sind in vier Gruppen eingeteilt:

1. Statements zur Steuerung der Peripheriegeräte,
2. Ausleseinitialisierungs-Statements,
3. Zeichenstatements,
4. Korrekturstatements.

Im Programmsystem besteht ein Statement aus einem Statementsnamen, auch Kontrollwort genannt, und gegebenenfalls weiteren Daten, die das Statement näher spezifizieren. Alle Statements, die am Codimat angegeben werden, besitzen zweistellige Ziffern-Kontrollwörter (numerisch), alle die durch Schreibmaschine eingegeben werden, dreistelligen Buchstaben-Kontrollwörter (alphanumerisch).

1. *Statements zur Steuerung der Peripheriegeräte*

Drei Peripheriegeräte kann man mit diesen Statements steuern

Zeichentisch	Ø3 x	x = 0 keine Tischausgabe
		x = 1 zeichnen
		x = 2 gravieren
		x = 3 schneiden
Lochstreifenstanzer	Ø4 x	x = 0 keine Streifenausgabe
		x = 1 Streifenausgabe
Schreibmaschine	Ø5 x	x = 0 keine Liste
		x = 1 Liste

2. *Ausleseinitialisierungs-Statements*

Das wichtigste Statement ist das folgende:

$20\ x_a\ y_a\ x_r\ y_r\ x_1\ y_1\ x_2\ y_2\ x_3\ y_3\ x_4\ y_4$.

Die Bedeutung der Parameter: (siehe Bild 1.)

x_a, y_a Abstände der Paßpunkte 1/100 mm (bezogen auf das Fertigmaß),
x_r, y_r Abstände der Paßpunkte, in Rastereinheit (immer am „Ist" Maß),
$x_1 - y_4$ Ausgelesene Paßpunkte, begonnen an der linken unteren Ecke im mathematisch positiven Sinne.

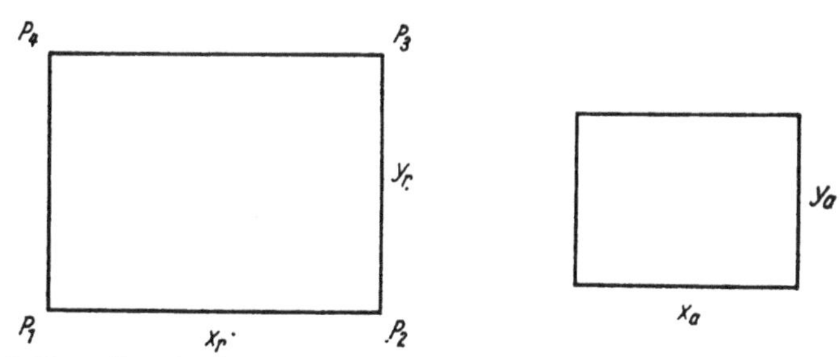

Bild 1. Das 20. Statement

Die Verbindungslinien der Paßpunkte müssen hierbei parallel zu den Rasterlinien liegen.
Mit Hilfe dieser Informationen werden die Verzugs- und Rundungsberechnungen durchgeführt. Nur mit Hilfe des 20. Statements können wir verkleinern (nicht nur ganzzahlig).

19 F Ganzzahliger Maßstabfaktor:

F kann 1, 2, 3, 4, ... sein, max 20. Mittels des 19. Statements können alle, durch das 20. Statement bestimmten Werte allerdings nur in ganzzahligen Maßstab vergrößert werden.

3. *Zeichenstatements* (*Siehe Bild 2*)

LIN $x_1 y_1 x_2 x_2 \ldots$;	Die Koordinatenpunkte x_1/y_1, $x_2/y_2 \ldots$ werden geradlinig verbunden.
CSP $x_1 y_1 x_2 y_2$ R I;	Die Koordinatenpunkte x_1/y_1 und x_2/y_2 werden durch einen Kreisbogen vom Radius R verbunden. R ist immer positiv. I kann man 0, 1, 2, und 3 setzen und mit dem Wert I können wir den richtigen Kreisbogen deklarieren.
CIT x_1 y_1 R;	Um den Koordinatenpunkt x_1/y_1 wird ein Kreis mit dem Radius R gezogen. Der Radius muß immer positiv eingegeben werden. Beim Gravieren und Schneiden von Kreisen macht die Anlage eine Umdrehung von 370°.
RCT $x_1 y_1 x_2 y_2$;	Dieses Statement beschreibt ein Rechteck mit den Eckpunkten x_1/y_1, x_1/y_2, x_2/y_2 und x_2/y_1.

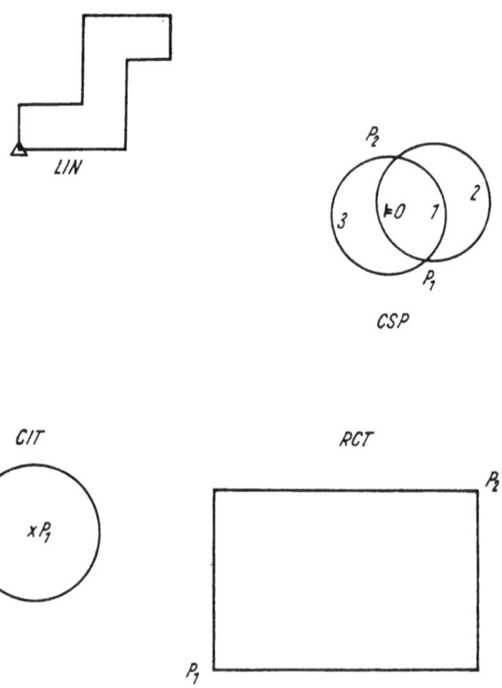

Bild 2. Zeichen-Statements

Das ICP Programm hat ein vorteilhaftes Statement: das Figurstatement. Es ist möglich ganze Schaltungsteile in Figuren zusammenzufassen. Eine Figur soll nur einmal mit Codimat aufgenommen (digitalisiert) werden und des weiteren kann sie so oft wie gewünscht abgerufen werden.

FIG N; Mit diesem Statement wird die Definition einer Figur eingeleitet. N ist der Name der Figur, eine max. vierstellige Zahl. Anschließend an das FIG-Statement folgen die Figur beschreibenden Zeichenstatements. Der erste Koordinatenpunkt des ersten Zeichenstatements gilt als Referenzpunkt.

FIE; Abschluß der Figurdefinition

CAF N x_1y_1 ...; Mit diesem Statement können Figuren mit dem Namen N beliebig oft abgerufen werden. Die CAF Koordinaten werden immer mit dem Referenzpunkt identisch sein.

FTE; Dieses Statement löscht die Figurentabelle. Das Programm reserviert gewissen Speicherteil für Figuren von 130 Punkten und in einem speziellen ICP Programm einen von 350 Punkten. Wenn die Figurentabelle voll ist, bekommt man eine Fehlermeldung an der Schreibmaschine. Am günstigsten ist es bei Einführung einer neuen Figur die Figurentabelle löschen.

Z.B. FTE
FIG N
Zeichenstatements
FIE
CAF N x_1 y_1 ...

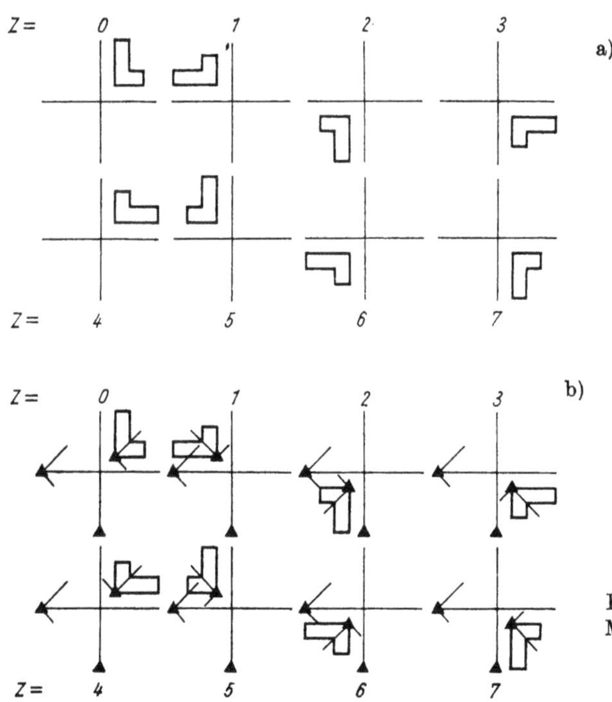

Bild 3. ROI und Markierungssymbols

ROI Z; Mit diesem Statement können die durch CAF abgerufenen Figuren gedreht bzw. deren Koordinaten vertauscht werden.
Z kann von 0 bis 7 gewählt werden (Siehe Bild 3a)

Durch die in der Definition einer Figur stehenden ROI-Statement wird der aktuelle Stand von Z nicht verändert.

Die Benutzung der FIG, CAF und ROI Statements erläutert ein Beispiel (Siehe Bild 4 und 5).

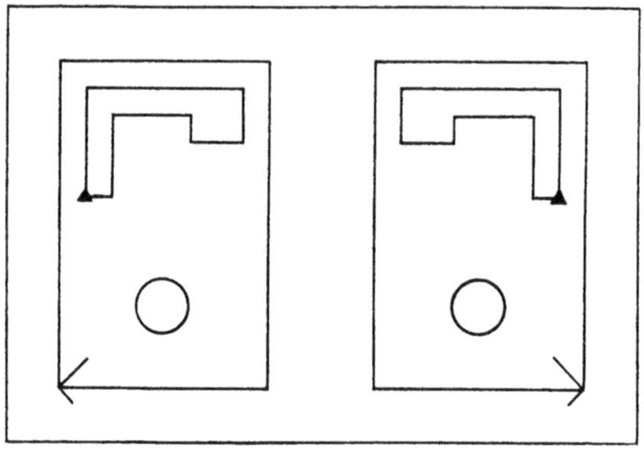

Bild 4. Testzeichnung zum Beispiel

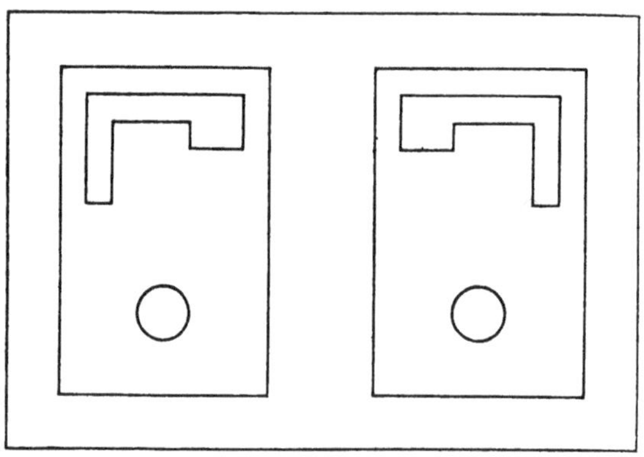

Bild 5. Zeichnung mit Produktionsprogramm

```
10
20     12000   8000   24   16         P1—P4
13
RCT        0      0   24   16
FTE
FIG        1
RCT        2      2   10   14
CIT        6      5  500
LIN        3      9    4    9    4   12    7   12    7   11    9   11
           9     13    3   13    3    9
FIE
CAF        1      2    2
ROI        5
CAF        1     22    2
ROI        0
11
```

3

Alle Daten sind im Raster Einheit, nur der Radius im CIT Statement ist im 1/100 μm Einheit.

Datenvorbereitung

Bevor wir die Arbeit mit Codimat beginnen, machen wir immer einen Plan, ein Blockdiagramm. Wir sollen die Initialisationsstatement 20 bestimmen, dann den Namen der Figuren angeben, die ROI Parameter bestimmen, wonach wir die Digitalisierung schnell und einfach erledigen können.
Ein Datenlochstreifen muß immer mit dem

10 Statement beginnen und mit dem
11 Statement enden.
Wenn wir einen Lochstreifen in Abschnitte eingliedern möchten, müssen wir das
13 Statement benutzen.

Nach 13 stopt der Rechner, die Anlage geht zum Nullpunkt und mit START können wir weiter arbeiten. Dieser Zwischenstop ist sehr praktisch, so können Werkzeug oder Papier u. Folien gewechselt werden.
Unabhängig von Steuerstatement Ø5 werden diese Statements immer ausgeschrieben.

Testzeichnung

Mit Hilfe des Datenvorbereitungsprogrammes kann schnell eine gute Testzeichnung angefertigt werden. Spezielle Markierungen erleichtern die Fehlersuche und Korrektur. Alle durch ein CAF-Statement gegebenen Referenzpunkt werden mit nebenstehenden Testsymbol gekennzeichnet. Die auf CAF-Statement bezogene Drehung kann durch die Lage des Symbols erkannt werden (Siehe Bild 3b).
Figuren, deren Abruf sich in einer Figurendefinition befindet, werden mit einer um den Faktor zwei verkleinerten Markierung versehen.
Geschlossene Linienzüge sowie zwei aneinanderstoßende Linienzüge bieten erhebliche Schwierigkeiten, wenn wir korrigieren müssen. Ein neues Markierungssymbol wird deswegen eingeführt. Innerhalb einer Figur können wir es auch sehen, wenn es aber innerhalb einer Figurendefinition vorkommt, ist es auch dem CAF-Symbol ähnlich um den Faktor zwei verkleinert.
Nach der Testzeichnung können wir die Fehler bestimmen. Mit dem Datenvorbereitungsprogramm haben wir eine Möglichkeit für die automatische Korrektur. Das Programm reserviert eine Korrekturtabelle im Speicher für automatische Korrekturen. Wir können mit dem Statement Ø1 diese Tabelle abrufen, die folgenden Statements und Parameter eingeben und mit Statement Ø2 abschließen. Dann lassen wir den Datenlochstreifen durchlaufen und bekommen einen neuen verbesserten Lochstreifen. Gleichzeitig mit der Korrektur können wir wieder eine Testzeichnung anfertigen. Falls alles in Ordnung ist, können wir diesen Lochstreifen für die Maskenproduktion benutzen.

4. *Korrektur-Statements*

40 Löschen der Korrekturtabelle

42 x_s y_s Der Koordinatenpunkt x_s/y_s wird zur Löschung vorgemerkt und gilt nur für LIN, CIT, RCT und CAF.

42 x_s y_s x_f y_f Die Verschiebung des Koordinatenpunkts x_s/y_s x_f/y_f wird vorgemerkt. Es gilt nur für LIN, CIT und CAF.

43 $x_1 y_1 x_2 y_2$ Das Wegfallen eines zusammenhängenden Linienstückes zwischen den Punkten x_1/y_1 und x_2/y_2 wird vorgemerkt. Dieses Statement darf nur für LIN und zwar nur einmal je Linienzug angewendet werden.

44 $x_1 y_1 x_2 y_2$ Dieses Statement ist nur für CSP anwendbar, die durch die Punkte x_1/y_1 und x_2/y_2 bestimmten Kreisbogen werden gelöscht.

Wichtig! Man darf die Korrekturtabelle nicht überfüllen!

Maskenproduktion

Die Masken werden mit Hilfe des Maskenproduktionsprogrammes gefertigt. Wir können direkt mit Codimat Lochstreifen, wenn die Testzeichnung fehlerhaft war, oder mit dem korrigierten Lochstreifen arbeiten. Nach der mechanischen Einstellung des Werkzeuges und der Anlage müssen wir Ø3 3 eingeben. So wird die Anlage schneiden, die Schneidenroutine ist im Programm eingebaut. Die automatische Tangentialsteuerung sorgt ständig für die genaue Orientierung der Schneid. An den Ecken wird das Werkzeug abgehoben, in die neue Richtung gedreht und wieder gesenkt. Dieses Verfahren gewährleistet sehr saubere Schnittkanten und Ecken. Anschließend können die Flächen leicht abgeschält werden.
Beim Schneiden können wir immer noch mit der Schreibmaschine korrigieren, ein Statement direkt eingeben oder mit dem 19 Statement vergrößern.

2. Rechenprogramme

Zum Zusammenstellen von eigenen Programmversionen oder zur Lösung spezifischer Probleme durch eigene Programme haben wir die Möglichkeit den Steuerrechner selbst zu programmieren. Die benötigten Hilfsmittel, wie Programmanleitung, FORTRAN-Kompiler, Assembler und Subroutinen sind vorhanden.

2.1. CORA FORTRAN

Mit CORA-FORTRAN (USA Standard Basic FORTRAN) können wir einfach spezielle Programme schreiben, durch eine Subroutine können wir AZP abrufen und zeichnen, gravieren oder schneiden.
Die Untersuchung der Ladungsträgerverteilung von Epitaxialschichten in Richtung senkrecht der Oberfläche.
Es wurde in der Schichtenfolge $n-n^+$, die mit epitaktischen Verfahren über einer stark dotierten n^+-Schicht hergestellt wurde, mit Hilfe der Abhängigkeit der Sperrspannung von Schottky-Dioden von der Kapazität die Konzentration der Ladungsträger untersucht. Die $C-U$ Charakteristiken sind auf einer automatischen MOS-Kapazitätsmeßvorrichtung aufgenommen worden. Der Vorteil der Methode liegt darin, daß sie zerstörungsfrei arbeitet, und eine grafische Auswertung auf dem x-y Schreiber ermöglicht. Die Messung ist bei Rückströmen der Größenordnung von 10 μA fehlerbehaftet.
Die Bestimmung der $N(x) = f(x)$ Daten erfolgt aus den C/U-Kurven anhand folgender Formel [1]:

$$C_i = K_1 \frac{d^2}{4x_i}$$

$$N_i = K_2\, 2(U_{i+1} - U_i) \frac{C_i^2 \cdot C_{i+1}^2}{C_i^2 - C_{i+1}^2}$$

Die Bedeutung der Symbole:

U — Sperrspannung,
C — Kapazität des p-n Durchgangs,
d — Durchmesser der Diode,
x — Schichtdicke,
N — Ladungskonzentration.

Die manuelle Durchführung der Berechnung ist ziemlich zeitraubend, um das zu vermeiden ist ein spezielles FORTRAN-Programm erarbeitet worden, mit dessen Hilfe Meßergebnisse größerer Menge in kürzester Zeit ausgewertet werden können. Die Daten der C/U-Kurven können mittels Codimat direkt digitalisiert auf Lochstreifen eingegeben werden, anhand dessen das SB (Schottky Barriere)-Programm die Funktion $N(x) = f(x)$ aufzeichnet und auf der Konsolschreibmaschine ausschreibt.

Transfer-Charakteristik des MOS Inverters

Das Programm rechnet und zeichnet die Übergangskennlinie (Transfercharakteristik) eines MOS Inverters, falls der Arbeitswiderstand des Inverters ein sogenannter Zweipol-Widerstand ist.
Die Rechnungen sind auf Grund von [2] zu bestimmen.
Die Eingabedaten sind:

Gate-Spannung,
Drain-Spannung,
Geometrische Konstanten.

Das Programm macht eine Liste von den folgenden Daten:

Input-Spannung
Output-Spannung

und zeichnet die Transfer-Charakteristik.

Symbolische Programmierung — Assembler

Die symbolische Programmsprache ist „maschinennäher" als FORTRAN und wird eingesetzt, wenn FORTRAN Programme zu viel Speicherplatz belegen oder zu viel Rechenzeit beanspruchen. Ein Assembler dient zur Programmierung in symbolischer Sprache. Der Assembler bringt gegenüber der Programmierung im Maschinencode folgende Vorteile:

Mnemotechnische Befehlliste,
Relativadressierung durch symbolische Adressen,
Einfaches Einfügen bestehender Subroutinen,
Automatische Programmdokumentation.

Die Subroutinenbibliothek enthält eine große Anzahl von Einzelroutinen und wird laufend erweitert.

Literaturverzeichnis

[1] *Thomas, Co-Kahng*: J. El. Chem.-soc 109, 11, 1055 1962
[2] Wallmark a. Johnson: Field-Effect Transistors: Physics, Technology and Applications
[3] Programmbeschreibung für die ICP C07 und C09, Contraves AG. Zürich F 2459

Die Anwendung von Displaygeräten zur grafischen Kommunikation Mensch-EDVA

Von *G. Rothhardt*

VEB Carl Zeiss Jena, Hauptabteilung AUTEVO

1. Gerätetechnische Grundlagen

1.1. Besonderheiten beim Einsatz von Großrechnern

Obwohl ein Kleinrechner für viele Einsatzfälle nicht nur aus ökonomischer Sicht vorteilhaft ist, macht eine ganze Reihe von Problemen im Bereich der technischen Produktionsvorbereitung den Einsatz von Großrechnern mit ihren Vorzügen erforderlich. Der Charakter der Nutzung einer solchen Anlage bringt jedoch einige Besonderheiten mit sich. Wenn beim Kleinrechnerbetrieb der Programmierer einen detaillierten Programmablaufplan in die Maschinensprache umformte und das erstellte Programm selbst an der Anlage testete, leisten ihm jetzt die Systemunterlagen (Sprachen wie FORTRAN, ALGOL u. ä., Fehlersuch-Programme, Überwachungssysteme) eine große Hilfe, so daß er wesentlichen Anteil an der wissenschaftlichen Problemaufbereitung übernehmen kann. Die so ermöglichte Trennung EDVA-Nutzer ist aber außerdem ein sehr zwingendes Erfordernis. Die Schnelligkeit eines modernen Großrechners, der in seinem großen Arbeitsspeicher mehrere Programme zeitlich parallel verarbeiten kann („multiprogramming"), erlaubt die Bearbeitung so vieler Programme pro Zeiteinheit, daß nicht jeder Nutzer den Rechnerraum betreten darf. Damit ist die Organisation eines Schalterbetriebes erforderlich, d. h., der Nutzer gibt sein Programm am Schalter ab und empfängt nach einer gewissen Zeit hier die Ergebnisse. Diese mehr oder weniger große Zeitspanne („turnaround-time") ist der wesentliche Nachteil beim Vorhaben, den Rechner für die zeitliche Verkürzung irgendeines Prozesses (z.B. des konstruktiven Entwicklungsprozesses) heranzuziehen. Dies ist auch ein ausschlaggebendes Motiv dafür, mit speziellen peripheren Geräten wie Fernschreiber, alphanumerischen und grafischen Displaygeräten eine flexible Mensch-Maschine-Kommunikation zu ermöglichen [1] bis [7].

1.2. Kurze Beschreibung der Display-Gerätetechnik für die Belange des Anwenders

Das Kernstück der gebräuchlichen grafischen Bildschirmgeräte ist eine Kathodenstrahlröhre mit einem Bildschirm von ca. 25 × 25 cm Kantenlänge bis 50 cm Durchmesser. Im Rechner gespeicherte Koordinatenwerte können über einen Digital/Analog-Wandler in Ablenkspannungen dieser Bildröhre umgewandelt werden. Damit kann der Elektronenstrahl in x- und y-Richtung frei positioniert werden, wobei entsprechend der binären Informationsdarstellung im Rechner eine Quantelung in meist $2^{10} = 1024$ Bildpunkte pro Koordinatenachse erfolgt. Im Gegensatz zur Zeilendarstellung des Fernsehbildes kann demnach der Elektronenstrahl beliebige Bildpunkte hell- oder dunkelgesteuert miteinander verbinden oder

wahlweise an gegebenen Punkten Schriftzeichen erzeugen. Wenn man gekrümmte Linien durch hinreichend kleine Strecken synthetisiert, kann man mit dieser Technik eine grafische Ausgabe abgespeicherter Bild- und Textinformation mit einer Genauigkeit erzielen, die dem Auflösungsvermögen des menschlichen Auges bei ca. 0,5—1 m Bildabstand entspricht.
Die wechselseitige Kommunikation wird nun durch die Möglichkeit der Informationseingabe über Tastenfeld und Lichtstift realisiert. Eine „Schreibmaschinentastatur" gestattet alphanumerische Eingabe ohne den Umweg über die Lochkarte o. ä. Der Lichtstift ist als Empfänger von Lichtimpulsen des Elektronenstrahls konstruiert. Dadurch lassen sich Teile der Bilddarstellung vom Stift identifizieren, wodurch der weitere Programmablauf beeinflußt wird (z. B. Ändern des gezeigten Details wie Löschen, Drehen, Verschieben usw. oder Aktivieren eines Unterprogrammes). Unter Zuhilfenahme eines „Lichtflecks", der sich mit dem Stift dirigieren läßt, gelingt auch die Eingabe beliebiger Koordinatenwerte des Bildschirms. Bei Ausnutzung der programmtechnischen Möglichkeiten ist damit die Erzeugung neuer Bildelemente leicht möglich, indem z.B. zur Darstellung eines Kreises das Zeigen des Mittelpunktes und eines beliebigen Umfangpunktes genügt. Die typische Arbeitsweise mit dem Displaygerät besteht normalerweise im wahlfreien Aktivieren bausteinartiger Unterprogramme durch Zeigen der zugeordneten Symbole mit dem Lichtstift oder Betätigen entsprechender Eingabetasten.
Neben den hier nur grob umrissenen technischen Prinzipien sind auch noch andere gerätetechnische Lösungen im Gebrauch (Rand-Tablet, Rollkugel, Steuerhebel u. a. als Ersatz des Lichtstiftes; getrennte Funktionstastatur; Mikrofilm-Ausgabe usw.). Es wird deshalb bei Vorliegen spezieller gerätetechnischer Interessen auf die einschlägige Literatur verwiesen [1], [8] bis [33].

2. Anwendbarkeit der Displaytechnik

2.1. Geschichtlicher Rückblick

Mit dem Übergang von der 1. Generation der „*Elektronenrechner*" zur 2. Generation der „*Datenverarbeitungs-Anlagen*" rückte die Forschung nach einer komfortablen Gerätetechnik zur Ein- und Ausgabe der Daten in den Vordergrund. Neben den Geräten zur einseitigen Informationseingabe oder -ausgabe (Lochkarten- und Streifenleser, Zeilendrucker) und zur Informationsspeicherung (Magnetband u. ä.) wurden ab etwa 1950 auch wechselseitig einsetzbare Geräte an Rechenanlagen angeschlossen. Auf diese Weise kam der Fernschreiber zur Anwendung, dessen Ausgabe-Mechanismus später in einigen Fällen durch eine Kathodenstrahlröhre zur schnellen und geräuschlosen Ausgabe alphanumerischer Information ersetzt wurde. Im Zeitraum 1950 bis 1960 wurden aus solchen Schrift-Displaygeräten — die sich inzwischen ein eigenes Anwendungsfeld erorbert haben — die ersten Bildschirmgeräte zur Verarbeitung grafischer Information geschaffen. Dies geschah zuerst innerhalb des Projektes SAGE (Semi Automated Ground Environment) der US-Luftüberwachung. Für die darauf folgenden ersten Anwendungen grafischer Displaygeräte im zivilen Bereich war folgender Sachverhalt typisch:

- Forschungslaboratorien großer Konzerne und Institute arbeiteten meist im Auftrag von US-Armee, -Luftwaffe oder -Marine.
- Die Anwendungen erstrebten vorwiegend eine Verkürzung der Entwicklungszeit produktspezifischer Konstruktionen mit einer langen und kostenaufwendigen Entwicklungsperiode (Flugzeuge, Schiffe, Autos).

— Die Arbeiten hatten zunächst fast ausschließlich experimentellen Charakter (Grundlagenforschung) und erforderten eine sehr teure Lernperiode.

Für diese Situation waren folgende Ursachen maßgebend:

— Die Gerätetechnik mußte teils von Computer-Firmen, teils vom Anwender erstellt werden; es waren Erst-Systeme, die entsprechende Kosten verursachten.
— Die Anwender konnten auf keinerlei Software aufbauen, benötigten also enorme Programmierkapazität.
— Das Fehlen von Möglichkeiten der Mehrfachprogrammverarbeitung (multiprogramming, time sharing) verhinderte eine effektive Rechnerauslastung.

Die Pionierleistung auf diesem Gebiet wurde erstmals auf der Spring Joint Computer Conference 1963 durch *I. A. Sutherland* vom Massachusetts Institut for Technology in Form des Hard- und Softwaresystems "Sketchpad" vorgestellt. Die weiteren Arbeiten an diesem Institut mündeten ab 1964 in dem Projekt MAC ("Machine Aided Cognition using Multi Access Computers"). Seit etwa 1966 haben zahlreiche Firmen universell einsetzbare grafische Displaygeräte im Angebot.
Wie aus dem Bisherigen ersichtlich, kam die bekannte Forschung auf diesem Gebiet in den USA zunächst ausschließlich, später vorwiegend dem Militär zugute. Für zivile Anwendungen der Bildschirmtechnik kennt man allerdings im sozialistischen Lager gleichartige Entwicklungsrichtungen. Insbesondere gibt es in der Sowjetunion seit einigen Jahren Geräteentwicklungen verschiedener Forschungsinstitute. Von Ungarn ist ein grafisches Bildschirmgerät GD'71 im Angebot. In der DDR bietet die nunmehr hinlänglich bekannte Bildschirmeinheit zur alphanumerischen Kommunikation mit Lichtstift gute Voraussetzungen hinsichtlich Weiterentwicklung zu einem grafischen Bildschirmgerät. — Diese Aktivitäten werden in naher Zukunft unter Nutzung der spezifischen Möglichkeiten sozialistischer Gemeinschaftsarbeit zu einem kompatiblen Gerätesystem der ESER-Familie führen. — Gegenüber der anfänglichen Situation steht künftig eine den verschiedenen Anforderungen angepaßte Geräte- und Programmtechnik zur Verfügung, und durch Multiprogramming ist auch der effektive Einsatz einer mit Display ausgerüsteten Rechenanlage möglich [1, 9, 17 bis 42].

2.2. Bisherige Anwendung grafischer Displaygeräte

2.2.1. Überblick über Anwendungsgebiete außerhalb der technischen Produktionsvorbereitung

Militär

Aufgrund der untergeordneten Bedeutung von Kostenproblemen waren militärische Anwendungen zuerst zu verzeichnen. Typisch waren und sind hier einige spezielle Forderungen an die Gerätetechnik.

— Anwendung von Großbildschirmen zur Kommunikation mit mehreren Menschen,
— Darstellung nicht nur der Ausgabe vom Rechner, sondern hierzu überlagert konstante Bilddarstellungen z. B. von Grenzlinien durch Dia-Projektion und z. T. Ausgabe von Radargeräten.

Im übrigen entspricht der Handlungsablauf dem der Management-Information und Prozeßüberwachung mittels Displaytechnik [1, 9, 29, 38, 42].

Prozeßsteuerung

Die Display-Anwendungen beziehen sich zunächst auf Prozeßsteuerung im engeren Sinne wie z.B. bei Kernreaktoren, Hüttenwesen, Chemieindustrie. Hierbei wird ein geschlossener Regelkreis weitestgehend mit Prozeßrechnern realisiert, und der Mensch greift nur gelegentlich korrigierend ein. Zum anderen ist hier die Steuerung von Prozessen in dem Sinne zu verstehen, daß der Mensch (Dispatcher, Leiter o. ä.) den Kreis schließt (Leitungs-Informationssysteme, Transportunternehmen, automatisierte Warenhäuser, Rohrleitungssysteme usw.).
An die Stelle von Leuchtröhren, Lampenfeldern u. ä., die nur mit hohem Zeit- und Kostenaufwand zu ändern sind, tritt eine Übersichtsdarstellung auf dem Bildschirm als Diagramm, Flußbild oder Schemazeichnung. Der Mensch kann in sehr flexibler Weise Detailinformationen anfordern, Steuerbefehle auslösen und spezielle Auswerte- oder Simulationsprogramme aktivieren [1, 9, 26, 29, 43].

Forschung

Eine Vielzahl von Hochschulinstituten verwendet Displaygeräte für ihre spezifischen Forschungsaufgaben, wobei letztere vorrangig den Charakter der Display-Handhabung bestimmen. Als Beispiel seien genannt:

- Chemie: Kristallstruktur-Analyse,
- Physik: kernphysikalische Messungen,
- Pädagogik: programmierte Lehrmethoden,
- Kunst: Kombination von Lissajous-Figuren

[1, 9, 28, 41, 44 bis 48].

Auf dem klassischen Anwendungsgebiet von elektronischen Rechenanlagen — der Mathematik — nutzt man die Kombination der menschlichen Fähigkeiten bezüglich Geschick in der Auswahl des Lösungsweges und Auswertung grafischer Strukturen mit dem Vorteil des Rechners bei der schnellen Durchführung komplizierter und umfangreicher Routine-Rechenläufe. Nach Veranschaulichung des Sachverhaltes z.B. als Potentiallinien, perspektivische Abbildungen räumlicher Flächen (Relief) usw. kann der Benutzer des Displaygerätes mit dem Lichtstift markante Punkte als Anfangswerte für Iterationen eingeben oder zuvor die Darstellung durch Auswahl willkürlicher Schnittebenen detaillieren u. ä. Auf diese Weise wird die Lösung verschiedener Probleme (z.B. spezielle Typen von Differential- und Integralgleichungen) möglich, die sich mit isoliertem Einsatz des Menschen oder des Rechners nicht realisieren läßt. Überdies gewinnt bei angewandten Beispielen der Bearbeiter einen tieferen Einblick in seine Problematik, abgesehen von der auch hier möglichen Rechenzeit-Einsparung. Natürlich gestattet ein grafisches Displaygerät neben der Abbildung grafischer Darstellungen auch die Wiedergabe des formelgemäßen Zusammenhangs, was in Verbindung mit Lichtstift- und Tastenfeld-Eingabe auch die Manipulation analytischer Ausdrücke (z.B. Umformen von Gleichungen) zuläßt [29, 49 bis 53].
Viele vom Rechner zu verarbeitende Daten enthalten eine Anzahl von Zahlenwerten, die keinen Einfluß auf das beabsichtigte Ergebnis liefern (z.B. durch schematische Parametervariation im vorhergehenden Programmteil entstandener formaler Ballast) oder gar Fehlerquellen darstellen (z.B. grobe Meßfehler bei Verarbeitung automatisch gewonnener Meßwerte). Vor dem jeweiligen Programmteil kann am Displaygerät eine grafische Veranschaulichung der Werte beispielsweise als Punktmenge erfolgen. Dies gestattet dem Benutzer z.B. Löschen fehlerhafter Werte durch Zeigen mit dem Lichtstift und anschließendes Justieren einer Nähe-

rungskurve durch Variation von Parametern eines Polynoms oder andere Manipulationen, welche die Überlegenheit des Menschen bei der Gestalterkennung nutzen. Der Effekt ist Senkung der anschließenden Rechenzeit und -kosten, sowie Erhöhung der Zuverlässigkeit des Ergebnisses [1, 9, 41, 54, 55].
Auch für die Programmierung der Rechenanlagen kann der Einsatz eines Bildschirmgeräts neue Wege erschließen.
Eine diesbezügliche Richtung — die on-line-Programmierung mit Display — lehnt sich eng an die traditionelle Flußbildtechnik an, wobei zur Eingabe das sogenannte Rand-Tablet [11] Verwendung findet.
Einige Vorteile dieses Verfahrens sind:

- unmittelbare Entstehung exakter Programm-Dokumentationen bei Eingabe der Freihandzeichnung,
- Verwendung beliebiger Symbolik möglich, z.B. $\int_a^b x^2 \, dx, \pi \cdot \varphi_0$ usw.,
- sofortige Anzeige formaler Fehler.

Eine andere Forschungsrichtung behandelt Probleme mit unvollständiger Lösungsstruktur. Die Mensch-Maschine-Kommunikation soll dabei zunächst über "trial and error"-Methoden eine ungenaue Vorstellung in den konkreten Lösungsweg überführen und unmittelbar danach das so gewonnene Programm der meist einmaligen Nutzung unterwerfen. Gegenüber herkömmlicher Rechner-Nutzung steht also nicht die Erstellung eines für eine ganze Aufgabenklasse häufig einsetzbaren Programms im Vordergrund, sondern die Lösung eines einzelnen Problems, wobei der Rechner mit Display-Kommunikation dazu beitragen soll, daß die Wahrscheinlichkeit für das Finden der Lösungsmethode in vernünftiger Zeit erhöht wird [9, 29, 49 bis 52].

2.2.2. Anwendungen im Bereich der technischen Produktionsvorbereitung

Die augenfälligsten Anwendungen auf diesem Gebiet sind wohl die Programme zum Entwurf technischer Gebilde am Displayschirm. Durch Zusammenwirken der manuellen Lichtstift- und Tasteneingabe mit einer bausteinartigen Programmtechnik läßt sich in der Tat die Übertragung der Entwurfsphase am Reißbrett auf eine Rechnereingabe am Displaygerät aus technischer Sicht realisieren. Mit nicht allzugroßem Programmieraufwand läßt sich so durch Kombination geometrischer Grundmodelle die geometrische Information für die meisten Werkstücke in den Rechner eingeben. Jedoch wird der bei komplizierten Gebilden noch recht erhebliche Zeitaufwand nach wie vor ausschließlich durch den Menschen festgelegt (Betätigung der Eingaben, Finden der Entwurfsideen usw.). Der erhebliche Kostenaufwand durch Blockierung des Arbeitsspeicher-Anteils und der angeschlossenen peripheren Geräte wird in dieser Phase auch nur selten durch einen zeitlichen Nutzeffekt gerechtfertigt.
Vielmehr hängt die ökonomische Effektivität solcher Displaynutzung davon ab, welche Bedeutung das erhaltene rechnerinterne Modell der Werkstücke hat (d. h. in welchem Maße der Rechner als solcher zur Verarbeitung der Information genutzt wird) und inwieweit es gelingt, das Displaygerät hierbei zu echter Kommunikation mit dem Rechner heranzuziehen. Es sei also ausdrücklich darauf hingewiesen, daß der Ersatz des Reißbrettes durch den Displayschirm an sich äußerst unökonomisch ist.
Der Nutzeffekt, aber auch der überwiegende Programmieraufwand eines Displayprogramms wird also durch die Weiterverarbeitung des erzeugten rechnerinternen

Modells festgelegt. Die bisherigen Anwendungen lassen folgende Möglichkeiten dafür erkennen:

1. Gewinnung von Fertigungsunterlagen über grafische und alphanumerische Ausgabegeräte (Plotter und Schnelldrucker u. ä.).

Die Eingabe der Information in den Rechner nur zu dem Zweck, daß sie einmalig wieder ausgegeben wird, hat keinen praktischen Sinn. Daß der genannte Anwendungsfall dennoch auch ökonomisch seine Berechtigung hat, ist in der Problematik der Wartung, also des Änderungsdienstes für die technische Dokumentation, begründet. Es erfolgt dabei unter Beachtung der bisherigen Hinweise eine einmalige Eingabe des Erst-Sachverhaltes und Zwischenspeicherung dieses Modells. Nun kann nach Änderung eines Details (z.B. Auswechseln eines Bauelementes) der sonst manuell neu zu erstellende Unterlagensatz durch kurze Korrektur des zwischengespeicherten Modells am Displaygerät in der anschließenden Ausgabe automatisch und kurzfristig erstellt werden. Dieses äußerst zahlreich anwendbare Verfahren setzt allerdings ein der Aufgabe entsprechendes Gerätesortiment der grafischen Datenverarbeitung voraus (Digitalisiergerät, Display, Plotter, Drucker, schneller Hintergrundspeicher u. ä.) [1, 9, 11, 55, 58 bis 67].

2. NC-Programmierung

Die Aufgabe besteht meist in der Umwandlung einer analogen Darstellung (technische Zeichnung) in digitale, d. h. numerische Form unter Hinzunahme gewisser Steuerinformation. Bekannt ist die Programmierung von NC-Maschinen mit Hilfe spezieller Sprachen (SYMAP, APT u. a.) über das Ausfüllen von Codierungsblättern. Der Einsatz des Displaygerätes, das ja letztlich als Analog-Digital-Wandler in beiden Richtungen fungiert, gestattet dem Menschen die Beibehaltung der analogen Informationsdarstellung und ermöglicht damit eine zusätzliche Verminderung von Zeitaufwand und Fehlerquote bei der NC-Programmierung.
Diese Anwendung läßt sich erweitern auf Kontrolle und Korrektur vorhandener NC-Steuerlochstreifen. Die Bedeutung dieses Display-Einsatzes ist jedoch nur auf Programmierung solcher NC-Maschinen beschränkt, bei denen die geometrische Information gegenüber sonstiger Steuerinformation überwiegt (z.B. Bahnsteuerung). Für derartige Fälle erfolgte allerdings schon frühzeitig ein Display-Einsatz im Routinebetrieb [9, 11, 26 bis 28, 48 bis 50, 68 bis 75].

3. Anwendung von Rechenoperationen auf das interne Modell

Auf dieser Ebene kann man die größten Erfolge des Rechnereinsatzes im Konstruktionsprozeß erwarten, weil die Fähigkeiten des Rechners dabei voll zur Anwendung kommen. Es existieren schon viele Programme, die ohne grafische Kommunikation Teilprozesse der Konstruktion vollautomatisch realisieren (z.B. Variantenkonstruktion spezieller Baugruppen). Innerhalb der jeweiligen Aufgabenklasse sind dies allerdings zunächst durchweg nicht typische, sondern möglichst einfache Spezialfälle. Eine Erhöhung der Komplexität des Rechnereinsatzes erfordert Einbeziehung schöpferischer Entscheidungen in die Algorithmen. Aus dieser Sicht gewinnt die Displaytechnik zunehmend an Bedeutung, indem sie den menschlichen Eingriff in das recheninterne Modell gestattet und damit sowohl die Verbindung vollautomatischer Teilstrecken des Entwurfsprozesses zu einem Komplex als auch die Erweiterung vorhandener Einzelprogramme auf einen größeren Geltungsbereich ermöglicht.
Einen wesentlich anderen Charakter haben Programme zur Simulation mathematisch formulierbarer Sachverhalte über Displaygerät. Hier steht der Dialogverkehr ausgesprochen im Vordergrund. Die Bilddarstellung bezieht sich z. T. auf eine

Abbildung der physischen Objekte, z. T. aber auch auf grafische — und damit schnell auswertbare — Darstellungen numerischer Werte, meist funktionaler Zusammenhänge.
Typische Aufgaben sind:

- Belastung von Trägern (Statik),
- Bewegungsablauf (Kinematik),
- Schwingungsvorgänge (Dynamik),
- Temperaturverteilung (Thermodynamik).

Beispielsweise kann eine Welle aus dem zugeordneten Katalog aufgerufen werden, nach Festlegen der Lagerung wird die Schwingung mit vorgegebenen Toleranzen verglichen, was z.B. zur Variation von Lagerabständen oder Wellenform führt. Nach zufriedenstellendem Ergebnis können in Abhängigkeit von Drehzahl, Wärmeableitung usw. die Forderungen an die Lager ermittelt werden [1, 9, 11, 21, 33, 35, 49 bis 51, 74 bis 79].
Es werden nun die typischen Merkmale der klassischen Display-Anwendungsgebiete beschrieben. Hier sei nur darauf hingewiesen, daß sich inzwischen auch viele Unternehmen mit wesentlich anderem Profil die oben erläuterten Möglichkeiten zunutze machen.

Flugzeug-, Schiff- und Automobilbau

Hervorzuheben sind diese Industriezweige einmal deshalb, weil hier das Hauptanwendungsgebiet der Displaytechnik, das "Computer-Aided Design" (rechnergestützte Konstruktion im weitesten Sinn) entstand, zum anderen treten neben allgemeingültigen Problemen der metallverarbeitenden Industrie hier einige Besonderheiten auf. Das betrifft in erster Linie die Behandlung freigeformter Oberflächen (geometrische Darstellung, mathematische Beschreibung und NC-Fertigung) zum Zwecke der Optimierung der Bauform nach Kriterien wie:

- Gewicht und Nutzlast,
- strömungstechnische Gesichtspunkte,
- Stabilität,
- Energiebedarf.

Die Verfahren kombinieren Iterationsverfahren mit Variantenauswahl. Daneben spielen Simulationsprobleme eine große Rolle, wie z.B.:

- Sichtfeld-Untersuchungen,
- Wasserrinnen-Modelle,
- kinematische und thermodynamische Teilaufgaben

[1, 9, 19, 28, 53, 59, 63, 76, 77, 80 bis 84].

Elektronik

Auf diesem Sektor der Displayanwendung sind schon allein deshalb gewisse Erfolge zu verzeichnen, weil sich die Computerhersteller im eigenen Interessse z. T. selbst damit befassen. Der Entwurf einer EDVA bietet darüber hinaus recht günstige Voraussetzungen hierfür:

- Häufigkeit gleichartiger Elemente und Strukturen (Logik-Bausteine, Grundschaltungen, Baugruppen . . .),
- Vielzahl von Änderungen erforderlich,
- Lösung von Optimierungsproblemen (Leitungslänge, Kreuzungsfreiheit, Toleranzen u. a.),

— Einführung konventionell nicht realisierbarer Verfahren (Beispiel: Überblick und Fehlerquote bei der Konstruktion von Mehrlagen-Leiterplatten).

Die primären Richtungen des Displayeinsatzes sind Schaltungsentwurf, Entwurf integrierter Bauelemente und Leiterplattenkonstruktion. Programme zur Schaltungssimulation ohne grafische Kommunikation gehen meist von der fertig entworfenen und dimensionierten Schaltung aus und liefern Information über die Funktion der Schaltung bei gegebenen Eingangsgrößen bzw. -signalen. Über Bildschirmkommunikation ist zusätzlich der eigentliche Entwurf und die Variation der Schaltungskomponenten möglich. Dies hat wesentliche Vorteile gegenüber der experimentellen Methode mit Testschaltungen (schnelle Untersuchung aller möglichen Kombinationen, Zugang zu Schaltteil-Optimierung und Bestimmung der für Großproduktion möglichen Toleranzen). Der Entwurf von Leiterplatten und integrierten Bauelementen weist starke Analogien auf. Hier können große Passagen des eigentlichen Entwurfs vom Rechner vollautomatisch übernommen werden, nachdem das Programm die Information über verwendete Elemente und die zu realisierende Schaltung erhält. Die Vollendung des Entwurfs setzt jedoch menschliche Entscheidungen an einzelnen Stellen voraus, so daß über Displaygerät ein echtes Mensch-Maschine-System entsteht. Als Ergebnis fallen Fertigungsunterlagen und direkte Steuerinformationen für die Fertigung (NC-Lochstreifen für Druckstock- oder Maskenzeichnen, Bestückungs-, Prüf- und Bohrautomaten usw.) an [1, 8, 9, 21, 26, 27, 28, 38, 48 bis 51, 59, 61, 63, 68, 85 bis 98].

Bauwesen

Die Anwendung der Displaytechnik bietet sich hier deshalb an, weil die visuelle Information an sich eine wesentliche Bedeutung hat (z.B. Berücksichtigung ästhetischer Aspekte) und aufgrund der Anforderungen bestehender Programme (Statik, Bauakustik, Optimierungsprobleme . . .) sowieso die geometrische Information in den Rechner gelangen muß. Der Charakter der Display-Nutzung weist Analogien zum beschriebenen Ablauf bei Mechanik-Entwurfsproblemen auf:

— einmalige Eingabe des Anfangs-Entwurfs,
— laufende Bezugnahme auf zwischengespeicherte Teilgebilde,
— Modifizieren des internen Modells,
— grafische und tabellarische Ausgabe.

Eine erste Anwendung — die statische Berechnung von Brückenkonstruktionen — wurde schon 1963 in dem Programmsystem SKETCHPAD berücksichtigt [2, 18]. Das Prinzip ist hier die Auswertung der statischen Kennwerte bei Variation der Trägerkonstruktion.
Der Display-Einsatz für den Straßenbau geht von einem 3-dimensionalen Modell des Geländes im Rechner aus [1]. Am Bildschirm erscheint eine Konturdarstellung, und mit dem Lichtstift kann die geplante Route unter Berücksichtigung von Wasserläufen, Siedlungen, Geländeschwierigkeiten usw. eingezeichnet werden. Durch Modifizieren dieses Entwurfs erfolgt eine Optimierung nach ökonomischen, geologischen, technologischen und ästhetischen Gesichtspunkten.
Die Verwendung der Display-Kommunikation zur Projektierung von Gebäuden ist dort von Vorteil, wo es sich um typisierte Bauten handelt. Man geht von einem räumlichen Rasternetz aus, in das einzelne Modul-Baueinheiten (Wandelemente, Türen usw.) eingefügt werden können. Der Bildschirm enthält einen variierbaren Ausschnitt des Gesamtgebildes in wahlweise horizontaler oder vertikaler Orientierung. Allein durch Auswertung der verwendeten Modul-Baueinheiten lassen

sich sehr schnell Kostenvoranschläge, Materialbedarfslisten usw. gewinnen und zu einer kundenwunschabhängigen Variantenauswahl führen [1, 8, 9, 33, 51, 53, 99, 100].

Literaturverzeichnis

[1] Keydata Corporation: The Computer Display Review. Volume I–III Massachusetts, 1966

[2] *Wilkes*: Time-Sharing-Betrieb bei digitalen Rechenanlagen. Leipzig, Teubner Verlagsgesellschaft, 1970

[3] *Sutherland, I. E.*: Eingabe und Ausgabe bei elektronischen Rechenanlagen in: Steinbuch, K. Information, Computer und künstliche Intelligenz. Frankfurt/M., Umschau-Verlag, 1966

[4] *Fano, R. M.*: Time Sharing on Computers. Scientific American, Sept. 1966, S. 129–136

[5] *Johnson, R. W.*: Digital Data Display Systems — an Assessment. Computers and Automation, (1964) 5, S. 12–17

[6] *Linke, Winkelvoss*: Die Entwicklung der automatischen Informationsverarbeitungstechnik bis 1980. RATIO **3** (1970) 2, S. 49

[7] *Karplus, W. J.*: On-line Computing. New York u. a., McGraw Hill, 1967

[8] *Simon, R.*: Rechnerunterstütztes Konstruieren — Eine Möglichkeit zur Rationalisierung im Konstruktionsbereich. Diss. an der RWTH Aachen, 1968

[9] *Parslow, R. D.* u. *R. W. Prowse, R. E. Green*: Computer Graphics — Techniques and Applications. London, New York, Plenum Press, 1969

[10] *Poole, H. H.*: Fundamentals of Display Systems. London, Macmillan and Co. LTD., 1966

[11] *Secrest, D.* u. *J. Nievergelt*: Emerging Concepts in Computer Graphics. New York, Amsterdam, W. A. Benjamin Inc., 1968

[12] *Desmonde, W. H.*: A Conversational Graphic Data Processing System: The IBM 1130/2250. Englewood Cliffs, New York, Prentice Hall, 1969

[13] *Luxemberg, H. R.* u. *R. L. Kuehn*: Display Systems Engineering. New York u. a., McGraw-Hill, 1969

[14] *Encarnacao, J.*: Untersuchungen zum Problem der rechnergesteuerten räumlichen Darstellungen auf ebenen Bildschirmen. Diss. an der TU Berlin, 1971

[15] *Lunderstädt*: Technik und Anwendung von Datensichtgeräten. Automatik (1969) 10, S. 365–424

[16] *Lewin, M. H.*: An Introduction to Computer Graphic Terminals. Proc. IEEE **55** (1967) 9, S. 1544–1552

[17] *Myer, T. H.* u. *I. E. Sutherland*: On the Design of Display Processors. Communications of the ACM **11** (1968) 6, S. 410–417

[18] — — Die Ein- und Ausgabegeräte der Robotron 21 — Bildschirmsystem. Rechentechnik Datenverarbeitung **8** (1971) 11/12, S. 42

[19] — — Die Datenverarbeitungsanlage R40 — Bildschirmsystem. Rechentechnik Datenverarbeitung **9** (1972) 10/11, S. 50

[20] *Lindner, M.* u. *H. Pohl*: Tendenzen der Computer Graphics. Zeitschrift für Datenverarbeitung **10** (1972) 1, S. 56

[21] *Ganzhorn, K.* u. *W. Walter*: Automatisierte Konstruktion — Optische Kopplung Mensch-Datenverarbeitungsanlage. Umschau **67** (1967) H. 1, S. 4–9, H. 2, S. 42–46

[22] — — Display System Pictural Report. Computers and Automation (1964) 5, S. 19–21

[23] *David, M. R.* u. *T. O. Ellis*: The RAND Tablet: A Man Machine Graphical Communication Device. Proc. AFIPS 1964 FJCC, S. 325–333

[24] *Loewe* u. *Horowitz*: Display System Design Consideration. Proc. of the EJCC Dec. 1961, S. 323–331

[25] *Green, R. E.*: Computer Graphics. Computer Aided Design (1970) 1, S. 29–48

[26] *Green, R. E.*: Computer Graphics in the United States. Computer Aided Design (1969) 1, S. 33–38

[27] *Ganderton, R. A.*: Computer Graphics Applications. Computer Aided Design (1970) 1, S. 49—60
[28] *Prince, M. D.*: Man-Computer Graphics for Computer Aided Design. Proc. of the IEEE 54 (1966) 12, S. 1698—1708
[29] *Hobbs, L. C.*: Display Applications and Technology. Proc. of the IEEE 54 (1966) 12, S. 1870—1884
[30] *Land, R.* u. *I. E. Sutherland*: Real-Time, Color, Stereo, Computer Displays. Applied Optics 8 (1969) 3, S. 721—722
[31] *Leonhard, W.*: Maschinenkonstruktion durch Konstruktionsmaschinen. Technische Gemeinschaft 14 (1966) 6, S. 20—23
[32] *Ebert, G.*: Moderne Ein- und Ausgabeverfahren für Datenverarbeitungsanlagen. Rechentechnik Datenverarbeitung 5 (1967) 1, S. 42—46
[33] *Sutherland, I. E.*: Sketchpad: a Man-Machine Graphic Communication System. Proc. SJCC 1963, S. 329—346
[34] *Ross, D. T.* u. *J. E. Rodriquez*: Theoretical Foundation for the Computer Aided Design System. Proc. SJCC 1963, S. 305—322
[35] *Ross, D. T.*: The AED Free Storage Package. Communications of the ACM 10 (1967) 8, S. 481—492
[36] *Johnson, T. E.*: Sketchpad III: A Computer Program for Drawing in Three Dimensions. Proc. SJCC 1963, S. 347—353
[37] *Kuehn, R. L.*: Dataview, a General Purpose Data Display System. Proc. EJCC 1961, S. 174—183
[38] *Luzganov, V.* u. *J. N. Mazurin*: Universelle Bildschirm-Datenausgabeeinrichtung an BESM 6. Sb. Nauczn. Tr. Czeljab. Politechn. (1969) 81, S. 68
[39] *Nasyrov, A. W.* u. *G. Czibirev*: Graphische Sichtanzeige für den Universalrechner Minsk-22. Techn. v. Nar. Ch-vo (1969) 1, S. 138
[40] *Köhler, F.*: Bildschirm statt Reißbrett. NBI (1972) 23, S. 28
[41] *Lüder, D.*: Budapester Messe 1972 (Bildbericht). Jugend und Technik 20 (1972) 8, S. 680
[42] *Gerischer, A.*, *H. D. Guhr* u. *K. Panceram*: SAL I — ein System automatisierter Leitungshilfen mit R 300 und Bildschirmtechnik. Rechentechnik 9 (72) 3, S. 5
[43] *Weisberg, D. E.*: Man-Machine Communication and Process Control. Data Processing Magazine Sept. (1967), S. 18—24
[44] *Fulton, R. L.*: Programming Graphic Devices. Computers and Automation (1965) 11, S. 17
[45] *Lee, H. B.* u. *R. D. Thornton*: An Experiment in Computer-Aided Education. Proc. of the IEEE 55 (1967) 11, S. 2001—2005
[46] *Suppes, P.*: The Uses of Computers in Education. Scientific American, Sept. (1966), S. 207—220
[47] *Charp, S.* u. *R. E. Wye*: An Overview of Project GROW — a Computer Assisted Instruction System for the School District of Philadelphia. Educational Technology
[48] — — Herb's at Home with the Computer Graphics 70 Domes. Computer Weekly, 23. 4. 1970, Nr. 188
[49] — — International Conference on Computer Aided Design. IEE Conference Publication Nr. 51 (1969)
[50] *Junghanns, L.* u. *W. Neitzke*: Grundlagen und Anwendungsmöglichkeiten der Display-Technik. Praktikumsarbeit TU Dresden, 1970
[51] *Weisberg, D. E.*: Computer-Controlled Graphical Display, its Applikations and market. Computers and Automation, 13 (1964) 5, S. 29—31
[52] *Werler, K. H.*: Das Mensch-Maschine-System — eine neuartige Anwendung des Rechenautomaten. Die Technik 21 (1966) 12, S. 741
[53] *Elliot, W. S.*: Interactive Graphics Applications. Computer Weakly, 23. 4. 1970, Nr. 188
[54] *Oettinger, A. G.*: A Lightpen-Controlled Programm for Online Data Analysis. Communications of the ACM, 8 (1965) 2, S. 130
[55] *Smith, C. F.*: Graphic Systems for Computers. Computers and Automation 14 (1965) 11, S. 14—16

[56] *Robbins, M. F.* u. *J. D. Beyer*: Ein Dialog-Rechnersystem mit Flußdiagramm-Eingabe über Bildschirm. Comm. of the ACM, **13** (1970) 2, S. 115

[57] *Smith, C. F.*: Manager Graphic Data Processing Device. Computers and Automation, **14** (1965) 11

[58] *Opitz*, H., *Wiendahl* u. *Baatz*: Bildschirmunterstütztes Konstruieren — Prinziperarbeitung, Gestaltung und Detaillierung mit der Menütechnik. Industrie-Anzeiger, **92** (1970) H. 98, S. 2371, H. 106, S. 2547

[59] *Palme, W.*: Anwendung der elektronischen Datenverarbeitung im Konstruktionsbereich. RATIO, **3** (1970) 11, S. 487

[60] *Brankamp* u. *Wiendahl*: Rationalisierungsmöglichkeiten im Konstruktionsbereich. VDI-Berichte Nr. 152 (1969)

[61] *Schön, F.*: Die Konstruktion im Einflußbereich der Datenverarbeitung. VDI-Berichte Nr. 152 (1969)

[62] *Encarnacao, J. L.*: PRADIS — Ein Programmsystem für räumliche Darstellungen auf Displays. Elektronische Datenverarbeitung, **12** (1970) 7, S. 315

[63] *Lott, H. G.*: Geometrische Datenverarbeitung. Industrie-Elektrik und Elektronik, **13** (1968) B 1/2, S. 3

[64] *Eversheim, W.*: Digitalrechner als Hilfsmittel zur Rationalisierung der Konstruktion. Ind. Anz. Essen, **88** (1966) 75, S. 1645

[65] *Köhli, S.*: Zur digitalen Speicherung und Archivierung graphischer Darstellungen, Rechentechnik Datenverarbeitung, 8 (1970) 4, S. 41—44

[66] *Coons, S. A.*: Anwendungen elektronischer Rechenanlagen in der Technik in: Steinbuch, Information, Computer und künstliche Intelligenz. Umschau Verlag Frankf./M. 1966

[67] *Stotko, E. C.*: Die Einsatzmöglichkeiten von elektronischen Datenverarbeitungssystemen im Bereich der Konstruktion. Fortschr.-Ber. VDI-Z. (1966) Reihe 1 Nr. 8, S. 39—87

[68] *Hildebrand, H.*: Datenverarbeitung bei der Fließfertigung von Teilefamilien. Werkstattstechnik, **57** (1967) 3, S. 114

[69] *Ross, D. T., S. A. Coons* u. *J. F. Wend*: Investigation in Computer-Aided Design for Numerically Controlled Production. M. I. T. ESL-Interim Report 278

[70] — — — Conference on NC Machines. Machinery and Prod. Eng., 5. Nov. 1969, S. 753—755

[71] *Kovacs, M.*: Neue Methoden der computergestützten Werkzeugmaschinenprogrammierung unter besonderer Berücksichtigung des integrierten Produktionssystems. Konferenzmaterial "Compcontrol 70" Miskolc/Ungarn, Bd. III, S. 17—22

[72] — NC Units Interface with CRT Displays. EDN (1970) Okt., S. 66

[73] *Thornhill*: Engineering Graphics and Numerical Control. New York u. a., McGraw Hill, 1970

[74] *Baum, M.*: Digigraphic — ein Bildschirmsystem an der RWTH Aachen. TZ f. prakt. Metallbearbeitung, **64** (1970) 4

[75] *Coons, S. A.*: An Outline of the Requirements for a Computer-Aided Design System. Proc. SJCC 1963, S. 299

[76] *Papez, S.* u. *H. J. Bartsch*: Dialogarbeitsweise mit Bildschirm bei der Auslegung von Nocken für Verbrennungsmotoren. VDI-Berichte Nr. 152 (1969)

[77] *Soyeur, J. L.*: Kathodenbildschirm im Forschungsbüro (frz.). Automatisme, Paris, **14** (1969) 9, S. 386—391

[78] *Mrozinski, K. D.*: Sichtgeräte — Fenster zum Computer. Elektronik, **18** (1969) 5, E97—E98

[79] *Stockman, L.*: Computer Graphics for Equipment Design. The Office Machine Guide, (1969) 83, S. 27—32

[80] — Car Design by Computer. The Engineer, **221** (1966) 57/59, S. 897

[81] — Lockheed Georgia Quarterly. Lockheed Sonderdruck 1966

[82] — Lockheed Using Computer-Design. Electronic News, 1. 4. 1968, S. 36

[83] — A New Era Drawns at Ford. Steel Features, Jan. 1966

[84] *Fetter, W. A.*: Computer Graphics in Communication. New York u. a., McGraw Hill, 1964

[85] *Kuo*, F. F. u. *W. G. Magnuson*: Computer Oriented Circuit Design. New York, Prentice Hall Inc., 1969
[86] *Mrozinski, K. D.*: Gedruckte Schaltungen — mit dem Computer konstruiert. Elektronik, 18 (1969) 6, S. E117—E118
[87] *Dawson, D. F., F. F. Kuo* u. *W. G. Magnuson*: Computer-Aided Design of Electronic Circuits. A Users Viewpoint. Proc. of the IEEE, 55 (1967) 11, S. 1946—1954
[88] *Koford* u. *Strickland*: Verwendung eines GDV-Systems zur Konstruktion bei der Herstellung hybrider ICs. Druckschrift IBM-Abt. f. Bauelemente, New York
[89] — — Liberty, Motorola Give Buyers LSI Lowdown. Electronic Procurement, Sept. 1967, S. 32—33
[90] *Kopel, P. S.*: Interactive Computer Graphics. Bell Laboratories Record, Juni 1968, S. 189—196
[91] *Nagelberg, E. R.*: Computer Graphics in Electrodynamics. Bell Laboratories Record, Juni 1968, S. 71—76
[92] *Sylvania*: Component and Circuit Design — Ideas from Sylvania. Electronics, 43 (1970) 1, S. 35—42
[93] *Hogsett, Nisewanger* u. *Hara*: An Application Experiment with Online Graphics-Aided ECAP. Proc. IEEE, 55 (1967) 11, S. 72—73
[94] *So, H. C.*: OLCA: An On-Line Circuit Analysis System. Proc. IEEE, 55 (1967) 11, S. 1954—1961
[95] *Dertouzos, M. L.*: An Information to On-Line Circuit Design. Proc. IEE, 55 (1967) 11, S. 1961—1971
[96] *Spitalny, A.* u. *M. Goldberg*: On-Line Graphics Applied to Layout Design of Integrated Circuits. Proc. IEEE, 55 (1967) 11, S. 1982
[97] *Saedler, L.* u. *K. Schaeller*: Zu einigen Problemen der rechnergestützten Konstruktion von Leiterplatten. Nachrichtentechnik 20 (1970) 4, S. 153—160
[98] *Johnson, G. T.*: Internal ICL CAD Activity in the Field of Electronics and Electrical Engineering. ICL-Druckschrift
[99] *Newman, W. M.*: Versuchsprogramm für Architekturentwürfe. Computer-Journal, 2 (1966) 1. Mai, S. 21—26
[100] *Mansell, G. H.*: Lichtschreiber- und Computertechniken für den Entwurf von Bauplänen. Elektronische Datenverarbeitung, 11 (1969) 5

Namenverzeichnis

Sachwortverzeichnis

www.ingramcontent.com/pod-product-compliance
Lightning Source LLC
LaVergne TN
LVHW060624300926
849162LV00008B/1704